本书为广东省本科高校教学质量与教学改革工程建设项目“地理科学”特色专业成果之一，并获岭南师范学院燕岭优秀青年教师培养计划项目资助

普通高等教育“十四五”规划教材

自然灾害学

主　编　尚志海
副主编　陈碧珊　罗松英
参　编　梁立锋

北　京
冶　金　工　业　出　版　社
2024

内 容 简 介

本书系统阐述了自然灾害学的基本理论、基本知识和基本方法。全书共分为八章，第一章介绍了自然灾害的基本概念、分类体系；第二章阐述了自然灾害系统理论、形成机制和灾害特征；第三章介绍了自然灾害区划理论与中国自然灾害区划；第四章探讨了自然灾害风险定义、风险评估和风险管理；第五章至第八章详细论述了气象水文灾害、地质地震灾害、海洋灾害、生物灾害和天文灾害，包括各种灾害的定义、分类、成因、特征、分布、危害、风险评估及防治措施等。

本书可作为高等院校地理及相关专业的教材，也可供应急管理、城乡规划、环境科学、安全科学等相关专业的师生及科技人员参考，还可作为中学地理教师自学或培训用书。

图书在版编目(CIP)数据

自然灾害学/尚志海主编.—北京:冶金工业出版社，2021.8(2024.7重印)
普通高等教育“十四五”规划教材
ISBN 978-7-5024-8866-6

Ⅰ.①自… Ⅱ.①尚… Ⅲ.①自然灾害—研究—高等学校—教材 Ⅳ.①X43

中国版本图书馆CIP数据核字(2021)第140027号

自然灾害学

出版发行 冶金工业出版社		**电　话** (010)64027926	
地　址 北京市东城区嵩祝院北巷39号		**邮　编** 100009	
网　址 www.mip1953.com		**电子信箱** service@mip1953.com	

责任编辑 王　颖　美术编辑 彭子赫　版式设计 郑小利
责任校对 葛新霞　责任印制 禹　蕊
三河市双峰印刷装订有限公司印刷
2021年8月第1版，2024年7月第4次印刷
787mm×1092mm 1/16；14印张；338千字；213页
定价49.90元

投稿电话 (010)64027932 投稿信箱 tougao@cnmip.com.cn
营销中心电话 (010)64044283
冶金工业出版社天猫旗舰店 yjgycbs.tmall.com
(本书如有印装质量问题，本社营销中心负责退换)

前　言

人与自然的关系是人类社会最基本的关系。自然灾害是人与自然矛盾的一种表现形式，具有自然和社会两重属性，是人类过去、现在、将来所面对的最严峻的挑战之一。自然灾害孕育于由大气圈、岩石圈、水圈、生物圈共同组成的地球表层系统中。当地球上的自然变异给人类社会带来危害时，即构成自然灾害。自然灾害永远不会消失，正确处理人与自然灾害的关系是人类永恒的主题。

恩格斯在《自然辩证法》一书中深刻指出："我们不要过分陶醉于我们人类对自然界的胜利。对于每一次这样的胜利，自然界都对我们进行报复。"自然灾害的发生隐藏在人们的生产生活过程中，要将减灾与人们日常的学习工作、生产生活相联结，通过人与自然的和谐共处来降低人类社会面对灾害的脆弱性，实现减灾效益最大化。因此，人类社会要以可持续发展为指导，实行全面、综合、科学的防灾、减灾、救灾战略。

本书是在"自然灾害学"教学实践的基础上，根据编者的教学经验和学习体会编写而成的。本书共分为八章，第一章介绍了自然灾害的基本概念、分类体系；第二章阐述了自然灾害系统理论、形成机制和灾害特征；第三章介绍了自然灾害区划理论与中国自然灾害区划；第四章探讨了自然灾害风险定义、风险评估和风险管理；第五章至第八章详细论述了气象水文灾害、地质地震灾害、海洋灾害、生物灾害和天文灾害，包括各种灾害的定义、分类、成因、特征、分布、危害、风险评估及防治措施等。

本书由岭南师范学院尚志海担任主编，陈碧珊、罗松英担任副主编，梁立锋参编。第一章至第四章由尚志海编写，第五章由梁立锋编写，第六章由罗松英编写，第七、八章由陈碧珊编写。最后由尚志海统稿，书中插图由梁立锋编绘。

本书为广东省本科高校教学质量与教学改革工程建设项目"地理科学"特

色专业成果之一，并获岭南师范学院燕岭优秀青年教师培养计划项目资助。感谢学校教务处、科研处和地理科学学院的大力支持，感谢中山大学刘希林教授在本书编写过程中给予的指导，感谢地理科学专业本科生李春红、黄欣欣、苏薇薇、柯柳聪、刘发耀、周铭毅、李雅婷、唐道斌、谢湘湘、黄先豪、黄淦荧、马咏珊、周洁明、陈萍、梁志鹏等在教学交流和资料收集中的帮助。同时，在编写过程中参考了大量文献，在此向文献作者表示由衷的感谢。

由于编者水平所限，书中难免存在不足之处，敬请广大读者批评指正。

编　者

2021 年 7 月

目　　录

第一章　绪论

从人类诞生以来，自然灾害就形影相随。一年四季365天，世界上每一个角落都可能有自然灾害的降临。因此，人类必须学会与自然灾害共生共存。对于大自然，人类要永远心存敬畏！无论是“人法地，地法天，天法道，道法自然”还是“天人合一”，无论是“与天地万物为一体”还是“与天地相似，故不违”，中国优秀传统文化中充满着爱护自然、保护自然的生存智慧。自然环境是人类持续生存的基础，只有对自然多些敬畏，对生命多些敬畏，人类才能共享幸福生活。

第一节　自然灾害的基本概念

一、自然灾害

灾害最主要的特点是它会给人类带来损失，自然灾害是灾害中最主要的类型。目前，关于自然灾害的定义多种多样，各个学者在其著作中代表性的定义见表1-1。总结这些定义可以发现，自然灾害具有危害性，自然灾害的形成主要由自然力导致。因此，自然灾害可以定义为：由自然力主导的对人类社会造成危害的不确定事件。

表1-1　自然灾害的代表性定义

代表人物或机构	代表性的自然灾害定义
延军平（1990）	自然灾害是指给人类生存带来灾祸的自然现象和过程
杨达源（1993）	自然灾害是指那些主要受自然力的操纵，且人对其无法控制情况下发生的，并使人类社会遭受一定损害的事件
马宗晋（1998）	自然灾害是指由于自然变异、人为因素或自然变异与人为因素相结合的原因所引发的对人类生命、财产和人类生存发展环境造成破坏损失的现象或过程
黄崇福（2009）	自然灾害是指由自然事件或力量为主因造成的生命伤亡和人类社会财产损失的事件
联合国国际减灾战略（2009）	自然灾害是指自然的变化过程或现象，它们可能造成人员伤亡，或对健康产生影响，造成财产损失，生计和服务设施丧失，社会和经济被搞乱，或环境损坏
毛德华（2011）	自然灾害是指给人类生存带来危害或损失人类生活环境的自然现象
郭跃（2013）	自然灾害是指人力迄今尚不能支配控制的，具有一定破坏性的各种自然力，通过非正常方式的释放而给人类造成的危害
联合国国际减灾战略（2017）	自然灾害是指由于危险事件与接触、脆弱性和能力相互作用而导致一个社区或社会的运作受到任何规模的严重扰乱，造成产生人员、物质、经济和环境中的一项或多项的损失和影响

第一，自然灾害定义必须强调灾害致灾力的主因是人力无法控制的自然事件；第二，自然灾害必须是对人类社会造成一定危害，“无人区的地震不是自然灾害”已经成为共识；第三，自然灾害是比较重大、对一定人群会产生一定影响的事情，其具有不确定性，是一些随机事件。

自然灾害这一定义在应用时，尤其是在防灾减灾行动中，不能过分强调其自然属性，而忽视人类行为的影响，从而用“天灾”为人类不负责任的行为解脱。在社会学领域，西方学者有一个共识：其实所有的灾害都可以看作“人为的”（human-made），因为正是人类不合理的社会经济行为，且缺乏有效的防灾减灾措施才使危险变成了灾害。从某种意义上来说，没有灾害是“自然形成的”，所有灾害都是“人为造成的”。因此，灾害防治的关键是人类对灾害的适应和调整。

此外，自然灾害是一个相对的概念，自然灾害损失程度取决于人们抵抗灾害和灾后恢复的能力。同样的损失发生在不同地区，其后果也会不一样，对一个经济实力强大的社会，可能会很快得到恢复；反过来，对一个欠发达的经济落后地区，可能是一次依靠自身能力难以恢复的巨大灾难，因此可能需要邻近管辖区或者国家等的外部力量援助。但是究竟多大的财产损失或人员伤亡才算是灾害？不同国家、不同地区或者不同情境下有着不同的界定。

二、自然灾害链

自然灾害链（以下简称为灾害链）是因一种灾害发生而引起的一系列灾害发生的现象。自然灾害链内各灾害之间相互渗透、相互作用、相互影响，灾害之间以及与环境进行着物质、能量和信息的交换，形成相互联系的复杂反馈系统。自然灾害以强大作用力作用于人类社会系统，并会引发一系列的次生灾害。在灾害链中，灾害链中最早发生的起作用的灾害称为原生灾害；由原生灾害所诱导出来的灾害称为次生灾害，次生灾害具有后发性的特征。例如，地震为原生灾害，地震诱发的滑坡与海啸则为次生灾害。但是在许多情况下，在灾害的成因没有完全搞清楚之前，原生灾害与次生灾害只具有相对的意义。根据自然灾害事件统计分析结果，中国主要存在三大巨灾灾害链系统：台风—暴雨—洪水—滑坡—溃坝；地震—崩塌滑坡—海啸—次生火灾；干旱—风暴—沙尘—酷热。

三、灾度与巨灾

灾度是指用来表征自然灾害损失绝对量的分级标准。马宗晋根据中国国情，将自然灾害损失分成巨灾（A级）、大灾（B级）、中灾（C级）、小灾（D级）和微灾（E级）5个等级。每个灾害都有灾度，灾度是灾害社会影响的综合指数，是灾害社会属性的表现形式之一。灾度可以计算，不同灾害的社会影响可用灾度进行统一计算和评价；灾度的计算应简单明确，如果表达灾度的参数过多，则会在很大程度上影响灾度的应用；灾度可用受灾人数、直接经济损失、死亡人数、成灾面积等指标衡量。

巨灾是由超强致灾力造成的人员伤亡多、财产损失大、影响范围广、救助需求高，且一旦发生就使受灾地区无力自我应对，必须借助外界力量进行处置的特大自然灾害。徐敬海等认为，巨灾划分标准可以采用致灾强度、死亡人口、直接经济损失和成灾面积等4项指标，具体为：致灾强度达到或超过百年一遇（地震震级按照里氏震级标准划分，达到7.0级以上即认为达到百年一遇），死亡人口（包括因灾死亡人口和失踪1个月以上的人口）超过1万人，直接经济损失（因灾造成的当年财产实际损毁的价值）超过1000亿元，成灾面积（因灾造成的有人员伤亡、财产损失或生态系统受损的灾区面积）超过$10\times10^4km^2$，同时满足以上4个指标中的任意两项即可定为巨灾。

第二节 自然灾害的分类体系

自然灾害的类型研究是开展自然灾害研究和管理的一项基础性工作。目前灾害分类没有统一标准，不同学者有不同的分类标准、分类原则及分类方案。

一、灾害分类体系研究现状

（一）基于地球表层系统的分类

早期的灾害分类是建立在灾害巨系统层次结构基础之上的，当时地球表层系统是学者们研究的出发点和着眼点。地球表层系统是人地相互作用的复合系统，与地球圈层其他部分存在物质能量交换关系。1986年李永善提出，灾害主要来源于“天、地、生”三个系统。因此，将灾害系统的一级灾害系列分为天文灾害系、地球灾害系、生物灾害系。天文灾害主要是由太阳活动触发的各种重大灾害；地球灾害又可分为气圈灾害系、水圈灾害系、岩石圈灾害系、混合灾害系；生物灾害是指地表动植物、微生物发展变化带来的各种灾害。

1994年钱乐祥以系统方法为指导，提出了一个采用同一、多级分类标志的灾害系统分类，包括三级系统、七个子系统（见表1-2）。按照灾害动力学的标志，一级灾害系统包括两大类：自然灾害和社会灾害；二级灾害系统包括天文灾害、地球灾害、生物灾害和人文灾害，本书认为生物灾害应该是地球灾害的一个部分，地球表层系统就包括了生物圈；另外社会灾害、人文灾害、人为灾害没有区分且都没有下一级分类体系，实质上是指同一类型。

表1-2 钱乐祥的灾害系统分类

<table>
<tr><th>按灾害动力学标志的一级灾害系统</th><th>按地球表层结构标志的二级灾害系统</th><th>按灾害成因标志的三级灾害系统</th><th>按灾害性质标志的灾害元素</th></tr>
<tr><td rowspan="7">自然灾害系统</td><td>天文灾害系统</td><td>天文灾害子系统</td><td>太阳活动异常、新星爆发、陨击、彗星碰撞、电磁异常、粒子流冲击等</td></tr>
<tr><td rowspan="4">地球灾害系统</td><td>气象灾害子系统</td><td>干旱、暴雨、暴风、雪、冰雹、台风、酷热、严寒、雷电、臭氧层空洞等</td></tr>
<tr><td>水文灾害子系统</td><td>洪灾、冰川、海啸、土壤盐渍化、海岸坍塌、地下潜流等</td></tr>
<tr><td>地貌灾害子系统</td><td>滑坡、崩塌、泥石流、水土流失、雪崩、地面塌陷、沙漠化等</td></tr>
<tr><td>地质灾害子系统</td><td>地震、火山、地裂、地陷等</td></tr>
<tr><td>生物灾害系统</td><td>生物灾害子系统</td><td>物种灭绝、森林火灾、瘟疫、虫灾、鼠害、草害等</td></tr>
</table>

续表 1-2

按灾害动力学标志的一级灾害系统	按地球表层结构标志的二级灾害系统	按灾害成因标志的三级灾害系统	按灾害性质标志的灾害元素
社会灾害系统	人文灾害系统	人为灾害子系统	人口过剩、交通灾害、工程灾害、生产事故、环境恶化致灾、火灾、战争等

1996 年卜风贤提出了灾型、灾类、灾种三级灾害分类体系（见表 1-3），灾害一级分类为灾型，包括自然灾害型、社会灾害型和天文灾害型。本书认为，天文灾害应该是自然灾害的一个组成部分；其次是在二级类型的划分上，存在着相互囊括或者重复命名的问题，地外灾害和宇宙灾害属于重复命名，这里的地外和宇宙系指同一范围。

表 1-3 卜风贤的灾害分类体系

灾型	类别
自然灾害型	气象类：旱灾、冰雹、龙卷风、干热风、暴风雪、台风、暴雨、霜冻、寒潮、雷电
	水文类：洪水、河决、海侵、湿渍
	地质类：地震、滑坡、泥石流、水土流失、土壤沙化、火山
	生物类：病虫害、疾疫
社会灾害型	政治类：战争、犯罪、社会动乱
	经济类：人口爆炸、能源危机、环境污染、交通事故、火灾
	文化类：科技落后
天文灾害型	地外灾害类：损失撞击、太阳风
	宇宙灾害类：新星爆发

（二）基于致灾因子角度的分类

史培军认为，自然灾害系统的类型是由致灾因子决定的，并由此提出了致灾因子的成因（动力）分类体系，即系、群、类、种（见图 1-1），其中系包括自然灾害、人为灾害和环境灾害，环境灾害的致灾因子既包括自然因子也包括人为因子。虽然国内研究环境灾害的著作有 2000 年曾维华等的《环境灾害学引论》和 2008 年张丽萍等的《环境灾害学》，但是大多数学者并没有明确环境灾害与环境污染、环境问题的区别和联系。

在自然灾害类型研究中，原国家科委、国家计委、国家经贸委自然灾害综合研究组 1991 年将自然灾害分为七大类：气象灾害、海洋灾害、洪水灾害、地质灾害、地震灾害、农作物生物灾害、森林灾害，这一方案长期以来为大多数人所使用。2011 年国务院发布了《国家自然灾害救助应急预案》，预案所称自然灾害主要包括干旱、洪涝、台风、冰雹、雪、沙尘暴等气象灾害，火山、地震、山体崩塌、滑坡、泥石流等地质灾害，风暴潮、海啸等海洋灾害，森林草原火灾和重大生物灾害等。这两种方案比较相似，都是根据自然灾害形成机制来划分的，多为政府管理部门所用。

目前，灾害种类的划分还没有统一的方案。上述灾害分类方法各有各的特点，但是这些划分方案都有一些值得商榷的地方。首先是灾害一级类型的划分，从灾害的形成机制考虑，灾害只宜划分为自然灾害和人为灾害两大类，环境灾害等同于灾害；土壤盐渍化和水土流失等应归为环境问题，而不是灾害的研究范畴。

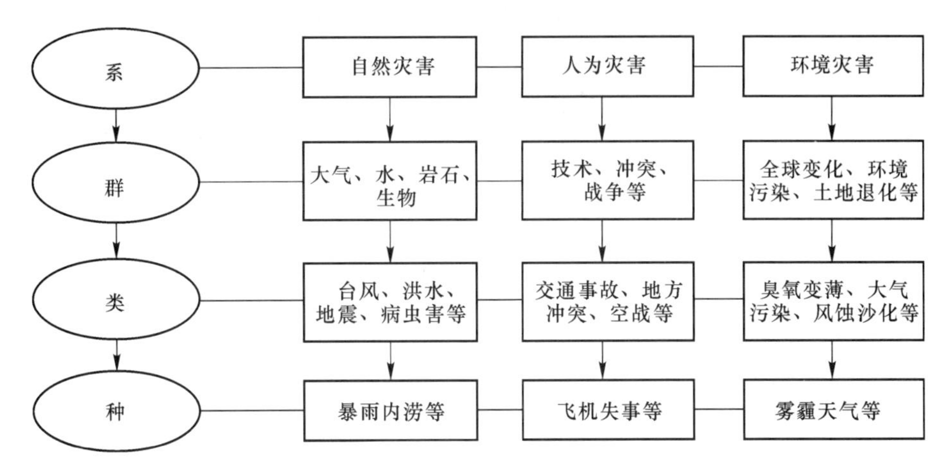

图 1-1　基于致灾因子的灾害分类体系

二、本书自然灾害分类

自然灾害类型是自然灾害系统组成的基本单元，是自然灾害研究的基本问题。自然灾害种类的划分看似十分简单，其实非常复杂。自然灾害是指那些主要受自然力的操纵，且在人已失去控制能力情况下发生的，并使人类社会遭受一定损害的事件。例如，地震灾害一般被划为自然灾害的一种，虽然水库可诱发地震，但水库诱发地震的致灾过程与自然地震无异，人类依然无法改变其影响，因此不宜从自然灾害中另外分出“人为自然灾害”，同理“自然人为灾害”的划分意义也不大。

自然灾害具有很多特性，其中群发性和关联性是其突出的特点，群发性和关联性缔造了灾害群和灾害链的形成，这是当前灾害学研究的主要前沿问题之一。群发性和关联性的特征导致各种灾害在类型划分时并不能简单地将一种灾害归类。例如，洪水灾害时常被划为水文灾害，但是我们知道洪涝灾害的发生主要与暴雨、冰雪消融、溃坝、风暴潮，甚至地震、滑坡、泥石流等有关，尤其是暴雨洪水最为常见，它与大气圈、水圈、岩石圈等都有关联，那么到底如何将其定位呢？这个问题是致灾因子和地球表层系统分类中难以解决的问题。

自然灾害的分类应该反映各种灾害的本质特性，将灾种作为基本的研究单元，既不会割裂地球表层系统之间的联系，也不必将常见的灾害种类硬性地归为五类或者七类之内。目前自然灾害学的书中也是直接介绍各个灾种，而不是过多强调灾害的五种或七种类型。本书建议，自然灾害分类可以采用《自然灾害分类与代码》国家标准（GB/T 28921—2012）中的分类方法，此标准于 2012 年 10 月 12 日由国家质量监督检验检疫总局和国家标准化管理委员会共同发布，标准采用线分类法分类。线分类法是将分类对象按选定的若干属性（或特征），逐次地分为若干层级，每个层级又分为若干类目。

《自然灾害分类与代码》将自然灾害分为气象水文灾害、地质地震灾害、海洋灾害、生物灾害和生态环境灾害 5 大类 39 种自然灾害（见表 1-4）。以自然灾害的成因划分，国标中自然灾害可以划分为由大气圈变异活动主导引起的气象水文灾害，由水圈中海洋变异活动主导引起的海洋灾害，由岩石圈变异活动主导引起的地质地震灾害，由生物圈变异活动主导引起的生物灾害和生态环境灾害，同时每一种自然灾害可能同时受到一个圈层或多个圈层活动的共同影响。

表 1-4　国家标准（GB/T 28921—2012）中的自然灾害分类

灾　类	灾　　种
气象水文灾害	干旱灾害、洪涝灾害、台风灾害、暴雨灾害、大风灾害、冰雹灾害、雷电灾害、低温灾害、冰雪灾害、高温灾害、沙尘暴灾害、大雾灾害、其他气象水文灾害
地质地震灾害	地震灾害、火山灾害、崩塌灾害、滑坡灾害、泥石流灾害、地面塌陷灾害、地面沉降灾害、地裂缝灾害、其他地质灾害
海洋灾害	风暴潮灾害、海浪灾害、海冰灾害、海啸灾害、赤潮灾害、其他海洋灾害
生物灾害	植物病虫害、疫病灾害、鼠害、草害、赤潮灾害、森林/草原火灾、其他生物灾害
生态环境灾害	水土流失灾害、风蚀沙化灾害、盐渍化灾害、石漠化灾害、其他生态环境灾害

《自然灾害分类与代码》国家标准与原国家科委、国家纪委、国家经贸委自然灾害综合研究组关于自然灾害种类归纳的，最大区别在于国家标准将自然灾害大类进一步归纳分为 5 大类，即将地质灾害和地震灾害归并为地质地震灾害，将气象灾害和洪涝灾害归并为气象水文灾害，将农作物生物灾害、森林生物灾害和森林火灾归并为生物灾害，保留了海洋灾害，增加了生态环境灾害。《自然灾害分类与代码》国家标准编制的初衷主要在于推进自然灾害管理的标准化和规范化，难免会和自然灾害学研究中自然灾害的分类有所不一致，会存在一定的问题，例如赤潮灾害在标准中既归类为海洋灾害，又归类为生物灾害，如此划分容易引起混淆，就赤潮灾害发生原因及其影响，赤潮灾害可能划归为海洋灾害更为合适。因此本书在内容编排上基本上采用国家标准中的自然灾害分类，从第五章开始介绍灾害类型，分别为气象水文灾害、地质地震灾害、海洋灾害和其他灾害，其他灾害包括典型的生物灾害和天文灾害。本书不涉及生态环境灾害的内容，因为学者们对生态环境灾害是否属于自然灾害的研究内容还有争议。

第三节　自然灾害学的研究内容

一、研究视角

现在国内外还没有真正把“自然灾害学”列为一个独立学科，而是把自然灾害学人为割裂成不同灾种、不同学科、不同管理职能部门。目前，只有灾害学为独立学科。史培军认为，灾害学是揭示灾害形成、发生与发展规律，建立灾害评价体系，探求减轻灾害途径的一门综合性学科。在学科分类的国家标准（GB/T 13745—2009）中，灾害学属于一级学科“安全科学技术”中二级学科“安全科学技术基础学科”下的一个三级学科，同灾害物理学、灾害化学、灾害毒理学等并列，自然灾害学的学科地位还没有定论。即便如此，自然灾害学的研究依然受到学者们关注，其与相关学科的交叉和渗透非常普遍，并从其他学科中吸取知识构成自己的研究内容，同时借鉴和使用相关学科的研究方法和手段，因此多学科视角成为自然灾害学研究的一个显著特征。例如，从地球科学、经济学、建筑学、规划学、社会学、管理学、心理学、历史学等不同角度对自然灾害进行研究。

（一）地球科学

地球科学是自然灾害研究的主要阵地，地球科学中的大气科学、地质学、水文学、海洋科学主要发挥学科特长，研究气象灾害、地质灾害、水文灾害和海洋灾害；地理学发挥其综合性的学科特点，主要研究地理环境中各类自然灾害的发生、发展、分布规律，探讨灾害对人类生产生活的影响以及人类的防灾减灾措施。2016 年在北京举行的第 33 届国际地理大会指出，自然灾害形成过程与风险分析是地理学研究的前沿问题。2019 年 7 月，中国地理学会为了加强自然灾害风险研究，开展学术交流与科学传播，支撑综合减灾工作，服务国家经济社会发展，专门成立了自然灾害风险与综合减灾专业委员会。

（二）经济学

灾害经济学是一门研究灾害发生过程，即灾害从孕育、潜伏、暴发到持续、衰减、平息全过程所表现的社会经济关系的科学。灾害经济学是由中国著名经济学家于光远倡导的，它着重从经济学角度研究灾害预测、防治、控制和善后处理过程的规律性；探索治理灾害和变害为利的措施及实施的经济效果。灾害经济学是一门守业经济学，研究的目的虽然不是经济效益的增长方面，却是寻求减少损失的经济规律与方法，其着眼点是“灾害损失最小化”。

（三）建筑学

建筑学涉及自然灾害研究领域主要是防灾减灾工程，其是建立和发展用以提高工程结构和工程系统抵御自然灾害和人为灾害能力的科学理论、设计方法和工程技术，通过工程措施最大限度地减轻未来灾害可能造成的破坏，保证人民生命和财产的安全，保障灾后经济恢复和发展的能力，提高国防工程和人防工程的防护能力。

（四）规划学

城市规划影响着城市发展和人口布局。特别是土地利用规划，直接影响人地关系，与灾害的关系尤为密切。国内外均对城市防灾规划进行了大量研究，大致可分为宏观、中观、微观 3 个层面。宏观层面包含城市综合防灾机构与预警制度、城市灾害风险分析与评估、灾害发生后应急措施；中观层面包含城市综合防灾空间布局和城市防灾体系自身布局；微观层面主要是防灾减灾工程规划、应急避险场所规划等。

（五）社会学

灾害社会学是运用社会学的理论与方法对自然灾害发生前后的社会结构进行研究的科学。灾害社会学可从两个层次分析。一是灾害与人的关系。人是灾害研究以及社会发展的直接承担者。二是灾害与社会的关系，社会是由人群（集合体）构成的，它有自身的组成要素、结构功能及运行规律。在分析人与灾害关系之后，更要着重分析灾害与社会的关系，也要从灾害对社会发展的影响及社会发展对灾害的影响两方面进行分析。

（六）管理学

灾害管理学可定义为通过对灾害进行系统的观测和分析，改善有关灾害防御、减轻、准备/预警、响应和恢复措施的一门应用科学。灾害管理的实践说明，为了便于更好地管理和协调指挥，在政府系统内应该设置专门负责管理灾害的机构，例如 2018 年中国成立的应急管理部，其主要职责是：组织编制国家应急总体预案和规划，推动应急预案体系建设和预案演练；建立灾情报告系统并统一发布灾情，统筹应急力量建设和物资储备并在救灾时统一调度，组织灾害救助体系建设，指导安全生产类、自然灾害类应急救援，承担国家应对特别重大灾害指挥部工作；指导火灾、水旱灾害、地质灾害防治等。

（七）心理学

灾害心理学是介于灾害学、社会心理学、组织行为学和临床心理学之间的一门新兴交叉学科。心理学主要关注于行为的本质、发生原因、行为预测及影响行为的条件等问题。灾害心理学主要揭示灾害中的心理现象，解释灾害对人的心理产生的影响，预测灾害心理行为的发生和变化规律，并对人们的灾害心理行为进行预报和干预。灾害心理学一般是从个体、群体、组织和社会 4 个层面开展灾害引发的心理反应及变化规律。

（八）历史学

灾害历史学是通过对历史上灾害的考察，梳理历史上国内外减灾、救灾的思想和制度、政策、措施；分析人类减灾活动中积累的经验、技术、措施及世界各国具有代表性的防灾减灾救灾体制，为认识当代的灾害问题及其演变趋势，提高社会的灾害认识水平，制定灾害风险管理措施提供借鉴或参考。

二、主要内容

（一）自然灾害性质和特征

自然灾害是人类社会系统中经常发生的一种运动与现象，必然具有一定特征及运动规律。因此，灾害性质与特征研究是自然灾害研究的起点和基础。具体来说，主要是界定自然灾害各个灾种的定义及类型，分析自然灾害的时空特征，总结其地域分异规律。

（二）自然灾害的形成机制

自然灾害都是在某种状态下或某些因素的触发下逐步产生、形成、暴发并作用于人类社会的，即都具有一定的形成机制和发展过程。只有搞清楚自然灾害的形成机制，才能为实施灾害防治措施提供理论依据，才能有针对性地减轻灾害风险。

（三）自然灾害后果及影响

自然灾害后果主要指灾害的发生和延续对人类和人类社会的危害作用。自然灾害的危害作用机理和强度，以及对灾害后果的预测和评估，是灾害学研究的重要内容之一。除了自然灾害产生的人员伤亡、经济损失外，还要关注灾害的其他影响，包括对生态环境、经济运行、社会秩序的影响程度，甚至是公众心理的影响，并且也要清楚自然事件的有利影响。

（四）自然灾害风险评估与管理

联合国减灾战略中明确提出了必须建立与风险共存的社会体系，强调从提高承灾体抵抗风险的能力入手，促进区域可持续发展。在此背景下，自然灾害风险管理是全面减灾最为有效、积极的手段与途径，普遍接受的风险管理过程包括风险识别、风险分析、风险评估、风险管理等。自然灾害风险评估与管理是近年来灾害学研究的热点之一。

（五）自然灾害防治理论和实践

自然灾害研究的最终目的是减少灾害损失。为达到这一目标，灾害防治应采取什么样的方法与策略，在现代社会如何建立有效的灾害防治体系，这是灾害学研究的又一主要内容。在灾害防治中，工程措施和非工程措施两者相互依存，缺一不可。今后应该在实践中多通过法令、政策、行政管理、经济和工程以外的技术等非工程措施，来降低自然灾害风险。

第四节　自然灾害学的学科特性

一、综合性

自然灾害学研究需要自然科学、社会科学及技术科学的跨学科综合研究，综合性的特点决定了自然灾害学是一个交叉学科，表现在多学科、多领域、多方法上。自然灾害学是地球表层系统中人与自然相互作用的结果，因此应该从局地、区域到全球综合分析多种自然灾害要素的相互影响、相互作用。这需要深化对岩石圈、水圈、生物圈、大气圈和人类社会圈交互作用和过程的综合研究，同时加强相关技术的应用和发展。

二、区域性

自然地理环境的区域性决定了自然灾害的区域性。每一种灾害都有一定的空间分布特征，不同区域具有不同的灾害特征，同一种灾害在不同区域的发生频率及灾害后果也不同。此外，由于各个区域社会经济发展程度的差异，不同区域在灾害中的暴露程度不同，抵抗能力和恢复能力也有差异，因此同一强度的灾害对不同区域的影响不同。由于自然环境、人类社会、经济、文化因素都表现出空间分异特点，因此自然灾害学必然具有区域性特征。

三、实践性

自然灾害学是一门实践性非常强的学科。自然灾害学不仅要研究各种灾害的发生、发展及预测，更重要的是通过理论研究提高人们的灾害风险意识，指导人们进行防灾减灾决策，践行理性的防灾减灾行为，包括社会层面和个人层面的实践活动。

第二章　自然灾害系统

自然灾害是地球系统物质运动和能量交换异常现象，只有正确认识地球自然灾害系统的结构、成因，了解自然灾害的特征，才能有效地防灾减灾。灾害系统论观点认为，灾害是社会与自然综合作用的产物，即灾害是地球表层孕灾环境、致灾因子、承灾体综合作用的产物。基于灾害系统理论的灾害成因分析及特征探讨是自然灾害学研究的基础理论之一。

第一节　灾害系统理论

一、灾害系统的组成要素

1994 年 Blaikie 等出版了《风险：自然致灾因子、人类的脆弱性和灾害》一书，从致灾因子、孕灾环境、承灾体综合作用的角度，系统地总结了区域资源开发与自然灾害的关系。1996 年史培军进一步明确提出，灾害系统由孕灾环境、致灾因子、承灾体、灾情 4 个要素共同组成，这些概念的阐述，使自然灾害系统研究有了一个基本的概念体系。自然灾害灾情是由各种引起灾害的人为和自然因素相互作用的最终产物。但不同研究者在研究过程中强调的重点并不完全一致，有些学者强调致灾因子的作用，有些学者更强调承灾体的作用。

（一）孕灾环境

孕灾环境是指孕育自然灾害的自然环境和人文环境，是由岩土圈、大气圈、水圈、生物圈和人类圈组成的地球表层环境。自然环境又可分为流体与固体自然环境、生物环境两类；人文环境又可以根据语言、民族、种族、经济及政治制度进行划分。不同文化环境区域，对自然灾害的反应能力不同，而且滋生人为灾害的类型与强度也不同，这就是孕灾环境的稳定性。孕灾环境稳定度或敏感度评价，可以刻画环境的动态变化程度。一些学者认为孕灾环境在灾害系统中最重要，从而成为孕灾环境论者，其认为，近年来灾害发生频发、损失逐年递增的原因与区域及全球环境变化有密切关系，其中最突出的是气候变化与地表覆盖变化，以及物质文化环境的变化。

（二）致灾因子

致灾因子是指可能造成财产损失、人员伤亡、资源环境破坏、社会系统混乱等地理环境中的异变因子。学者们普遍认为，灾害的形成是致灾因子对承灾体作用的结果，没有致灾因子就没有灾害。致灾因子一般分为自然致灾因子和人为致灾因子。致灾因子的强度、频率及持续时间等影响着灾害损失的大小。

从灾害的形成过程看，无论是突发性致灾因子，还是渐发性致灾因子，在灾情形成中都有累积性效应，即通过灾害链相对放大了某一致灾事件的灾情程度；无论是自然致灾因子，还是人为致灾因子，对承灾体来说都有一个致灾的临界值域（如地震大于某个震级、暴雨大于某个量级等），且此临界值因承灾体稳定程度而异。

（三）承灾体

承灾体是指各种致灾因子作用的对象，是人类及其活动所在的社会与各种资源的集合。从自然灾害的定义来看，没有承灾体就没有灾害。承灾体一般分为人类、财产与生态环境等，进一步的划分也有不同观点，这取决于不同国家的经济、政治与文化程度。从灾害系统的角度看，对人员的分类，针对不同居民对不同致灾因子的抗灾能力，按居民性别、年龄、人均收入、居住条件、医疗条件、健康状况等标准划分是比较合理的；对财产与资源的划分，可以按照产业和资源类型分类。

（四）灾情

灾情是指在一定的孕灾环境和承灾体条件下，因灾害导致某个区域内在一定时期内生命和财产等损失的情况。灾情包括人员伤亡及心理影响、直接经济损失和间接经济损失、生态环境及资源破坏。灾情（D）是孕灾环境（E）、致灾因子（H）、承灾体（S）综合作用的产物，即：

$$D=E\cap H\cap S$$

致灾因子是灾情产生的充分条件，承灾体是放大或缩小灾情的必要条件，孕灾环境是影响致灾因子和承灾体的背景条件。任何一个区域的灾情，都是H、E、S综合作用的结果。通过孕灾环境—致灾因子—承灾体—孕灾环境这样一个循环反馈过程决定灾情过程。区域灾情研究是地理科学研究灾害系统的重要内容。

综上所述，灾情大小是由孕灾环境的敏感性（S）、致灾因子的危险性（H）和承灾体的脆弱性（V）共同决定，组成灾害系统的3个要素在灾害形成过程中缺一不可，各要素特征的变化对灾情的影响程度不同（见图2-1），但是3个要素不存在谁的作用更大或者更小的差异，它们都是自然灾害形成过程中必要且充分的条件。因此，自然灾害系统是由致灾因子、孕灾环境与承灾体共同组成的地球表层系统结构体系，致灾因子危险性、孕灾环境敏感性和承灾体脆弱性评价，是风险评估与管理的理论基础。

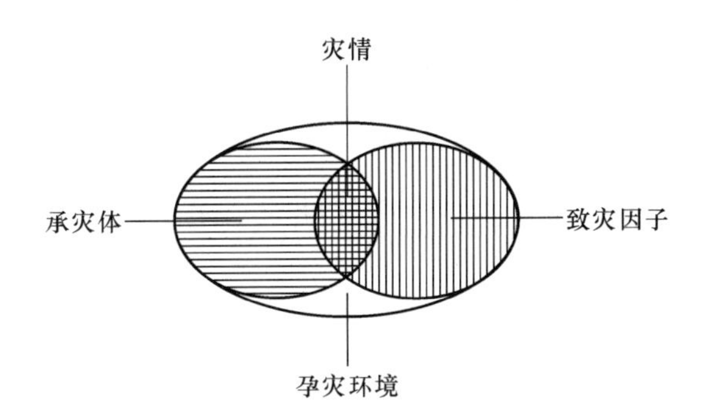

图2-1　灾害系统的组成要素

二、灾害系统的主要特征

自然灾害之本质可以理解为给人类社会造成危害的自然事件。实际上，更多的自然灾害是自然变异和人类活动共同作用的结果。在某种意义上来讲，自然灾害的形成过程正是人类社会经济发展过程中随之而来的有碍于可持续发展的地球表层变异过程。自然灾害系统受到天、地、人等多种条件的约束和众多繁杂因素的影响和干扰，毫无疑问，它是一个典型的复杂系统。

灾害系统具有6个方面的突出特点：

（1）系统组成的高维特性。根据灾害系统理论，灾害系统是由孕灾环境子系统、致灾因子子系统、承灾体子系统、灾情子系统等4个子系统组成，而每一个子系统又包括次一级子系统。从广义上来说，孕灾环境即自然环境与人文环境，自然环境可划分为大气圈、水圈、岩石圈、生物圈，人文环境可划分为人类圈与技术圈；致灾因子一般包括自然、人为两个系统；承灾体包括人类本身及生命线系统、各种建筑物及生产线系统，以及各种自然资源；灾情包括人员伤亡及造成的心理影响、直接经济损失和间接经济损失、建筑物破坏、生态环境及资源破坏等。

（2）子系统之间关联复杂。自然灾害系统内各个子系统或局部子系统之间相互作用、相互联系，形成了复杂关联。这种关联的复杂性不仅表现在结构上，而且表现在内容上，各子系统之间关联的形成是多样的。

（3）系统的随机性。自然灾害孕灾环境、致灾因子和承灾体均具有随机性，例如全球变暖作为自然灾害的发生背景，还存在着许多不确定的因素，人类目前还无法事先预知它究竟怎样变化、变化的幅度，以及这种变化的时空分布。

（4）系统的开放性。自然灾害系统不断地与周围环境发生着物质、能量和信息交换，体现了这一系统的开放性。一方面，自然灾害的形成需要从其外部环境系统中得到能量、物质；另一方面，自然灾害的发生又对其外部环境系统产生影响。

（5）系统的动态性。自然灾害系统是伴随着区域经济开发同步发生和发展的，在其形成的过程中，不仅致灾因子有随机性，而且孕灾环境与承灾体存在着波动性和趋向性，从而引起自然灾害系统的输入输出强度与性质不断变化，并进一步引起系统结构与功能变化，使自然灾害系统呈现出显著的动态性。

（6）系统的非线性。非线性是指自然灾害系统的输出特征，对于输入特征的响应不具备线性叠加性质。例如，相同强度的洪水发生在不同区域，灾情会由于不同地域的背景条件、人口财富密度、经济发展水平等方面有差异，所以自然灾害规模及灾害损失之间不可能构成线性函数关系。

第二节 灾害形成机制

灾害系统理论为自然灾害研究奠定了一定基础，被大量国内学者引用；另外，在此基础上也有学者提出，防灾减灾能力也是制约和影响自然灾害损失的因素。但是目前为止，很少有人对灾害系统理论及灾害形成机制进行深入分析。而且，在灾害系统理论的应用中，有些学者并不清楚孕灾环境、致灾因子、承灾体之间的具体差异，也有学者把致灾因子与孕灾环境看作是一个问题的不同方面；承灾体与孕灾环境如何区分，人类社会系统既是承灾体又是人文孕灾环境？致灾因子和承灾体到底如何作用从而产生了灾情？这些问题至今很少有人说清楚。

本书从人地关系的角度出发，提出自然灾害是人灾关系失调的体现，是人与灾争夺活动空间的结果。具体来说，在一定的发灾场范围内，只有当自然事件的致灾力大于承灾体抵抗力时，自然灾害才有可能产生，灾害风险的大小由致灾力危险性、承灾体抵抗力和暴露性共同决定。在灾害发生之前，通过风险评价可以预估未来自然灾害的损失；在灾害发生之后，灾害风险就成为现实中的灾情。

一、发灾场

发灾场是自然灾害发生的场所，也是承灾体遭受灾害影响的场所。任何自然灾害的发生都必须占据一定的地理空间，空间是描述自然灾害的基本要素之一。发灾场是地球表面系统中地理环境的一部分，地理环境是人类社会生存和发展的基础，同时也是自然灾害发生的场所。从发灾场的含义可以看出，发灾场不同于孕灾环境，孕灾环境主要是影响致灾因子和承灾体的背景条件，广义的孕灾环境包括自然环境和人文环境，而发灾场更为具体明确，不特别强调环境条件对自然事件孕育的影响。例如，孕育台风“天鸽”的西北太平洋洋面可以说是它的孕灾环境，而广东、广西才是“天鸽”的发灾场；如果台风没有登陆就消亡了，那么它的孕育环境也只是地理环境的一部分，发灾场才是真正自然灾害形成的区域。发灾场具有地理环境整体性和差异性的特征，可以包括大尺度、中尺度和小尺度三种基本分异尺度。最大尺度是全球尺度，例如宇宙灾害的发灾场是整个地球，大尺度可以是一个大陆或大洲，中尺度可以达到 100 万平方千米，小尺度多在 1000 平方千米以下，比大多数县的面积还小。大中小尺度是相对的，大部分自然灾害的发生是在小尺度的空间内。

自然灾害发生的基本空间尺度是小尺度。这一点在现有的区域灾害研究中并没有得到重视，例如很多自然灾害评价以全国、全省为研究对象，最后的灾害风险覆盖了整个研究区域，这与发灾场的差异性特征不符。大部分灾害发生的场所及灾害影响并不是覆盖整个区域的，因此使用分级统计图法或分区统计图法做出的没有留白的风险图就可能有问题。首先，分级统计图法或分区统计图法的应用前提就是使用连续的地理数据，而自然灾害的数据不符合这一要求，它不连续且没有布满制图区。其次，大多数灾害并不是在全国、全省甚至全市、全县范围内都会发生，比如台风灾害、滑坡灾害，将发灾场范围不大的自然灾害风险，平均平铺在一个中尺度甚至大尺度的区域，其计算结果意义并不大，因此建议区域尺度的自然灾害风险表达可以用定点符号法、范围法、点值法等，它们更适合不连续数据的地图表达。最后，灾害风险评估的结果不能秉承“有风险总不会错”的想法，没有就是没有，有就是有；如果根据现有技术、方法尤其是灾害形成条件和历史记录，得出的灾害风险评价结果为 0，那么就应该将灾害风险结果确定为 0，这也符合实事求是的科学态度，而目前的风险区划图中几乎看不到风险为 0 的空白区域。

发灾场的概念虽然少见，但是与发灾场相关的研究很早就有开展，只是随着灾害风险评价工作被追捧，相关研究慢慢淡化了。例如，在泥石流危险性评价中，危险度是指在一定范围内存在的一切人和物遭到泥石流损害的可能性大小，一定范围是指可能遭到损害的区域，而危险范围的预测是风险评价的一项重要内容，刘希林等提出了泥石流最大危险范围的预测模型，泥石流最大危险范围就是泥石流灾害的发灾场。地震灾害的发灾场就是地震灾害危险范围，以汶川地震为例，极重灾区全在四川境内，面积为 2.6 万平方千米，重灾区面积约为 9 万平方千米，一般灾区面积约为 38.4 万平方千米，灾区总面积约为 50 万平方千米。

对灾害不可能发生的地点，何谈灾害风险或损失？因此，在灾害风险和损失评估研究中，预测并确定发灾场的范围非常重要，发灾场范围的预测可以采用情景分析方法，不同灾害情景下的发灾场范围不同，因此灾害风险结果并不是固定值，而是系列数值。

二、致灾力

致灾力是指自然灾害事件的破坏力。之所以采用“致灾力”而不采用“致灾因子”这一提法，是因为：(1) 从字面含义上来说，致灾因子是导致灾害形成的因子，而根据灾害系统理论，孕灾环境、承灾体也是形成灾害的因子，因此致灾因子的含义还不够具体明确；(2) 自然灾害是指由自然力主导的对人类社会造成危害的事件，即灾害是在受自然力的操纵，且人对其无法控制情况下发生的事件。致灾力抓住了自然事件影响人类的本质力量，而不必拘泥于某种灾害到底是人文自然灾害还是纯自然灾害。例如天然地震是自然灾害，诱发地震也是自然灾害，因为诱发地震与天然地震的破坏力无异，人们只是改变了地震发生的环境背景，而无法改变地震波及地震应力。

致灾力与灾害的强度有关，但是并不完全一样。张庆红等研究发现台风的影响力同其影响陆地前水汽总量指数呈显著正相关，两者的相关系数达到了 0.751，而与影响陆地前总破坏力指数的相关系数为 0.59，与台风的强度（中心附近最大风速）的相关系数只有 0.345。因此，自然灾害事件的致灾力如何评价，还需要根据不同灾种进一步深入分析。致灾力是与承灾体直接接触并造成其破坏的灾害力，致灾力与发灾场、承灾体息息相关。致灾力越强，发灾场范围越大，同等条件下受到威胁的承灾体越多，损失越大。致灾力的危险性是灾害评价的首要条件，有了危险性才能体现特定发灾场中人类社会的暴露性，暴露于致灾力中的承灾体不足以抵抗致灾力时，才产生灾害损失，三者是统一于灾害系统中的。

三、承灾体

（一）暴露性

自然灾害科学研究是以人为中心，人类的利益是认识、评价、防御灾害的出发点。一个自然事件只有对人类社会造成影响才能成为灾害，所以承灾体的暴露性是影响灾害形成的要素之一。《UNISDR 减轻灾害风险术语》中对暴露的定义为：人员、财物、系统或其他东西处在危险地区，因此可能受到损害。暴露性是指对承灾体暴露程度的衡量，例如某个地区有多少人或多少类资产，并结合暴露在某种致灾力下物体的脆弱性，来估算所关注地区与该种灾害相关的灾情数值。暴露性的大小可以直接影响灾害损失的大小，例如，2017 年九寨沟地震与同为 7.0 级的 2013 年雅安地震相比，灾害损失小得多，九寨沟地震造成 25 人死亡，而雅安地震造成 196 人死亡，这与承灾体的暴露性关系密切。九寨沟地震重灾区除景区人口集中外，其他区域村寨稀疏，使得地震中伤亡人数和建筑物损毁远低于雅安地震；雅安地震的极重灾区和重灾区包括雅安市芦山县、雨城区、天全县、名山区、荥经县、宝兴县等 6 个县（区），灾区人口密度比九寨沟震区大很多，从而雅安地震比九寨沟地震中承灾体的暴露性大很多。

自然灾害的产生，是由灾害事件的致灾力作用于发灾场中暴露的承灾体形成的。在灾害研究中，常常涉及一个问题：城市和农村面对自然灾害时哪个区域脆弱性更大一些？有人认为是农村，也有人认为是城市。本书认为，对于致灾力小的灾害来说，农村损失大于城市；对于致灾力大的灾害来说，城市损失大于农村，这主要是承灾体暴露性和抵抗力影响的结果，城市的灾害抵抗力比农村强，小灾小难对城市影响不大；但是当致灾力超越一定强度时，所有暴露的承灾体可能全部损失，不管是城市还是农村，而此时城市的暴露性是大于农村的，不针对致灾力的暴露性分析是片面的。

现有区域灾害研究中存在一个问题：同一区域面对不同灾害的暴露性几乎是相同的，都是采用整个区域的人口和经济指标来衡量，特别是人口密度和人均 GDP。本书认为，即使是同一区域面对不同灾害的暴露性也不同，区域中沿河地区面临的洪涝灾害暴露性大，靠山地区面临的地质灾害暴露性大，不能一概而论。因此，暴露性的确定并不是那么简单，一定要考虑特定灾种致灾力作用下的发灾场范围。

（二）抵抗力

承灾体的抵抗力是相对于灾害事件的致灾力而言的。抵抗力，是指承灾体抵御、吸收、调节、适应、改变灾害的影响并从中恢复的能力，包括用风险管理来保护和恢复其必要的基本结构和功能。抵抗力是承灾体与生俱来的特征，每种地球上的生物都有其旺盛的生命力，为了在地球上生存，都有其自身抵抗外界影响和适应地球环境的本能。承灾体抵抗力是脆弱性研究的基础，其与恢复力不同，灾后的恢复力是未知数，而抵抗力在灾前是可以把握的，例如建筑物的抗震能力在灾前就是已知的，但其遭遇不同震级的地震能否恢复是未知数，有时甚至不存在恢复的可能，恢复力也就无从谈起。最后，增强承灾体抵抗力是人类主动适应灾害的过程，只有使抵抗力增强到一定程度，足以抵御致灾力的作用，才能部分地使人类社会免于受损。

承灾体的抵抗力增强将大大减少灾害造成的人员伤亡和经济损失，以地震灾害为例，死亡率高的原因基本上是建筑物没有达到抗震设防标准，因而倒塌率高、伤亡严重。九寨沟地震比雅安地震伤亡人数少的另一原因就是，九寨沟震区房屋建筑抗震设防水平较高，抗震性能总体较好，房屋倒塌和严重损毁的比例很低，有效减少了灾害损失。雅安地震震中的地震烈度为Ⅸ度，这已超过芦山县Ⅶ度的建筑抗震设防标准，大多数房屋严重破坏，墙体龟裂，局部坍塌，复修困难。一般来说，经济发展是提高承灾体抵抗力的必要非充分条件，社会经济越发展，防灾减灾的投入可能就越多，承灾体的抵抗力随之增强，当抵抗力超过致灾力时，灾害损失就很小，甚至不造成损失。

不少学者认为，承灾体在面对不同灾害的威胁时，其脆弱性基本一致，评估指标无非是人口、财产和生态环境等，比如在很多灾害脆弱性评价中，老人和儿童的比例是一个重要的脆弱性指标。但是这种观点也有一定的局限性，如果承灾体与致灾力不发生相互作用，其脆弱性就无法体现。即没有外力，何来脆弱？况且，灾害致灾力不同，承灾体抵抗力也可能不同，即同一承灾体对不同灾害的脆弱性会不同。同一个会游泳的老人，当他深陷内涝包围时，可能会自救；但面临地震灾害时，由于行动迟缓，可能就遇害。那么这个老人是脆弱还是不脆弱呢？不同承灾体面对不同灾害时，会表现出不同的抵抗力。承灾体尤其是人都有一定的抵抗力，具有趋利避害的本能，所以说抵抗力是本质属性。

四、基于人地关系的自然灾害形成机制

（一）灾害中的人地关系

人地关系是地理学的研究核心，地理学的基础理论研究万变不离人类和地理环境的相

互关系这一宗旨。人对地具有依赖性，地是人赖以生存的唯一物质基础和空间场所，一定的地理环境只能容纳一定数量和质量的人及其一定形式的活动。随着地理学的发展，新型人地关系理论不断出现，其中就包括人地危机冲突论，人地关系的危机是指人与自然环境在相互作用过程中所表现出来的一种不相容的对立与冲突。从人地冲突论的角度来说，灾害形成是“人”与“灾”冲突的结果。因为人的生存必须依赖地理环境，而自然灾害的生命历程包括孕育、生成、发展和消亡，每一个过程都需要占据一定的地理空间。因此，灾害产生的实质是人类活动与灾害事件争夺地理空间的结果。

自然灾害多数是地理环境演化过程中的事件，灾害事件不会因人的存在而不发生，人类因占有灾害事件的活动空间而获取利益，同时也面临着受灾的风险。现代可持续发展理念中，认为河流是有生命的，同样每一个灾害事件也是有生命的，恰恰是人类缺乏了对这种生命的尊重与敬畏，所以才面临各种各样的灾害。人虽然具有主观能动性，但是在大灾大难面前，人类依然难以阻止其发生，防波堤阻止不了大海啸，拦沙坝拦不住大泥石流。从“人灾关系”和谐的角度来说，人类只要给灾害事件留下足够的发展空间，并和灾害事件保持一定的距离，自然灾害就不会或很少给人类带来损失。人地关系是否协调抑或矛盾，不决定于地而取决于人。因此自然灾害风险管理的核心是人灾协调，人灾协调的前提是人类内部的协调，尤其是要遵循可持续发展的公平性原则，注意本代人的公平和代际公平性，可以参考生态补偿的做法，开展“灾害搬迁补偿”，这一补偿相对于灾害损失和救灾投入来说应该是经济可行的。

（二）自然灾害形成机制

从宏观的人地关系角度来看，自然灾害是人地关系失调过程中出现的不利影响。人的风险行为、地的危险事件，两者相互作用导致人地关系的不和谐状况，具体来说就是“人”的抵抗力与“灾”的致灾力之间的相互作用。因此，自然事件是否可以演化为灾害，不仅取决于自然环境，更取决于人类行为，人类行为直接影响人灾关系。在灾害的具体研究中，人灾关系的定量，即灾害定量分析必须落实到具体的地域空间上。在致灾力和承灾体分析中，并不是所有的承灾体都暴露于致灾力的作用下，因此关键是确定发灾场范围。发灾场的大小不是完全脱离致灾力和承灾体及其暴露性而存在的，致灾力越大，其影响范围越大；但是影响范围内要有暴露的承灾体，灾害才得以发生，因此它们之间紧密联系在一起，致灾力与承灾体共同作用下才能确定发灾场的范围（见图 2-2）。

发灾场确定之后，暴露于致灾力之下的承灾体，通过与灾害事件的相互作用，尤其是经过抵抗力与致灾力的较量之后，那些抵抗力不足以抗衡致灾力的承灾体才会受损（包括小于和等于两种情况），只有当抵抗力大于致灾力时，灾害损失才可能微乎其微。灾害损失的大小随着两者作用力差值的增大而增大，致灾力超出抵抗力的差越大，灾害损失越大。2017 年“天鸽”台风登陆珠海期间，很多简易房屋屋顶被掀翻且整体被毁坏，但是很少有钢筋水泥建筑严重受损，这就是致灾力与抵抗力相互作用之后的不同结果。在两者相互作用的研究上，今后要更加注重实验手段的应用，例如模拟人在洪水中抵抗冲击力的情况，建筑在地震中的损坏程度等，只有人、其他承灾体与致灾力的作用机理搞清楚了，才能真正地为防灾减灾提供理论依据。

灾害的形成，是灾害事件的致灾力与暴露承灾体的抵抗力在同一发灾场相互作用的结果，灾情大小是受致灾力、暴露性、抵抗力共同影响的。发灾场是灾害研究的基本尺度，

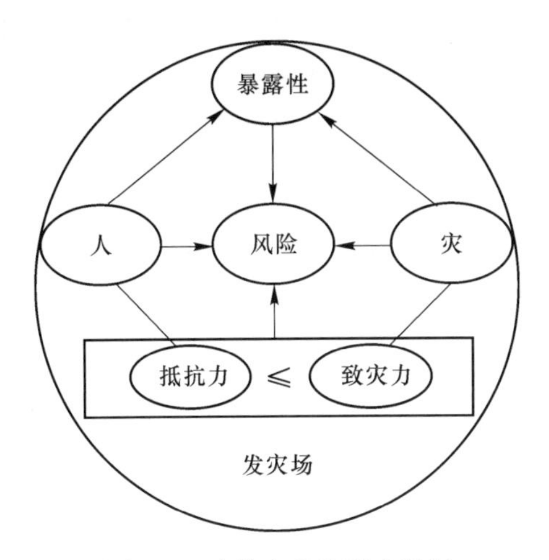

图 2-2　自然灾害的形成机制

发灾场上的自然灾害损失确定之后，更大区域尺度的灾害评估就很容易了。在区域灾害评价中，有些研究将灾害频率和后果视为同等重要，但不同等级的灾害对区域损失的贡献差异很大，一次重大灾害比数次小型灾害给区域社会经济带来的影响大得多，例如九寨沟地震震中周边 200km 内近 5 年来发生 3 级以上地震共 142 次，最大地震就是 2017 年 8 月 8 日的 7.0 级地震，但是 1 次 7.0 级地震比 141 次级数小的地震影响的总和还大。因此，在区域灾害评价中，更要考虑灾害致灾力，尤其是大灾大难的影响。

（三）研究展望

自然灾害风险及灾情评估的核心并不是为了不断追求令人炫目的新技术和新方法，而是要力图从根本上搞清楚自然灾害的形成机制，找到灾害风险的合理表达途径。本书并不否定灾害系统理论和灾害风险评价实践的价值，但在灾害风险评估精细化的道路上，必须不断完善自然灾害形成机制的研究，以解决一些实际问题。例如现有的不少区域灾害风险评价结果，将一个县甚至一个市用一个图斑表示灾害风险的等级，这种评价结果的理论基础和实践价值都有一定问题，评价结果政府机关无法采用，老百姓无所适从，整个县市是高风险区或者低风险区，其价值大打折扣，高风险可能影响经济发展，低风险又会导致盲目开发。今后灾害风险评价应该更注重对致灾力和抵抗力的研究，更精细，更注重实验，从而更好地为改善人地关系与促进可持续发展服务。

自然灾害形成机制还有很多尚未解决的问题，需要自然灾害研究学者不断努力。只有把灾害形成机制的问题搞清楚，才能真正为防灾减灾提供科学决策。

第三节　自然灾害特征

一、自然灾害的必然性和可防御性

自然灾害是地球系统灾害事件动力过程中的能量和物质非平衡态的表现。灾害过后，能量和物质得以调整并达到平衡，但这种平衡是暂时的、动态的，当新的不平衡出现时，自然灾害就必将再次发生。地球是在不断地运动着、变化着，加之太阳、月球和其他天体的影响，使地球岩石圈、水圈、大气圈、生物圈的物质在运动变化中不断产生变异，从而涌现了大量岩石、水、大气和生物的极端事件等。因此，只要地球在运动，自然灾害就会相伴而生。只要地球上有人类存在，人类在利用和改造自然中，就必然产生自然灾害。

同时，人类通过研究灾害特征，掌握灾害发生条件和分布规律，进行预测预报并采取适当防治措施，就可以对灾害进行有效防御，从而减少或避免灾害损失。随着科技发展，人们预测和管理自然灾害风险的能力在逐步提高。但是由于自然灾害系统的复杂性，自然灾害的防灾减灾任务仍然任重道远。灾害的可防御性要求人们要正确认识自然灾害，在与自然环境和谐相处的过程中，通过社会经济发展和科学技术进步来不断减轻灾害损失。

二、自然灾害的周期性和不重复性

自然灾害的发生是由天文因子、地球行星运动和各圈层异常活动引起的。由于太阳活动、地球公转、地球自转、构造运动、气候变化及生物发展都存在着普遍的韵律性和准周期性，所以大部分自然灾害具有周期性和准周期性的发生规律，也称为韵律性、波动性、旋回性，是地球自然地理环境中最普遍的现象。据研究，最近 500 年来，中国有两个地震活跃期：第一个活跃期为 1480~1730 年，第二个活跃期从 1880 开始，至今尚未结束。但自然灾害不可能完全重复出现，因为影响灾害的因素十分复杂，各种因素都在不断地变化之中，完全相同的自然灾害不可能重复出现。自然灾害的不重复性主要是指灾害过程、损害结果的不可重复性。

三、自然灾害的频发性和不确定性

全世界自然灾害种类多、发生频率高。近几十年来，自然灾害的发生次数呈现出增加的趋势。以中国为例，中国地理环境复杂，自然灾害种类多且发生频繁，除现代火山活动导致的灾害外，几乎所有的自然灾害，如水灾、旱灾、地震、台风、风雹、雪灾、山体滑坡、泥石流、病虫害、森林火灾等，每年都有发生。

自然灾害影响因素复杂多样，发生的时间、地点和强度具有不确定性，不确定性在很大程度上增加了人们抵御自然灾害的难度。从人类的认识角度看，自然灾害往往是基于不确定性，即正常自然进程的中断或突如其来的变化，让人在没有充分准备的情况下难以招架。如果说自然灾害一直是人类挥之不去的梦魇，那么在现代社会，人类活动能力的增强则不仅没有从根本上消除灾害的不确定性，反而在某种程度上深化了不确定性，从而使人类进入了所谓不确定性时代或“风险社会”。

四、自然灾害的突发性和破坏性

自然灾害形成的过程有长有短，有缓有急，常见的自然灾害以突发性自然灾害为主。当致灾力的变化超过一定强度时，就会在几天、几小时甚至几分、几秒钟内表现为灾害行为，例如地震、洪水、飓风、风暴潮、冰雹等。突发性自然灾害具有发生突然、暴发力强、历时短、成灾快、危害大的特点。

自然灾害对人类的主导作用是造成多种多样的破坏。全球每年发生的可记录的地震约为 500 万次，其中有感地震约 5 万次，造成破坏的近千次，而里氏 7 级以上足以造成惨重损失的强烈地震，每年约发生 15 次，干旱、洪涝两种灾害造成的经济损失也十分严重，全球每年可达数百亿美元。

五、自然灾害的群发性和诱发性

许多自然灾害不是孤立发生的，在某些特定的区域内，在相似环境条件下，自然灾害常常具有群发性特点。一些相同或不同类型的灾害常常接踵而至或是相伴发生，“祸不单行”，形成灾害的群发性现象。

前一种灾害的结果可能是后一种灾害的诱因，或是灾害链中的某一环节，某一原发灾害（主发灾害）可以诱发一种或多种次生灾害。比如地震因毁坏生产和生活设施而成灾，同时形成地裂，并诱发滑坡、火灾、海啸等灾害，又因人员伤亡和医疗设施的破坏，引起疫病蔓延等。

六、自然灾害的广泛性和区域性

从自然灾害的分布来看，灾害遍及地球每一个角落，任何地方都有灾害，而且灾害类型多样，这就是自然灾害的广泛性。不管是海洋还是陆地，地上还是地下，城市还是农村，平原丘陵还是山地高原，只要有人类活动，自然灾害就有可能发生。发生在中国的自然灾害就有近百个灾种，其中干旱灾害、洪涝灾害、地震灾害、地质灾害和海洋灾害发生频率最高，其发生频数占同期全部自然灾害发生频数的90%。

自然地理环境的区域性决定了自然灾害的区域性。对于某一种灾害而言，有它滋生的特殊条件，这就决定了它的产生必须在某些特定的区域，这就导致了在世界不同的地区具有不同类型的灾害。例如日本是世界上地震多发国家，日本国土面积仅占世界总面积的0.25%，但震级6级以上的地震发生160次，占世界总数的20.5%。

第三章 自然灾害区域分异

自然灾害除了具有发生时间不同、灾害程度各异等方面的特点外，在空间分布方面也存在着一定特征，从地理学的角度看，就是地域分布规律。地带性和非地带性是两种基本的地域分异规律，它们控制和反映地理环境分异，同时也影响着自然灾害在空间上的区域分异，其主要研究内容包括自然灾害的区域差异和区域划分等两个方面。

第一节 自然灾害区域分异规律

自然灾害区域分异规律与区划研究，对制定区域发展规划、综合减灾规划、生态文明建设规划等都有着重要的价值。自然灾害区域分异的理论基础是地理环境地域分异规律，包括自然地理环境和人文社会表现出空间分异的规律性，这些都会影响自然灾害在空间上的分布特征。

一、地理环境地域分异规律

地域分异是指自然地理环境各组成要素及其所组成的自然综合体，沿地表按确定方向有规律地发生分化所引起的差异。地带性指地球作为一个行星所具有的形状和运动特性以及在宇宙中的位置，使太阳辐射在地表分布不均引起的地域分异，典型表现是地球表面的热量分带。

纬向地带性指自然地理要素或自然综合体大致沿纬线方向延伸，按纬度方向发生有规律的排列，产生南北向的分化，典型表现为气候的纬向地带性。具体来说，温度从低纬向高纬递减，基本上是沿纬线延伸的。年变幅随纬度增高变幅增大，两极变幅最大。纬度不同，降水差异明显，赤道附近低纬度降水量最大；回归线附近带内差异很大，平均状态看，降水量较低；温带地区较高，极地地区最低。纬向地带性也影响着社会经济发展，人类社会最发达的地区集中在温带、亚热带，热带尚处于比较落后的状态，而冰雪严寒的极地地区至今仍是文明的不毛之地。

经向地带性指自然地理环境各要素或自然综合体大致沿经线方向延伸，按经度方向由海向陆发生有规律的更替，也被称为海陆梯度地带性，典型表现是沿海降水多，内陆干燥少雨。低纬和高纬地带，海洋性和大陆性对比不明显，东西岸气候差异不大。中纬地带，海洋性和大陆性对比显著，东西岸差异大。海陆梯度地带性对社会经济发展的影响表现为，形成沿海向内陆经济社会发展的梯度格局。

垂直地带性是指由于地势的高度变化而引起气温、降水的变化，使各自然地理要素及自然综合体大致沿等高线方向延伸，随地势高度发生垂直更替的规律。高山地区主要的生态环境特征是缺氧、寒冷、生存空间狭窄、地球化学平衡时常遭到破坏，很多地方病与山区有关。同时，由于交通不便，信息不通，山区的社会经济相对滞后。

非地带性指由于地球内能作用而产生的海陆分布、地势起伏、构造活动等区域性分异，典型表现是地表的构造区域性，在自然灾害方面表现为火山、地震、地质灾害的非地带性；此外，海陆分布、地形起伏、洋流等自然因素的分布也具备非地带性规律，例如地形起伏引起地形雨。

二、灾害区域分异具体表现

自然灾害在空间上的分布是不均的，主要体现在灾害的群发和不同区域灾害的组合不同，从而表现出区域分异特征。造成大量人员伤亡的自然灾害多数分布在世界经济发展水平欠发达或不发达的地区和国家，相对而言，经济较发达的地区和国家，每次重大自然灾害事件的危害则以造成重大的经济损失为特色。灾害区域分异表现如下：

从孕灾环境角度来看，中纬度地带、海陆过渡地带、气候系统过渡地带是全球孕灾环境最不稳定的地带，也是自然灾害群聚的地带。

从致灾因子角度来看，同样呈现出明显的地带与非地带分异规律，即表现为灾害多度和强度的地域分异。它们的分布与孕灾环境的分布规律基本一致。

从承灾体角度来看，地区差异体现在人口稠密、经济发达地区和人口稀疏、经济不发达地区。

从灾害损失角度来看，由于资源开发的不平衡、海陆分布不均等导致陆地灾害比海洋严重，北半球灾害重于南半球等。

第二节 自然灾害区划基本理论

一、自然灾害区划含义

自然灾害区划是根据各种自然灾害在时间上的演替和空间上的分布规律，按照一定的原则和指标，对其空间分布进行区域划分的过程。自然灾害区划是自然灾害学研究中的一项基本工作，其主要目的包括：认识区域自然灾害发生发展的时空分布规律；认识区域自然灾害发生的类型、强度、灾情和风险等；为区域防灾减灾工作提供科学依据；为协调人类与环境的关系，促进区域经济和环境协调发展提供理论依据。

自然灾害区划的理论基础是灾害系统理论、地域分异理论和地学信息图谱理论，其中灾害系统理论是灾害区划原则制定、指标体系构建的基本依据，地域分异理论是灾害区划界线划定和等级确定的基础，地学信息图谱理论是灾害区划过程和结果呈现的主要方法。基于这三种理论，灾害区划原则可以概括为综合性与主导因素原则、地域共轭性原则和定量与图谱互馈原则。

自然灾害区划的最终成果通常表现为灾害区划图。灾害区划图是借助于灾害数据、自然环境背景、社会经济数据，并运用数理方法和制图技术反映灾害强度、频率、危险性、脆弱性和灾害风险等空间分布差异的图件。自然灾害区划图很早就被一些国家和地区用于指导防灾减灾工作和灾害保险研究。

随着灾害科学的发展，对灾害种类的划分越来越细，对灾害研究与描述的内容越来越多，灾害区划图应用的范围越来越广，区划图的表达方式越来越多样化，致使灾害区划研究不断进展，这也是灾害地理学发展的重要标志。

二、自然灾害区划分类

自然灾害系统是一个庞大的系统，为了反映灾害系统结构组成和功能组成的地区差异，每一种研究都可以形成一种区划。根据国内外已经开展的自然灾害区划研究，自然灾害区划至少包括以下类别：

（1）灾种区划。反映自然灾害种类及其集聚性空间分布差异的区划。

（2）灾情区划。反映自然灾害灾情的区域差异，灾情包括人员伤亡情况、经济损失情况、生态环境破坏程度、社会影响程度等。

（3）孕灾环境区划。反映各种自然灾害孕灾环境地区差异性的区划，包括单一灾害孕灾环境区划和灾害综合孕灾环境区划。

（4）灾害危险性区划。反映自然灾害致灾因子危险程度空间分布差异的区划，包括单一灾害危险性区划和综合灾害危险性区划。

（5）灾害脆弱性区划。反映承灾体面对自然灾害的脆弱性空间分布差异的区划，包括单一灾害脆弱性区划和综合灾害脆弱性区划。

（6）灾害风险区划。反映自然灾害对人类可持续发展的不利影响程度，包括单一灾害风险区划和综合灾害风险区划。

（7）防灾减灾能力区划。反映承灾体减轻自然灾害能力差异的区划，包括单项防灾减灾能力区划和综合防灾减灾能力区划。

（8）自然灾害保险区划。为自然灾害保险服务的灾害区划，根据保险需要，可分为人身保险区划、财产保险区划、农作物保险区划及各灾种保险区划等。

第三节 世界自然灾害区域分异

全球环境复杂多样，海陆分布，高山河川、丘陵平原、高原盆地，类型多样、组合复杂，人类活动的影响亦越来越剧烈，因而导致其中孕育的灾害也是多种多样，同时区域差异明显，不同地区具有各自的主导灾害及灾害组合，由此形成了灾害的区域分异特征，各个大洲自然灾害的区域分布特点见表 3–1。

表 3–1 各个大洲自然灾害分布特点

区域	灾害特点	灾害成因	主要灾害类型	主要多灾国家
亚洲	类型齐全、损失巨大、分布广泛、区域差异明显	陆地面积巨大、海陆状况复杂、古陆多而破碎、季风气候显著、人口压力大	地震、干旱、洪涝、台风、寒潮、海啸	中国、印度、日本、孟加拉国、印度尼西亚
欧洲	类型少、南欧和西欧多灾	面积小、西风区稳定且气象灾害少	地震、火山	法国、意大利、英国
非洲	类型较少、干旱严重、区域差异显著	大陆古老稳定、沙漠广布	干旱、生物灾害	苏丹、埃塞俄比亚

续表 3-1

区域	灾害特点	灾害成因	主要灾害类型	主要多灾国家
北美洲	类型齐全、损失大、分布广泛、区域差异明显	有准季风气候、经济发达且承灾体多	地震、飓风、洪涝	美国
南美洲	类型较少、区域差异明显	古老大陆为主，西海岸为活动带且多地质灾害	地震、地质灾害	厄瓜多尔、巴西
大洋洲	岛屿多地震、火山；陆地旱灾、生物灾害突出	大陆古老完整，地形平坦，大陆干旱	地震、火山、干旱、生物灾害	澳大利亚
南极洲	几乎没有自然灾害危害	无常住人口	低温、大风	无

在各个大洲自然灾害分布差异的基础上，可以总结出世界灾害区域分异具有 4 个特点。

一、集中分布在陆地上

首先，陆地表面起伏大、地理环境复杂，而海洋表面环境单一。例如，陆地冰雹多于海洋。由于陆地上有平原、高山、沙漠、森林、河流、湖泊，各种下垫面因其性质不同而受热不均匀，因此容易造成旺盛的空气对流，产生空气的热力抬升。而海洋上下垫面性质单一，水面受热较均匀，不存在比热差，不容易造成旺盛的空气对流，形成空气的热力抬升条件较差。因陆地上空气的抬升条件明显比海洋上有利，加之海洋上空零度等温线距海面较远，冰雹在降落途中容易被融化掉，所以陆地上明显比海洋上多雹。

其次，陆地有固、气、液三种物质形成的交界面，灾害物理学研究证明，固、气交界面是容易产生骤变及灾害的地方。海洋表面为气、液交界面，海洋底部是液、固交界面，故灾害少。

最后，陆地有人类居住，承灾体数量巨大，而海洋中无常住居民，海洋中产生的灾害一般只影响过往船只安全，除非是波及大陆沿海地区才造成巨大灾害损失。就地震而言，虽然大陆地震仅占全球地震释放总能量的 15%，但所造成的损失却占 85%。

二、集中分布在北半球

（1）北半球陆地面积大，约占全球陆地面积的 2/3，其中北纬 40°~50°地区陆地面积有 1650 万平方千米；南纬 50°~60°地区陆地面积仅有 20 万平方千米。

（2）大陆板块向北半球汇集，应力集中，由地球内力导致的地震火山灾害多，主要集中于环太平洋和地中海—喜马拉雅地震带。

（3）北半球山地、高原广布，其中亚洲海拔在 1000m 以上的地区占 33%，山地灾害多，例如滑坡、泥石流灾害主要集中在地形崎岖的山地，如欧洲南部的阿尔卑斯山区、中国的横断山区、南美安第斯山区。

（4）北半球气候类型多样，季风气候突出，各种气候要素的季节变化大，年际变率大，极易产生气象灾害，全球洪涝灾害集中在北半球，主要是亚热带季风区、亚热带湿润气候区、温带季风气候区。

（5）北半球人口众多，14 个人口过亿的国家有 12 个在北半球（中国、印度、美国、巴基斯坦、尼日利亚、孟加拉国、俄罗斯、墨西哥、日本、埃塞俄比亚、菲律宾、埃及），赤道附近及南半球只有印度尼西亚、巴西两国人口过亿。

三、集中分布在中纬度

（1）中纬度地区大陆集中，其中南北纬 25°~65°陆地占全球的 48.45%，赤道至南北纬 25°陆地占 42.22%，南北纬 65°~90°陆地占 9.43%。

（2）中纬度地区地应力集中，据李四光研究，南北纬 35°15′57″ 处地应力最大，构成运动活跃，因此多地质地貌灾害。

（3）与高纬度和低纬度地区相比，中纬度地区气候类型复杂多样，多大陆性气候和季风性气候，气候的经向变化多杂，提供了成灾的可能性。

（4）中纬度地区人口集中，世界人口集中分布在气候适宜的温带、亚热带地区。

四、集中分布在沿海地区

（1）沿海地区是地震火山带，其中环太平洋带浅源地震释放的能量占全球浅源地震释放能量总量的 75%，中深源地震占 90%；地中海—喜马拉雅地震带浅源地震释放能量占全球的 20%，地震火山灾害损失巨大的地区都集中在沿海地区。

（2）沿海地区易遭受海洋灾害侵袭。全球风暴潮灾害集中分布在多台风、飓风的沿海地带，如印度洋北岸的南亚南部沿海、太平洋西岸的东亚沿海地区，而海啸灾害集中分布在太平洋西岸的印度尼西亚群岛、东亚东部、美洲西部沿海。

（3）沿海地区社会经济发达，灾害损失严重。濒临海洋的沿海地区，一般都是生态环境优美、适合人类居住、有利于发展经济的“精华地区”。世界人口的 60%居住在距海岸 100km 的沿海地区。

第四节　中国自然灾害区域分异与区划

中国是受自然灾害影响最为严重的国家之一，灾害种类多，发生频率高，受灾影响地域广，伴随着全球气候变化以及中国社会经济发展，自然灾害形成更加复杂，灾害应对以及防范形势更显严峻。开展自然灾害区域分异规律与区划的研究，一直是综合减灾和国际地理科学研究的重要领域，同时对制定区域发展规划、综合减灾规划、生态文明建设规划等都有着重要的意义。

一、中国自然灾害特点

（一）灾害种类多，分布范围广

地震、崩滑流等组成的地质地震灾害，水旱、台风等组成的气象水文灾害，风暴潮、海冰、赤潮等组成的海洋灾害，病、虫、鼠害、森林草原火灾等组成的生物灾害，构成了中国多灾格局。近年来，除现代火山活动外，地震、台风、洪涝、干旱、风沙、风暴潮、崩塌、滑坡、泥石流、风雹、寒潮、热浪、病虫鼠害、森林草原火灾、赤潮几乎所有重要灾害都在中国发生过。

全国各省（自治区、直辖市）都受到灾害的严重影响，洪涝灾害影响着60%以上的大陆地区，台风、风暴潮主要影响广大东南部发达地区，旱灾、风沙威胁广大三北地区，近年特大旱灾频发于南方各地，尤以西南更甚。华北、西南、西北等地区地震多发、影响趋重，因复杂的地质构造和广布的山区等地质地理条件，崩塌滑坡泥石流等地质灾害频繁发生在占国土面积60%以上的山地、丘陵和高原。海域风暴潮和赤潮多见，森林和草原火灾易发。全国超过2/3的都市和半数的人口广受水旱、地震、崩塌、滑坡、泥石流、台风、暴雨等灾害的严重危害。

（二）发生频率高，受灾损失大

由于受季风不稳定影响，中国水旱、台风等气象灾害频发，绝大多数年份都会发生局地或区域性干旱灾害，年均大约7个台风登陆东南广大沿海地区。受板块运动影响，中国大部分地区位于亚欧、印度及太平洋板块交汇地带，活跃的新构造运动造成频繁的地震活动，因而中国是世界上大陆地震最多的国家，占全球陆地破坏性地震的33%左右。中国多山，崩塌滑坡泥石流在山地、丘陵区年均发生数千处。森林和草原火灾也时有发生。

中国自然灾害损失巨大，尤其是发生在长江、松花江和嫩江流域的1998特大水灾，发生在南方广大地区的2008特大雪冰灾害，2008年5月12日发生在汶川的里氏8.0级特大地震，均造成重大损失。自然灾害造成的人员伤亡绝对数与总人口的相对数呈下降趋势，直接经济损失的绝对数整体呈上升趋势，占国家GDP的比例呈下降趋势。最近20年来，遇难人口年平均达8547人，占全国总人口的比例为$6.9/10^6$人；直接经济损失年均约为3242.8亿元，约占全国GDP的0.48%。与世界发达国家相比，中国自然灾害灾情仍处于较为严重的水平。从巨灾造成的损失来看，除人员伤亡有明显减少外，造成的直接经济损失绝对值明显增加，相对于GDP的比例也没有明显的减少。

（三）设防水平低，城乡差异大

中国城市整体设防水平偏低，除个别大城市外，一般城市抗震设防水平低于7~8级烈度；抗台风与防洪水平大部分低于50~100年一遇。中国广大农村对地震、台风与洪水防范很少，从而造成“小灾大害”的局面。设防水平低是中国自然灾害形成的主要原因。中国自然灾害的时空演变比较复杂，主要依赖于各种自然致灾因子与社会经济系统相互之间的作用过程，以及各级政府、企业和公民社会对自然灾害风险的认识水平与防御能力，快速城市化提高了许多城市化地区的灾害风险水平。

就全球而言，中国正处在北半球中纬度与环太平洋多灾地带，再叠加较为稠密的人口和区域经济社会水平发展的巨大差异，又由于设防水平低，从而形成在全球尺度上较为偏重的灾情和较高的脆弱性；特别是由于中国城乡在设防自然灾害水平上的巨大差异，从而导致广大农村牧区较高的脆弱性。与此同时，在广大城镇地区，特别是广大县城及其所属乡镇所在地区，由于快速的景观城市化，也使脆弱性明显升高，形成高脆性的城镇连片分布区。

二、自然灾害区划方案

（一）马宗晋方案

马宗晋等根据中国的地质构造呈现“南北分区，东西分带，交叉成网”突出的特点，结合气候、社会经济等要素的空间分布特征，制定了以自然条件为主要基础的中国自然灾害综合分区。方案将中国大陆分为4个一级灾害区：华北、东北灾害区Ⅰ；东南灾害区Ⅱ；西北灾害区Ⅲ；西南灾害区Ⅳ，在一级灾害区的基础上，又划分为12个二级灾害区（见表3-2）。

表3-2　马宗晋的自然灾害区划方案

一级灾害区	二级灾害区	主要灾种
华北、东北灾害区Ⅰ	Ⅰ-1-①东北灾害区	水灾、旱灾、农作物病虫害、低温冷冻害
	Ⅰ-1-②黄淮海灾害区	旱灾、洪水、地震、农作物病虫害、干热风、地面沉降
	Ⅰ-2-①蒙东灾害区	雪灾、冻害、风灾、沙暴、森林病虫害、森林火灾
	Ⅰ-2-②陕甘宁灾害区	干旱、地震
东南灾害区Ⅱ	Ⅱ-1-③华中、华东灾害区	洪水、干旱、台风、风暴潮、农作物病虫害
	Ⅱ-1-④华南灾害区	台风、风暴潮、洪涝、干旱、农作物病虫害
	Ⅱ-2-③云贵川灾害区	洪涝、干旱、地震、滑坡、泥石流、农作物病虫害
	Ⅱ-2-④川滇灾害区	滑坡、泥石流、森林火灾
西北灾害区Ⅲ	Ⅲ-3-①北疆—阿拉善灾害区	干旱、土地沙化、雪灾、地震
	Ⅲ-3-②南疆—柴达木灾害区	干旱、地震、土地沙化、滑坡、雪灾、冻害
西南灾害区Ⅳ	Ⅳ-3-③青藏高原灾害区	雪灾、冻害、冻融、滑坡、泥石流、地震
	Ⅳ-3-④喜马拉雅山南坡灾害区	暴雨、洪涝、泥石流、地震

二级灾害区的划分依据主要是自然环境分界线，包括秦岭—昆仑山、阴山—天山、南岭、贺兰山—龙门山、大兴安岭—太行山—武陵山、东南沿海山脉。根据这些分界线，首先将全国自东向西分为3个经向灾害带：地形第三阶梯，带号为1；地形第二阶梯，带号为2；贺兰山—龙门山以西地区，带号为3。其次将全国从北到南分为4个纬向灾害带：阴山—天山北，带号为①；阴山—天山与秦岭—昆仑山之间，带号为②；秦岭—昆仑山与南岭之间，带号为③；南岭以南地区，带号为④。最后二级灾害区编号原则为：一级灾害区编号-经向灾害带编号-纬向灾害带编号。例如：Ⅳ-3-③，代表该区位于西南灾害区、贺兰山—龙门山以西以及秦岭—昆仑山与南岭之间。

（二）延军平方案

延军平在1990年出版的《灾害地理学》一书中总结中国自然灾害区域差异分布有3个特点：（1）东经100°以东，自然灾害类型多，分布广，频率高；东经100°以西自然灾害类型单一，以地震等为主。（2）以渤海至乌蒙山一线为界，西北部以地质、地貌灾害为主；东南部以气象灾害为主。（3）中国自然灾害集中的地区在分布上为一个“H”形。陕山间黄河与雪峰山连线至沿海为一竖，其中又以黄河、长江之间地区的灾害为多；内蒙古桌子山与乌蒙山以西至弱水与横断山脉连线间为一竖；秦巴山地及附近平原低地为一横，其余地区自然灾害相对较少。根据以上3个特点，延军平将中国分为8个自然灾害区，其中一级自然灾害区划见表3-3。

表 3-3 延军平的中国自然灾害区划方案

一级灾害区	界 线	主要包含省区简称	主 要 灾 种
东北旱涝、低温灾害区	燕山、大马群山、大兴安岭	黑、吉、辽	低温、洪水
华北地震旱涝灾害区	燕山、吕梁山、渭北山地、秦岭、淮河	京、津、冀、鲁、豫、晋	地震、干旱、洪涝
华东、华南旱涝台风多灾区	秦岭、淮河、武当山、大娄山、苗岭、六诏山	沪、苏、浙、皖、鄂、湘、赣、闽、粤、桂、琼	洪涝、台风
内蒙古暴风雪少灾区	大兴安岭、长城、祁连山、北山	蒙	暴风雪
西北风沙、水土流失多灾区	吕梁山、渭北山地、乌鞘岭、贺兰山、长城	陕、甘、宁	干旱、水土流失、滑坡
西南地震、山灾多发区	秦岭、乌鞘岭、邛崃山、怒山、大娄山、武当山	川、贵、滇	地震、泥石流、滑坡
西部地震、高寒灾害区	怒山、邛崃山、祁连山、北山	青、藏、新	地震、雪灾、雪崩

（三）韩渊丰方案

韩渊丰在 1993 年出版的《中国灾害地理》中，按照灾害组合型及其他灾种的相似性、灾害严重程度的相似性，灾害区域的独立性、适当照顾行政区域的完整性，将中国划分为 10 个一级灾害区和 29 个二级灾害区（见表 3-4）。

表 3-4 韩渊丰的中国自然灾害区划方案

一级灾害区	二级灾害区	主 要 灾 种
黑吉灾害区	兴安长白山灾区、松嫩平原灾区、三江平原灾区	洪涝、春旱、冷冻、森林火灾
北部沿海严重灾害区	辽海灾区、黄淮灾区	干旱、洪涝、地震、盐碱、干热风、霜冻、冰雹、风暴潮、海冰
东南沿海严重灾害区	沪杭甬平原灾区、闽浙丘陵灾区、两广沿海灾区、海南及南海诸岛灾区	台风、风暴潮、洪涝、干旱、龙卷风、地面沉降与海水入侵、低温冷害
黄土高原严重灾害区	晋陕高原灾区、汾渭平原灾区、秦巴山地灾区	干旱、洪涝、地震、水土流失、滑坡与泥石流、地裂缝、霜冻
长江沿岸严重灾害区	长江沿岸平原与淮阳山地灾区、四川盆地灾区	洪涝、干旱、滑坡、水土流失、病虫害
江南丘陵高原灾害区	贵州高原灾区、湘赣皖丘陵灾区、广西丘陵灾区	干旱、低温冷冻、冰雹、洪涝、滑坡与泥石流、病虫害
川滇山地灾害区	云南高原灾区、横断山地灾区	地震、滑坡、泥石流、干旱、洪涝
蒙新灾害区	内蒙古东部灾区、内蒙古西部灾区、新疆盆地灾区、新疆山地灾区	风沙与沙漠化、旱涝、白灾与黑灾、冰雹、鼠害与虫害

续表 3-4

一级灾害区	二级灾害区	主 要 灾 种
青藏灾害区	青海东部灾区、柴达木盆地灾区、青南藏北高原灾区、藏南谷地灾区	雪灾、干旱、大风与冰雹、地震与泥石流、鼠害与虫害

（四）张兰生方案

1995 年张兰生、史培军、王静爱等依据灾害系统理论、地域分异理论、地学信息图谱理论，构建了自然致灾因子系统的复杂度及强度、承灾体系统的承灾能力等指标，制定了一级区划有 6 个自然灾害带，二级区划有 26 个自然灾害区，三级区划包括 93 个自然灾害小区的中国自然灾害区划。该区划的核心主要是依据灾情大小的空间分布特征，反映了中国自然灾害灾情的空间异质性规律。之后王静爱对张兰生方案进行了改进，将全国分为海洋灾害带、东南沿海灾害带、大陆东部灾害带、大陆中部灾害带、大陆西北灾害带和青藏高原灾害带，共 6 个一级自然灾害区，26 个二级自然灾害区（见表 3-5）和 80 个三级自然灾害区。

表 3-5　王静爱的中国自然灾害区划方案

一级灾害带	二级灾害区	主 要 灾 种
海洋灾害带	渤黄海灾害区、东海灾害区、南海灾害区	台风、风暴潮、海浪、海冰、赤潮
东南沿海灾害带	苏沪沿海灾害区、浙闽沿海灾害区、粤桂沿海灾害区、海南灾害区、台湾灾害区	台风、暴雨、洪涝、病虫害、干旱、海水入侵、地面沉降
东部灾害带	东北平原灾害区、环渤海平原灾害区、黄淮海平原灾害区、江淮平原灾害区、江南丘陵灾害区、南岭丘陵灾害区	暴雨、洪涝、干旱、病虫害、冷冻、地面沉降、盐渍化
中部灾害带	大兴安岭—燕山山地灾害区、内蒙古高原灾害区、黄土丘陵灾害区、西南山地丘陵灾害区、滇桂南部丘陵灾害区	地震、滑坡、泥石流、水土流失、干旱、暴雨、洪涝、病虫害、火灾
西北灾害带	蒙宁甘高原山地灾害区、南疆戈壁沙漠灾害区、北疆山地沙漠灾害区	干旱、风沙、沙漠化、盐渍化、病虫害
青藏高原灾害带	青藏高原盆地灾害区、川西藏东南山地谷地灾害区、藏南山地谷地灾害区、藏北高原灾害区	暴风雪、干旱、地震、冷害、冻融侵蚀、雪崩

（五）本书方案

本书将全国分为 7 个综合自然灾害区域：东北灾害区、华北灾害区、华中灾害区、华南灾害区、西北灾害区、西南灾害区、青藏灾害区，见表 3-6。本书采用的方案主要是基于孕灾环境、致灾因子、承灾体等灾害要素，并结合不同区域人地关系地域系统而提出的，其中考虑了区域致灾因子和社会经济联系的作用。例如，将河北、山西、山东、河南 4 省同划为华北地区，主要是考虑到 4 省区之间的经济、文化往来；将沪、浙、赣、苏、皖、湘、鄂同划为华中地区，主要是考虑长江中下游平原的社会经济发展情况；将广西划为华南地区，主要是考虑到华南沿海地区致灾因子的相似性。7 个综合自然灾害区划的界线以行政区划界线为依据。各个灾害区的特点这里不做具体论述，将在各个灾种空间分布中详述。

表 3-6　中国自然灾害区划方案

一级灾害区	包含省区简称	主要灾种
东北灾害区	黑、吉、辽	洪涝、春旱、冷冻、森林火灾
华北灾害区	京、津、冀、晋、鲁、豫	干旱、洪涝、地震、霜冻、冰雹
华中灾害区	沪、苏、浙、皖、赣、湘、鄂	台风、风暴潮、洪涝、干旱、龙卷风、地面沉降
华南灾害区	闽、粤、桂、琼、台、港、澳	地震、台风、洪涝、干旱、风暴潮
西北灾害区	蒙、陕、甘、宁、新	干旱、洪涝、地震、滑坡与泥石流、沙尘暴
西南灾害区	渝、云、贵、川	洪涝、干旱、滑坡、病虫害
青藏灾害区	青、藏	雪灾、干旱、大风与冰雹、地震与泥石流

第五节　省级尺度下自然灾害分布特征

中国疆域辽阔，不同地区的地理环境差异很大，导致省级尺度上各个地区自然灾害差异也很大。本书以广东省为例，探讨省级尺度的自然灾害区域分异特点。

一、干旱灾害时空分布特征

（一）概述

广东省的干旱灾害常发性仅次于洪涝灾害列居第二位，干旱灾害的频繁发生对农业生产和人们生活造成了严重的影响。广东省干旱灾害的总体特征是：持续时间长，影响范围广，春旱、秋旱最多。春旱主要发生于中南部及其以南地区。若冷、暖气团交锋的锋面远离广东省，或冷空气太强一扫而过，都会导致广东省春水短缺而发生春旱。粤西南沿海，尤其是雷州半岛，由于春季冷锋不容易到达，同时，经常受副热带高压影响，春季日照较强、气温较高、蒸发量大，成为春旱多发地区，春旱次数占旱灾总数的70%以上。

秋旱主要发生于北部内陆地区。秋季降水主要来源于热带气旋，若热带气旋登陆次数偏少，全省又处于副热带高压强盛控制下，内陆地区甚至全省就会出现秋旱。目前广东干旱主要分布在韶关、清远、河源、梅州、茂名等市的山区县和历史性干旱的雷州半岛。

（二）干旱灾害空间分布特征

考虑到广东省气候特征及农事活动的特征，本书重点探讨春季3~5月和秋季9~11月干旱空间分布情况。春季，广东省干旱频率呈南高北低的纬向分布，粤北大部分地区及粤中的阳江和粤东的揭阳附近干旱频率较低，干旱频率约为15%~30%，为无旱或轻微干旱；雷州半岛和南澳附近地区春季较为干旱，干旱频率达50%~65%。秋季，广东省的干旱频率较为复杂，除粤北的曲江、南雄，粤西的郁南、罗定和东南沿海地区较为干旱外，全省其他地区的干旱频率都较低，为轻微干旱。

对比春旱和秋旱可以发现，春季与秋季的干旱频率空间纬向分布是呈相反情况的，春季南部较为干旱，秋季北部较为干旱，粤东的南澳附近地区为干旱严重区。而且，春旱在局部地区（雷州半岛）的严重程度较高。广东省年干旱发生频率在20%~45%，平均干旱频率为 28.5%，南部高北部低，空间差异大。粤西湛江、茂名、阳江部分地区及汕头市南澳岛偏高，干旱严重，发生干旱多；其中徐闻县和南澳岛是全省干旱最为严重的地区，干旱率达 40%~45%。

（三）干旱灾害时间分布特征

干旱站次比、干旱强度、降水量距平百分率可从干旱范围和干旱平均强度等级反应干旱程度。据资料记载，广东的干旱旱灾约两年一遇。从 1991~2010 年的 20 年统计资料来看，3 种指标的变化趋势基本一致，年际间波动极大。1992 年、1997 年、2001 年、2008 年数值较低，基本近乎 0，说明干旱程度低，降水量多。1998~1999 年段、2002~2006 年段数值较高，相比于前两段时期干旱次数频繁，2004 年干旱指数达到最高值，广东省发生 50 年来最严重的一次干旱灾害。由此可见，广东省干旱的发生频率及其严重程度均呈逐年上升趋势。

二、台风灾害时空分布特征

（一）概述

广东省位于 20°08′~25°32′N、109°40′~117°20′E，位于亚欧大陆的东南部以及位于太平洋的西岸。因广东省濒临南海及西太平洋，海岸线绵长，受高空引导气流影响，广东省沿海处于台风登陆中国大陆的主要路径上，因而台风在广东省登陆或影响的频率最高，造成的经济损失也最为严重。平均每年在广东省登陆的热带气旋有近 4 个，约占全国的 40%，最多的年份（1993）达 7 个。热带气旋给广东省每年约平均造成 60 亿元的损失，有些年份直接经济损失可达 100 亿~200 亿元，而且热带气旋常给广东省带来大风、洪涝以及风暴潮灾害。

广东省经济发达、人口密集，因此，台风灾害造成的人员伤亡和经济损失十分巨大，台风灾害损失相对于经济落后地区来说更大。进入 21 世纪以来，虽然由于经济发展提升了防灾减灾能力，但是台风灾害损失并没有明显下降。仅对 2000~2009 年 10 年间台风造成的经济损失统计发现（见表 3-7），由于台风袭击，平均每年受灾人口 868.0952 万人，农业受灾面积 42.3664 万公顷（1 公顷=0.01 平方千米），死亡人数平均有 53.8 人，倒塌房屋有 3.975 万间，直接经济损失平均为 68.9416 亿元。从表 3-7 中可以看出，2006 年造成的损失最大，从灾害后果的任何一项来看，都最为严重，造成的直接经济损失为 281.74 亿元。

表 3-7　2000~2009 年广东省台风造成的经济损失

年份	受灾人口/万人	农业受灾面积/万公顷	死亡人数/人	倒塌房屋/万间	直接经济损失/亿元
2000	554.57	17.25	39	1.297	20.268
2001	1393.69	76.68	33	3.307	74.620
2002	678.33	29.40	35	1.374	19.060
2003	1797.44	65.22	52	2.066	56.745
2004	115.63	16.67	6	6	7.180
2005	224.27	14.94	—	0.148	7.386
2006	2228.82	95.03	179	15.56	281.740

续表 3-7

年份	受灾人口/万人	农业受灾面积/万公顷	死亡人数/人	倒塌房屋/万间	直接经济损失/亿元
2007	115.80	12.01	—	0.438	23.790
2008	1197.81	68.18	61	5.590	151.734
2009	374.59	28.28	26	1.195	46.893
平均	868.09	42.37	53.875	3.975	68.942

注：1公顷=0.01平方千米

（二）时间分布特征

据统计，1949~2009年的61年间影响广东省的台风共543个，年平均8.9个。其中225个台风在广东省登陆，约占影响台风的41.4%，年平均约4个。每年台风的登陆时间不一样，据统计，台风大多是在5~10月登陆的。但也有特例，有记录以来登陆广东最早的台风出现在1938年4月；最迟的台风出现在1974年12月。每年的初台，也就是全年第一个登陆的台风，常出现在6~7月；终台，也就是全年最后登陆的台风，常出现在9~11月。在一天之中，台风登陆的时间也有特点。据统计，白天登陆较少，其中11~13时最少。在广东省，每年的7~9月是台风及其引发的灾害链最易肆虐的时期，但是全年都不能放松警惕。

（三）空间分布特征

广东省海岸线漫长，可以把广东省沿海地区分为3个岸段：阳江—徐闻称为粤西岸段，惠东—台山称为珠江口岸段，饶平—海丰称为粤东岸段，登陆广东省的台风就从这3个岸段进入广东省。1949~2009年以来，3个岸段中以粤西岸段登陆次数最多，共103个；占全省的46%；珠江口岸段次之；共75个；占全省的33%；粤东岸段最少，共47个，占全省的21%。从以上数据可以看出，广东省沿海地区台风登陆的次数有从西向东减少的趋势。从这些年中沿海地段台风登陆的时间上看，5月以珠江口为多；6月粤西最多，粤东最少；7月粤西最多，珠江口最少；8月粤西最多，粤东最少；9月粤西最多，珠江口最少；10~12月各岸段台风登陆次数明显减少，其中10~11月还是粤西最多。

（四）台风路径特征

登陆广东省的台风的生成源地有两个：一是太平洋，二是南海。在洋面上生成的台风主要从下面的3条路径登陆广东。

（1）西行型：这条路径的登陆台风主要来自西北太平洋。台风生成后向西北偏西方向移动，多在粤西沿海登陆，进入广西后减弱消失。

（2）转折型：这条路径的登陆台风主要也来自西北太平洋。台风生成后向西北偏西方向移动，进入南海后，由于副热带高气压带位置东撤或冷空气及其他天气系统的影响，路径发生转向，呈抛物线型转向东北移动，多在珠江三角洲或粤东沿海登陆。

（3）北上型：这类登陆台风源地主要是南海中、北部海面。台风生成后依靠台风内力和副高西缘偏北气流引导，使其向北移动，多登陆于粤西沿海，其登陆数约等于珠江三角洲和粤东沿海之和，粤东沿海最少。

登陆广东台风的路径有季节性变化，随着季节推移，副热带高气压带移动，台风路径也发生相应变化。每个台风在登陆广东沿海后的运动路径因受到台风内部结构及周围环境因素的影响而具有差别，但也有规律。台风在登陆广东沿海地区后的移动方向是具有一定规律的，主要有 4 条运动路径。路径 1：在粤西岸段登陆并西移进入广西。路径 2：在珠江口附近登陆后向偏北方向移动。路径 3：在粤东岸段登陆后向西北或偏西方向移动。路径 4：在粤东岸段登陆后向偏北方向移动。

（五）台风强度特征

1949~2009 年间登陆广东的台风共有 225 个，其强度按国际标准分为 4 级，分别为热带低压、热带风暴、强热带风暴、台风。其中以台风和强热带风暴为最多，分别为 117 个和 59 个，各约占 52%和 26%，而且多生成于太平洋；热带风暴和热带低压次之，分别为 29 个和 20 个，各约占 13%和 9%，而且多生成于南海。从时间上看，热带低压以 8 月为最多，热带风暴以 7 月、8 月为最多，强热带风暴以 8 月最多，7 月、9 月次之，台风则以 9 月为最多，7 月次之，见表 3-8。

表 3-8 1949~2009 年各月登陆广东台风的强度情况

月份	热带低压	热带风暴	强热带风暴	台风	合计
4	0	0	0	1	1
5	1	0	1	4	6
6	4	5	4	13	26
7	4	9	15	28	56
8	6	7	23	22	58
9	3	7	15	31	56
10	2	1	1	12	16
11	0	0	0	5	5
12	0	0	0	1	1
合计	20	29	59	117	225

三、暴雨灾害时空分布特征

由于特定的自然环境和地形条件，广东省暴雨天气系统复杂，中小尺度天气系统十分活跃。特别是沿海地区，形成暴雨的水汽、热力、动力条件均强于中国大陆的其他沿海省份，故广东省暴雨强度之大、季节之长，皆居全国前列。

（一）暴雨灾害时间分布特征

广东省暴雨一年四季都有，非汛期也有可能出现暴雨或大暴雨。暴雨最早发生在 1 月，一般年份从 3 月开始暴雨次数逐渐增多。广东省暴雨主要集中在 4~10 月，分为西风带系统暴雨和热带天气系统暴雨。前者主要出现在前汛期（4~6 月），后者主要出现在后汛期（7~10 月）。除雷州半岛外，广东省其余地区前汛期的总雨量多于后汛期。

在前汛期，南方加强了的暖湿气流同北方南下的冷空气经常以 3 股气流（西南风、东南风和偏北风）的形式交汇于广东省上空，形成剧烈的、错综复杂的暴雨天气。入汛后，随着时间的推移，暴雨强度增大，经常在 6 月上中旬（端午节前后）前达到最盛期，人们将这期间的强降水称之为“龙舟水”。普遍上认为“龙舟水”成因与南海冬夏季风交替有关。从时间方面来看，端午节前后正是华南地区天气变化最为复杂的时期。南海夏季风一般于 5 月中旬暴发，西南暖湿气流推进到华南产生季风对流降水。每年进入 5 月之后，来自热带海洋的暖湿气流势力不断加强，南岭山脉以南地区气温已逐渐升高，天气转热，但冷空气并未向北撤退，北方冷空气对华南“依依不舍”，冷暖空气交汇造成锋面降水。因此在季风降水和锋面降水的共同影响下，5 月下旬至 6 月中旬广东往往会出现大而集中的降水，即“龙舟水”。

广东省的特大暴雨基本集中在汛期（4~10 月），此期间特大暴雨次数占全年的 99%，非汛期只占 1%。特大暴雨的分布范围很广，全省均可出现，但是量级和频次并不均匀。总的趋势是由南向北递减，沿海地区暴雨量级和出现的频次均明显多于内陆。

（二）暴雨灾害空间分布特征

由于地形和天气系统的影响不同，广东省暴雨空间分布是不均匀的。前汛期内广东省约有 3 个暴雨中心，即以龙门—佛冈为中心的北江和东江中下游暴雨区，以恩平、阳江和阳春为中心的漠阳江流域暴雨区，以海丰为中心的粤东沿海暴雨区。4~6 月 3 个暴雨区中心的总雨量都在 1100mm 以上，龙门和恩平达 1200mm 以上，800mm 等值线包围的面积约占全省的 2/5，其中龙门—佛冈暴雨区面积占了一半。

后汛期影响广东省暴雨的天气系统主要是台风，因此南部沿海地区为暴雨多发地带。潮阳、潮安、惠州、顺德、开平及信宜以南沿海多年平均暴雨日数在 3 天以上，海丰和上川岛为两个暴雨日数大值中心，多年平均暴雨日数分别为 5. 1 天和 5. 4 天。而在大埔、五华、河源、新丰、佛冈、广宁、德庆及罗定一线以北，多年平均暴雨日数都在 2 天以下，说明台风对这些地方的影响较小。

四、雷电灾害时空分布特征

广东省全年 12 个月都可能有雷暴。全省雷暴初日近年均为 1 月 1~2 日，全省北部大部分地区雷暴终日在 10 月上旬，南部沿海地区要延长到 12 月中旬。从每年雷暴初日至雷暴终日，全省 21 个地市平均间隔为 239 天。即等于从每年 1 月 1 日开始，其后的 200 多天在全省各个地区都可能产生雷暴，进而导致当地雷电灾害的发生。

广东省各地近 5 年雷暴日的分布情况：年平均雷暴日在 100 天以上的城市有湛江、阳江、清远；其次为广州、惠州、江门、肇庆、中山、梅州、河源、茂名、云浮、东莞，年平均雷暴日均在 90~100 天；韶关和佛山年平均雷暴日在 80~90 天；珠海、深圳、潮州、揭阳年平均雷暴日在 70~80 天；年平均雷暴日在 70 天以下的有汕尾和汕头。整体来说，山地为主的地区和水域分布较广的地区易发生雷暴现象。

广东省雷电灾害频度最高的地区是广州市，达到 271. 69 次/年。广州市雷灾频度高与其作为广东省省会，高楼林立、电子仪器设备众多、人口稠密等有关。其次是湛江、梅州、韶关，湛江的雷灾频度较高与其水域分布广、雷暴日较多一致；梅州和韶关的雷灾频度较高应该与其为山区，雷暴日较多有关；这 3 市均为相对欠发达地区，雷灾频度较高可能还与个人雷灾防护意识不强有关。

广东省雷灾经济损失模数较大的地区是深圳、广州、佛山、珠海和汕头，雷灾经济损失模数较小的地区是潮州、阳江、河源和汕尾。这主要与各地市的经济发展程度有关，经济发展较发达的地市雷灾经济损失模数较大，反之较小。广东省雷灾生命易损模数较大的地区是佛山、深圳、广州、汕头和湛江；雷灾生命易损模数较小的地区是河源、肇庆、韶关、清远和梅州。这主要与各地市的人口密度有关，人口密度较大的地市雷灾生命易损模数较大，反之较小。

第四章　自然灾害风险管理

第一节　自然灾害风险概述

一、自然灾害风险定义

作为定义，风险往往非常抽象、笼统、概括，尤其是在风险管理、风险交流过程中，很难给利益相关者一个相对准确的风险大小程度，因此“风险是什么”成为自然灾害风险研究中的最关键问题之一。伴随全球环境的复杂性和人类活动的深刻性，“风险”一词被赋予了从自然科学、哲学、经济学到社会学、统计学甚至文化领域的更广泛更深层次的含义，且与人类的决策和行为后果联系越来越紧密。虽然风险早已不是一个新的研究领域，然而对于风险的定义，学者们一直没有形成一个统一的认识。

国内外学术界和组织机构提出了各种各样的风险定义，黄崇福对国际上较有影响的 18 个风险定义进行了分析，发现其中可能性和概率类定义最多，占 78%；期望损失类定义较少，占 17%；概念化公式类定义只有 1 个。在此基础上，黄崇福用情景定义了风险和自然灾害风险，风险是与某种不利事件有关的一种未来情景，自然灾害风险是由自然事件或力量为主因导致的未来不利事件情景，并认为在灾害风险研究中要综合考虑其观察角度，对具体问题选择恰当的定义来描述风险。情景定义符合逻辑学的基本规则，但是不便于风险评估。因此，倪长健等提出，自然灾害风险是由自然灾害系统自身演化而导致未来损失的不确定性。不论是情景定义还是倪长健的定义，归根到底还是要用强弱或大小来衡量灾害风险，而不确定性的外在体现于概率的“数字”，这与灾害风险的含义不符，因为风险既要研究灾害概率，更要研究灾害后果。

2009 年的国际标准组织（ISO）31000：2009 在风险管理词汇表提供了通用术语定义，其将风险定义为“不确定性对目标的影响”，这一定义认为所有风险都是不确定的，风险包括正面和负面的影响，这是与以往定义最大的区别。在风险的注释中，ISO 31000：2009 认为风险通常表达为一个事件的后果与其相应的发生可能性之组合，这一注释与联合国国际减灾战略（UNISDR）“2009UNISDR 减轻灾害风险术语”中的定义非常接近，UNISDR 将风险定义为“一个事件的发生概率和它的负面结果之合”。两者不同的地方主要在于灾害风险强调的是事件的负面后果，而 ISO 31000：2009 中的定义更符合定义的命名规则。

对风险定义的探讨，是将 ISO 31000：2009 中的定义在灾害研究中具体化，并最终为风险评估和风险管理服务。本书中自然灾害风险是指不确定的自然灾害事件对人类可持续发展的不利影响。其中，“不确定性”是灾害风险的最重要特征，包括三层含义：灾害发生与否的不确定性，灾害发生时间、地点的不确定性，灾害造成不利影响的不确定性。“对人类可持续发展的不利影响”既体现了灾害与人类的关系，又表明了风险的实质是一种不利影响（包括人类生命损失、经济损失和生态环境损失等）；可持续发展本身就包括了一定的持续性，它是一个不会过时的概念，即使今后有新的灾害风险类型出现，其作用的对象依然是人类的可持续发展。

本书的定义，一是便于风险沟通，“不利影响”是一个通俗易懂的用语，各个利益相关者都可以清晰的理解；二是便于风险评估，不仅因为评估的目的就是为了衡量不利影响的大小，还有一点是“影响”是可以评估的；三是便于风险管理，当自然灾害的不利影响不为社会所接受时，就需要实施相应的风险管理措施。

二、自然灾害风险分类

（一）现有风险分类方案

自然灾害风险分类决定了风险表达、风险分析、风险评价，以及风险管理方式和目的。按照不同标准，风险分类各有不同。面对纷繁复杂的自然灾害风险，分类是开展风险研究的前提。风险分类的目的是为了对不同类型风险采取不同风险管理措施，现有风险分类方案主要包括以下几种：

（1）从风险认知角度分类。风险学家 Starr 将风险分为 4 类，即真实风险、统计风险、预测风险、察觉风险；黄崇福将综合风险分为伪风险、概率风险、模糊风险、不确定风险 4 类。这种分类的优点是将风险分类与研究方法结合起来，但某些风险的命名不容易为人理解，例如“伪风险”（容易理解为假风险，即相对于真实风险而言）的提法就不易被学界接受和认同；又如“不确定风险”的释义尚存疑义，因为所有风险都是一个与非利性、不确定性、复杂性有关的三维概念，也就是说所有风险都具有不确定性。

（2）从风险诱因角度分类。Giddens 将风险划分为外部风险和人为制造的风险。外部风险是指来自外部的、传统的或自然固定性的风险；人为制造的风险是指由人们发展知识所带来的风险。国际风险管理理事会（IRGC）根据风险诱因将风险分为 4 类：简单风险、复杂风险、不确定性风险、模糊风险。李宁等试图将诱因分类和信息分类两种方法加以结合，建立综合风险分类体系，其体系包括物理性风险、化学性风险、生物性风险、自然风险、人的风险、管理类风险、社会类风险和其他风险。

风险是一个复杂的系统，尤其是在风险产生过程中因果关系复杂。风险事件和风险结果可以表现为一因一果、一因多果，或多因一果、多因多果等关系。因此，从风险诱因角度分类，容易陷入因果难辨的困境，导致同一级风险类别存在交叉、重合、包含的情况，尤其对自然灾害而言，原生灾害可以产生次生灾害，诱发灾害链，从而更加难以从风险诱因上完全区分清楚。

（3）从风险量化角度分类。定量风险分类方法是用数学语言进行风险描述的方法。李宁等对风险数量化分类研究较多，通过对 41 种风险构建 0-1 风险矩阵，并进行判断计算得到风险分类图，后来进一步将风险类型扩大到 44 种，在阈值取 11 的情况下将风险分为三类：1）简单风险：风险诱因简单，多为自然类或物理化学类风险；2）复杂风险：风险诱因较多，多种诱因共同起作用；3）不明确风险/模糊风险。

（4）从灾害类型角度分类。灾害分类是灾害学研究的基本问题，灾害分类也直接关系到灾害风险的分类，最常见的做法是在灾害种类后面加上“风险”二字，也就由灾害分类转变为灾害风险分类了。比如地震灾害风险、洪水灾害风险、泥石流灾害风险等都是如此。灾害分类方法各有特点，但也有值得商榷的地方。比如灾害一级类型的划分，从孕灾环境和致灾因子两方面考虑，灾害只宜划分为自然灾害和人为灾害两大类。环境灾害既可以是自然（环境）灾害，也可以是人为（环境）灾害，可不必单列。还有二级类型的划分，存在着相互包含或重合的问题。最后还有某些所谓灾害的归属问题，比如本书认为土壤盐渍化和水土流失就不应该归为灾害研究范畴，而应视为环境问题。目前，灾害种类划分没有统一标准，因而以灾害类型命名的灾害风险类型也复杂多样。

（二）本书风险分类方案

现有灾害风险分类多以线分类法为主。由于自然灾害风险复杂，单一分类标准无法表达灾害风险的综合特征。因此，本书采用面分类法（即平行分类法）进行自然灾害风险的综合分类。面分类法是将拟分类的事件集合总体，根据其自身的属性或特征，分成相互之间没有隶属关系的面，每个面都包含一组类目。将每个面的一种类目与另一个面中的一种类目组合在一起，即组成一个复合类目。本书中的自然风险分类方法如下：

（1）以风险管理需求为导向。灾害风险分类的目的是为了更好地认知风险和表征风险，从而更加有效地控制风险，由此，首先将自然灾害风险划分为可接受风险、可忍受风险、不可接受风险三类。可接受风险是指一个社会或一个社区在现有社会、经济、政治和环境条件下认为可以接受的潜在损失。

（2）以自然灾害种类为实体。分类的要义还需辨明灾害的种类，因为不同灾害种类会有不同的风险，无论何种风险都必须归属于某一具体的灾害种类。因此，分类中必须考虑到灾害种类这一实体，灾害种类划分主要参考《自然灾害分类与代码》（GB/T 28921—2012）。结合我国自然灾害实际情况，重点突出其现实性和常见性，同时注意区分不同自然灾害种类的不相容性，避免自然灾害种类之间的交叉和重合。由此，本书列出我国常见的 16 种自然灾害风险。

（3）以灾害风险后果为特征。风险即不利事件的预期后果。无论何种灾害，风险分类的最终目的是要表明风险的后果及其主要特征。因此，将自然灾害风险分为生命风险、经济风险、生态环境风险、社会安全风险四类。

（4）灾害风险的综合分类。灾害与风险必须结合在一起，同时风险管理和风险后果并联考虑，这样最终形成一个能表达自然灾害风险主要特征的综合分类体系（见图 4-1）。例如，舟曲泥石流灾害造成的生命风险可以命名为不可接受泥石流灾害生命风险。

按照可接受、可忍受和不可接受风险对我国自然灾害风险进行分类，是比较新颖和前瞻性的分类思想。照此分类，必须首先进行风险定量评估，再根据可接受风险标准确定风险可接受程度，然后才能进一步完成分类。但目前我国并未形成系统的自然灾害可接受风险标准和风险指南，要完成综合分类，还需要完善我国自然灾害可接受风险国家标准。图 4-1 中的灾害种类并非一成不变，可以根据实际灾害种类灵活添加，本书的分类只是提供一种分类思路和方案，具体分类命名可根据实际灾情确定。

通常所称的自然灾害风险，是指由自然灾害导致的期望损失，但并未对人、财、物的单项损失加以区分。本书中的分类图谱采用先分析后综合的方法，将自然灾害风险分为生命风险、经济风险、生态环境风险、社会安全风险 4 类，再结合风险可接受程度和灾害种类加以综合，多侧面精细化刻画自然灾害的本质特征。

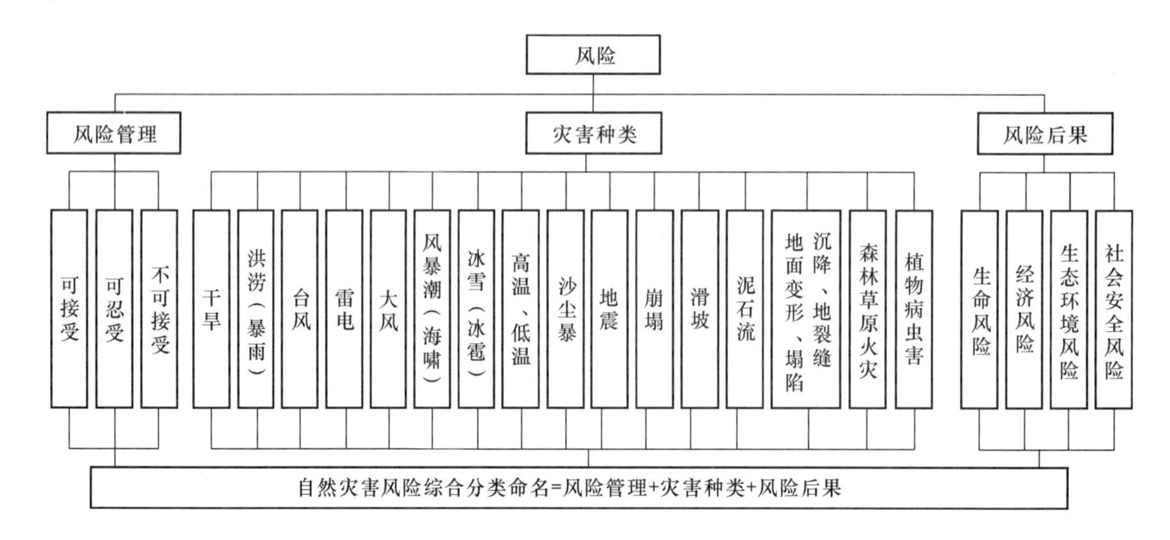

图 4-1 自然灾害风险综合分类图谱

第二节 自然灾害风险评估

一、风险评估含义

国际标准化组织 ISO 31000：2009 对风险评估（risk assessment）的定义是：风险识别、风险分析和风险评价的整个过程。“2009UNISDR 减轻灾害风险术语”中风险评估的定义是：一种确认风险性质和范围的方法，即通过分析潜在致灾因子和现存脆弱条件，以及它们结合时可能对暴露的人员、财产、服务设施、生计，以及它们依存的环境造成的损害。风险评估作为一种过程是大家比较公认的。根据汉语的理解，评估是评价估量的意思，因此本书认为将“risk assessment”翻译为“风险评估”更为合适，2009 年 10 月 1 日开始实施的国家标准《风险管理术语》（GB/T 23694—2009）中“风险评估”也采用了这一译法，其认为风险评估是包括风险分析和风险评价在内的全部过程。

与风险评估相关的术语有风险识别、风险分析、风险估计和风险评价。风险识别（risk identification）是发现、列举和描述风险来源的过程，主要包括对风险源、风险事件及其原因和潜在后果的识别。风险分析（risk analysis）是系统地运用相关信息来确认风险的来源，并对风险进行估计，因此，风险分析就是了解风险本质和确定风险大小的过程，包括了风险估计（risk estimation）。“risk estimation”是对风险的概率及后果进行赋值的过程，侧重于对未来风险不确定的估计，“estimation”本身也有近似的含义，风险估计就是风险分析中的定量分析。风险评价（risk evaluation）是将估计后的风险与给定的风险准则对比，决定风险严重性的过程，从而判断风险是可接受、可忍受还是不可接受，其有助于风险处理决策的制定。“risk evaluation”侧重于根据评价标准对风险分析结果的一种判定，其不着重在量化分析上。

二、风险评估模型

国内外学者的灾害风险研究成果的集中体现之一就是风险评估模型，黄崇福将用数学表达式给出的风险评估结果称为风险模型，风险评估模型的确定是风险管理研究的关键，评估模型决定了风险评估方法的选择，直接影响风险评估结果的大小，从而最终反馈到风险管理决策中。根据风险评估模型的研究现状，本书将风险评估模型分为三大类。

（一）风险特征类模型

非利性、不确定性、复杂性是自然灾害风险的主要特征，风险特征类模型特别强调风险的不确定性在风险定义和风险评估中的地位，通常不确定性在风险评估模型中是用概率或可能性来表达（见表 4-1），但概率的具体化还需进一步探讨。在此类风险模型中，风险除了与概率相关外，还与灾害的损失、后果、易损性等因素相关，风险通常是以概率与这些要素乘积的形式表达出来。

表 4-1　风险特征类评估模型举例

序号	研究机构或学者	风险评估模型
1	Smith（1996）	风险＝概率×损失
2	Helm（1996）	风险＝概率×灾情
3	IUGS（1997）	风险＝概率×结果
4	Fell（1997）	风险＝概率×易损性
5	IPCC（2001）	风险＝发生概率×影响程度
6	UN ISDR（2009）	风险＝概率×负面后果

（二）风险要素类模型

由于学者们对灾害风险组成要素的理解不同，风险评估模型也就存在一定的差异，尤其是在易损性、脆弱性、暴露、恢复力、应对能力等的使用上（见表 4-2）。Blaikie 等认为灾害风险是由具有一定危险性的致灾因子，作用于具有一定易损性的承灾体上产生的，暴露不属于易损性的组分。这一观点值得借鉴，在风险评估中可以将暴露作为一个独立的要素，因为它是致灾因子与承灾体相互作用的结果，反映的不单是承灾体本身的属性。其他要素如恢复力和应对能力可以归于易损性（脆弱性）评估中，恢复力和应对能力一般与易损性（脆弱性）成反相关关系。在特定时间段内一个系统、社会或社区可能发生的人员伤亡和资产损毁的情况，在概率上由危害性、暴露程度、脆弱性和能力的应变量决定。

（三）风险情景类模型

情景对某类灾害风险的描述，是从事件情景、发生概率或可能造成的后果 3 个方面进行的，这一研究以 Kaplan 等的研究为代表。在风险情景背景下，学者们探索了灾害风险评估的情景模拟法。情景模拟法是以一定历史灾害数据为基础，假定灾害事件的多个关键影响因素有可能发生的前提下构造出未来的灾害情景模型，从而用来评估灾害发生的可能性和相伴生的可能活动强度，对自然灾害进行未来情景模拟。石勇等基于情景模拟和指标体系方法，开展了上海中心城区住宅暴雨内涝灾害风险评估；赵思健和黄崇福等以情景分析为手段，初步提出了情景驱动的区域自然灾害风险评估方法。情景分析推动了自然灾害风险评估精度，但情景分析模型边界条件设定往往缺乏科学依据。

总结国内外研究可以看出，不同的风险模型反映了不同学者对风险定义、风险要素、风险表达的理解。在灾害风险研究中可以综合考虑其观察角度，针对具体问题选择恰当的模型来评估风险。

表 4-2 风险要素类评估模型举例

序号	研究机构或学者	风险评估模型
1	UNDHA（1992）	风险=危险性×易损性
2	Wisner（2001）	风险=危险性×易损性-应对能力
3	UN（2002）	风险=危险性×易损性/恢复力
4	UN ISDR（2004）	风险=危险性×易损性/应对能力
5	UNDP（2004）	风险=危险性×暴露×易损性
6	刘希林（2003）	风险度=危险度×易损度
7	张继权（2007）	风险度=危险性×暴露性×脆弱性×防灾减灾能力
8	尹占娥（2009）	风险=致灾因子∩历史灾情∩暴露-易损性∩抗灾恢复力

三、风险评估方法

在自然灾害风险评估中，需要建立完善的研究方法，包括各种研究方法和技术手段。这些技术和手段为更加合理地识别风险、分析风险，从而评价风险的大小及等级做出了贡献，其中数理方法是目前风险分析中最常使用的方法。

风险评估数理方法分可为定性分析方法、半定量分析方法和定量分析方法 3 类，每一类又有若干种，并且各种风险分析方法还会层出不穷。风险定性分析采用语言文字描述风险及后果；风险定量分析采用数值方法计算风险大小；风险半定量分析介于两者之间，表现为部分指标用文字描述，部分指标用数值表达，风险结果混用数值范围和等级划分。需要指出的是，风险半定量分析是因为其达不到完全的定量分析，因此，并不等同于通常所说的定量分析与定性分析的结合。

与自然灾害风险分析相比，定量分析方法多种多样，新的方法也会不断涌现。自然灾害风险有不同类型，不同种类自然灾害的影响因素不尽相同，但自然灾害风险的后果大同小异，不外乎包括人员伤亡、经济损失和环境破坏。自然灾害风险一般有相对值和绝对值两种表达，目前相对值表达多一些，主要是相对值表达要简单容易一些；绝对值表达中的生命风险和经济风险研究成果较多，生态环境风险还处于探索阶段。

（一）自然灾害风险相对值分析方法

对自然灾害风险的认识，首先是从定性分析开始的，在定性分析的基础上，才进一步开展定量分析。定量分析初期，大都用相对值来表达，将风险表达为一定范围内的具体数值，比如说在 1~100 之间取值，有的甚至是不规范的，比如说在 0~144 之间取值；后期逐渐注意到，虽然风险分析结果的数值只具有相对意义，但不同分析方法得出的数值结果之间仍然应该具有可比性，所以后来大多对风险评估中的各类指标数值进行规范化处理，使之最终的风险评价结果落在标准化数值［0~1］或［0~100%］的区间范围。自然灾害风险相对值分析方法很多，下面仅选择有代表性的主要方法做简要介绍并加以述评。

1. 概率统计方法

不确定性是风险最主要的特征。处理不确定性的有效方法就是概率统计方法。自然灾害的发生具有随机性，因而自然灾害风险具有不确定性，通过对其随机性进行分析，可以计算灾害发生的概率，以此推断风险的大小。大多数情况下，概率统计方法是对已发生事件的大量数据进行统计处理，估计相关事件发生的概率。目前使用的主要方法包括重现期法、蒙特卡罗法、一次二阶矩法、贝叶斯法、事件树法、故障树法等，其中蒙特卡罗法最为常用，多用于地震灾害、洪水灾害研究中。蒙特卡罗方法也称随机模拟方法，是一种统计试验方法，根据各影响因素的随机分布模式，采用随机数组成的办法，从大量数值计算结果中求得概率，从而给出一个估计的近似风险值，其特点是计算结果精确度较高，尤其是对非线性概率统计模型而言更为有效。该方法可以考虑各种影响因素，无论何种情况都能取得计算结果；但其缺点是完全依赖样本数量和模拟次数，并对基本变量的假设很敏感，计算工作量也很大。

概率统计方法利用历史数据进行自然灾害风险分析，给出历史灾情的概率分布估计，适用于具有长时间灾情记录的自然灾害种类，比如气象水文灾害；从研究尺度来讲，适用于宏观尺度的风险分析，因为越是微观尺度的风险分析，越是需要提供详尽的分析资料。风险分析结果亦主要适用于大区域尺度的风险管理，可以为其提供背景资料。此外，概率统计方法是以纯粹数学计算为基础的，要求研究人员熟练掌握数学知识和计算技能。其不足之处在于风险分析所需的灾情数据往往较难获取，有时则简单地将灾害危险性等同于灾害风险，评估结果不能精确反映风险的区域差异，不适合在小尺度区域应用，历史灾情未必与未来灾害风险一致。

2. 指标体系方法

指标体系方法是目前使用最多、最广泛的方法，其分析结果用风险的相对值来表达，一般定量表达为风险指数或风险度。指标体系方法名目繁多，目前统计到的有多因子加权评价、模糊综合评判法、人工神经网络法、地理信息叠加法、层次分析法、灰色关联分析、物元分析法、信息扩散法、集对分析法、数据包络分析、投影寻踪法、信息熵法、突变级数法、拓扑分析法、人工智能法等，本书主要介绍前 4 种方法。

（1）多因子加权评价。多因子加权评价法基于根据自然灾害风险的本质特性，在风险要素构成基础上建立若干一级指标，然后将一级指标分解为若干二级指标，有的二级指标甚至分解至若干三级指标。一级指标一般以乘法或幂函数运算得到风险值。下级的指标多采用加权求和得到上级指标值。由于不同学者对风险组成要素的认识和理解不同，风险分析模型也就五花八门，以“风险＝危险性×脆弱性”颇具代表性；在气象灾害风险表达方面，“风险＝危险性×暴露性（受灾财产价值）×脆弱性×防灾减灾能力”具有一定的代表性。

由于在指标体系建立过程中已充分考虑了其可行性和可操作性，资料数据容易获取，数学运算简便易行，因而多因子加权评价法是目前自然灾害风险相对值分析中最为普及的方法，不管是有没有灾害风险背景的学者，都可以根据自己的理解提出相应的指标体系，构建相应的加权评价模型并进行风险分析。也正因为如此，许多学者采用多因子加权评价法得出的定量风险值权威性不够，只能就事论事，更谈不上不同学者研究结果的可比性和风险变化的动态性。究其原因，主要是不同学者在不同地区，哪怕是对同一种自然灾害，选取的评价指标都差异较大；其次，“加权”评价中权重往往借助层次分析法来确定，存在较大的主观性。黄崇福认为层次分析法只不过是主观判断法的一种数学包装。

（2）模糊综合评判法。模糊综合评判法是应用模糊关系合成的原理，从多个构成要素中对灾害风险隶属等级状况进行综合性评判的一种方法。模糊综合评判包含 6 个基本要素：评判因素论域、评语等级论域、模糊关系矩阵、评判因素权向量、合成算子、评判结果向量。模糊综合评判法在灾害风险分析中得到了不少应用，其意义在于使模糊现象适度精确化，为定量分析自然灾害风险提供理论基础和实践工具。在实际应用中，各项指标的权重对风险分析的结果具有举足轻重的作用，而模糊综合评判指标的权重通常是由专家经验给出的，带有专家的主观经验是难以避免的，实际上与专家人工智能法没有本质的区别。

（3）人工神经网络法。人工神经网络是以生物体的神经系统工作原理为基础建立的网络模型，通过人工神经元这一基本单元的构建形成复杂且神奇的网络功能，目前应用较广的是 BP 神经网络法。该方法通过提取历史灾情数据作为评估样本，构建灾害风险分析网络结构，然后将样本分为两部分，一部分作为训练样本，另一部分作为测试样本，训练样本输入网络进行学习，不断调整网络的层数、隐层节点数、初始权值和阈值以及学习系数等参数，比较不同情况下收敛状况及测试精度并确定学习的终止点，最后得出网络的所有参数。近年来人工神经网络在气象灾害、地质灾害风险评价得到了较好应用，推动了灾害定量化研究的发展。

人工神经网络具有高速寻找优化解的能力，具有良好的容错性与联想记忆功能，具有较强的自适应、自学习能力，能够在完全不知道变量和自变量之间确切的函数关系式的情况下，较好地实现各参数之间的非线性映射。人工神经网络法对神经网络样本的选择要求非常高，样本的训练数量也很重要。在解决实际问题时，选择一个包容性大、又具有代表性的典型样本是关键，但计算过程较为复杂、难度较大，实际推广应用的操作性不强。

（4）地理信息叠加法。地理信息技术和遥感技术的不断发展，使得地理信息叠加方法在灾害风险分析中得到了越来越多的应用。地理信息叠加方法的一般步骤是确定自然灾害类型，分析致灾因子的强度和概率，在地理信息系统平台上将自然灾害的空间信息进行叠加，得到叠加的危险性分布图；再对研究区域的易损性信息进行评估，然后将叠加的危险性与易损性分级，通过重分类生成的等级值图来评估风险；最后可根据事件链耦合关系矩阵确定灾害风险评估结果。地理信息叠加法是在风险指标体系上的技术处理，可以更直观地反映致灾因子的危险范围以及承灾体的空间分布特征，既可用于灾前的风险预测，也可用于灾中的灾情监控，以及灾后的抗灾救灾。该方法的优点是使得灾害风险分析进一步精细化，缺点是往往局限于遥感图像的空间分辨率大小。

其他指标体系法的优缺点见表 4-3。实际应用中经常有学者选用两种或两种以上的方法。从灾害种类来说，几乎所有灾害都可以使用指标体系法来进行灾害风险分析，但无论何种指标体系，由于在微观尺度应用时会受到资料来源和精度限制，应用的实际效果会大打折扣，且其风险预测功能较弱，因而主要适用于中观尺度的自然灾害风险分析，为中观尺度的区域发展和规划提供参考。

表 4-3　自然灾害风险不同指标体系评价方法优缺点

方法名称	主要优缺点	代表性学者
多因子加权评价	优点：建立指标体系和分析模型简便可行 缺点：不同研究结果可比性较差	刘希林、张继权、尹占娥
模糊综合评判法	优点：较好地解决了风险的模糊性、不确定性，使模糊现象适度精确化 缺点：评判指标权重确定具有主观性	刘合香、张俊香、杨超
人工神经网络法	优点：客观性较强，可靠性较高 缺点：对样本要求很高	金有杰、成玉祥、娄伟平
地理信息叠加法	优点：风险表达的直观性较强 缺点：受制于信息处理技术与遥感数据的分辨率	周成虎、唐川、扈海波
层次分析法	优点：系统性较强，所需数据较少，可操作性较强 缺点：客观性不够	金菊良、铁永波、姚玉增
灰色关联分析	优点：对数据要求较低，计算量较小，易于程序化处理 缺点：分析结果有争议	陈亚宁、刘伟东、林念萍
物元分析法	优点：计算方法简便，结果比较客观，易于计算机编程 缺点：预测结果精度不够	纪昌明、吴益平
信息扩散法	优点：可操作性较强、数据需求较小、结果意义比较明确 缺点：对不同类型扩散函数的适用条件及相应扩散系数的确定有一定难度，分析结果不够全面	刘引鸽、张俊香、张丽娟
集对分析法	优点：结构简单，计算简洁，评价结果可信度较高 缺点：评价指标的选取和评价结果分级标准化程度不够，置信值确定方面存在不足	王文圣、宋振华、朱海涛
数据包络分析	优点：不需要预先估计参数，能够一定程度上避免主观干扰，并能简化运算、减少误差 缺点：数据处理结果不稳定，同类结果可比性较差	刘毅、邹毅
投影寻踪法	优点：克服了评价等级的模糊性，提高了评价结果客观性 缺点：计算过程复杂，编程实现困难	汪志红、李磊
信息熵法	优点：计算过程较简单，结果较客观，数据获取方便 缺点：数据来源单一，可靠性有待检验	邹强、朱吉祥
突变级数法	优点：无须计算权重，减少了人为主观性，计算简便 缺点：评价结果数值有一定缺陷	唐明、李继清、李绍飞

3. 情景模拟方法

情景模拟方法目前已成为自然灾害风险模拟的主要手段之一，它有效地推进了风险评估的精度。情景是对某类灾害风险的描述，从事件背景、发生概率和可能后果 3 方面进行分析。风险情景模拟以 Kaplan 等的研究为代表，是在假定灾害事件的关键影响因素有可能发生作用的前提下，构造出未来灾害的情景模型。

情景模拟方法首先根据不同概率灾害事件的强度参数模拟灾害情景，进行危险性分析，确定受灾区域范围内的主要承灾体并进行价值估算，各承灾体遭受的具体灾害强度也可呈现，完成暴露性分析，然后由脆弱性衡量承灾体承受一定强度自然灾害时的损失程度，最终将受灾区域内所有承灾体的损失程度之和作为该区域在当前灾害情景下的灾害损失，不同概率事件下的灾害损失即为该区域面临灾害的风险。

华东师范大学灾害研究团队对灾害风险情景模拟进行了卓有成效的研究，认为灾害情景风险的表达是指在典型情景组合条件下，灾害风险的数量表征和空间展布，提出了灾害风险情景的界定和类型。在风险情景的研究尺度上，社区灾害风险研究受到了不少学者关注。殷杰等结合遥感影像和实地调查，以及基础资料数据与 GIS 技术，对上海市社区暴雨内涝灾害进行了情景分析和灾害风险评估。

灾害情景模拟下的风险研究，能够较高精度地反映灾害事件的影响范围和程度，展示灾害风险的空间分布特征，同时能够解决风险研究中样品较少的问题，还能将风险研究中的概率论、不确定性等进行定量表达。情景模拟方法对区域地理背景和历史灾害资料要求较高，计算复杂，工作量较大。与概率统计方法和指标体系方法相比，情景模拟方法更适合于微观尺度的灾害风险分析，适合于灾害系统形成机理研究比较透彻、基础数据资料比较详细的灾害种类，适合于小尺度的区域规划和风险管理决策。

（二）自然灾害风险绝对值分析方法

仅仅得出自然灾害定量风险评价的相对值，已远远不能满足当代社会对自然灾害风险评估的现实要求。因此，用货币化数值来表达经济财产的期望损失，用绝对数值来表达生命风险的期望损失，已是时代的需要和风险科学发展的必然。

1. 生命风险分析方法

（1）基于历史资料的分析方法。国外对灾害生命风险的研究比较重视，欧美学者应用历史灾情资料，20 世纪 80 年代末就提出了洪水灾害生命风险估算方法，主要有 Brown-Graham 法、Decay 法、Graham 法和 Assaf 法，其中使用较多的是 Decay 法和 Graham 法。Dekay 等提出潜在生命损失的计算公式为：

$$L_{OL}=0.075P_{AR}^{0.56}\exp\left[-0.759W_T+(3.790-2.223W_T)F_C\right]$$

式中，L_{OL}为潜在生命损失；P_{AR}为风险人口；W_T 为警报时间；F_C 为洪水强度（在高水力风险的峡谷区，水深流急，取 F_C 为 1；在低水力风险的平原区，水浅流缓，取 F_C 为 0）。

Graham 在此基础上，提出了溃坝洪水生命损失计算公式：

$$L_{OL}=P_{AR}f_P$$

式中，L_{OL}是指受到溃坝洪水淹没而遇害的死亡人数；P_{AR}是指溃坝洪水淹没范围内遭受风险的人口数；f_P 为风险人口死亡率。

20 世纪 90 年代末，Graham 进一步深入研究后，提出了溃坝洪水生命损失死亡率建议值，简单明了，得到了较为广泛的应用。但在世界各地的引用和应用中，建议根据各国的实际国情和社会经济状况加以适当修正和调整。

（2）基于数学模型的分析方法。数学模型是在统计资料的基础上，结合生命风险的影响因子而形成的分析方法。姜树海等给出了洪水灾害生命损失的概念性表达形式：

$$L_{OL}=f(F,\ W,\ L,\ N)$$

式中，F 为洪水特征；W 为预警时间；L 为洪泛区的土地利用状况和建筑物的抗洪性能；N 为洪水淹没区的人口总数。

由于需要的资料较多，且各要素间的相互关系尚未定量化，因而这一方法尚没有具体的应用案例。

周克发等在 Graham 法的基础上，提出溃坝洪水生命损失评价模型为：

$$L_{OL} = P_{AR}fa$$

该方法与 Graham 法的区别是增加了溃坝事件的严重程度系数 a。这一模型实际上是对 Graham 方法的修订，但在计算人口死亡率时，重复考虑了溃坝洪水的严重性。

张桂荣等对区域滑坡灾害人口伤亡风险预测进行了研究，通过公式计算出每个评价单元（$0.25km^2$）受滑坡威胁的人数，并绘制了浙江省永嘉县滑坡灾害人口伤亡风险图。

$$R_{pi} = P_{li}V_{pi}D_{pi}$$

式中，R_{pi}为第 i 单元在一定时间内滑坡灾害人口伤亡风险预测值，人/km^2；P_{li}为第 i 单元在一定时间内滑坡发生的概率；V_{pi}为第 i 单元内的人口易损性（主要受人口年龄结构、居民对滑坡灾害风险的防范意识、政府对滑坡灾害的重视程度及滑坡灾害预警预报体系的完善程度的影响）；D_{pi}为第 i 单元内的人口密度。

徐中春等对中国地震灾害人口死亡风险进行了定量分析，利用 1990~2009 年中国历史地震灾情数据，建立地震烈度与人员死亡率之间的地震害灾人口死亡脆弱性曲线，利用地震灾害风险分析模型对中国各县域单元的人口死亡风险进行定量分析，分析模型为：

$$R = DEP$$

式中，R 为地震灾害人口死亡风险；D 为灾害破坏水平（指不同地震强度的人口敏感性）；E 为暴露人口；P 为地震灾害发生概率。

尚志海等初步建立了泥石流灾害生命损失风险评价模型。在新方法的使用上，王志军等将支持向量机（SVM）引入到灾害生命损失评估中，利用其对小样本统计学习的优势来克服资料缺乏的问题，借助其对非线性数据的处理能力来解决影响因素复杂的问题。李升考虑影响溃坝生命损失的 13 个因素，建立了改进支持向量机模型，其精度优于王志军的 SVM 模型和改进的 Graham 法。基于数学模型的生命风险分析方法，需要的数据有时较难获取，因而会直接影响风险结果的准确性和可靠性。

（3）基于情景模拟的分析方法。情景模拟不仅使用在灾害风险的相对分析中，也被大量应用于灾害风险的绝对分析中。Jonkman 等认为，洪水灾害生命风险分析的基础是洪水特性、暴露人口以及暴露人口的死亡率，提出了洪水灾害生命损失分析的 3 个步骤：洪水特征模拟、风险人口分析、暴露人口死亡率估算，并提出洪水灾害死亡人数分析模型为：

$$N = F_{d}N_{exp}$$

式中，N 为洪水死亡人数；F_{d} 为洪水事件死亡率；N_{exp}为洪泛区暴露人口。

胡德秀等在综合分析大坝失事类型、失事时间、预警时间、历险人数和洪水强度等影响因素的基础上，将洪灾情景按不确定性分为 15 种，并通过对国内外 57 座水库大坝失事统计数据的不确定性分析，给出了不同失事洪灾情景下可能导致的生命风险建议值。

情景模拟在生命风险分析中的应用还处于探索阶段，由于生命风险的影响因素众多，且有些因素是不易直接定量分析的，因此如何发挥情景模拟的优势，同时考虑生命风险的特征，将两者有机结合，是今后灾害生命风险分析的努力方向。

2. 经济风险分析方法

（1）基于期望损失的分析方法。在经济风险分析方法中，期望损失是经济风险的最常用表达方式，也是国内外学者都十分关注的研究领域。荷兰学者采用的经济损失分析公式为：

$$D = \sum_{i}^{n} a_i n_i d_i$$

式中，D 为洪水灾害造成的经济损失值；a_i 为第 i 类资产的洪灾损失系数（与淹没深度有关）；n_i 为第 i 类资产的数量；d_i 为第 i 类资产的估计最大损失值。

罗元华提出了泥石流灾害的受灾体破坏损失率的概念和计算方法，用以确定受灾体遭受泥石流灾害损害的强度，计算公式为：

$$S_m = \sum_{i=1}^{n} \sum_{j=1}^{m} P_{ij} M_{ij}$$

式中，S_m 为泥石流灾害风险损失；P_{ij}为第 i 个分析单元的第 j 类受灾体的破坏损失率；M_{ij} 为第 i 个分析单元的第 j 类受灾体的经济价值；n 为分析单元个数；m 为受灾体类型个数。

汪敏等提出了滑坡灾害期望损失分析基本步骤，根据历史滑坡灾害活动规律以及滑坡灾害基础条件和激发条件的充分程度，分析滑坡灾害的活动频率以及不同频率下滑坡灾害的可能危害范围和危害强度；按照易损性分析中提出的方法核算受灾体价值以及不同强度危害下受灾体的价值损失率，然后计算灾害预估（期望）损失：

$$S(q) = \sum_{i=1}^{n} \sum_{j=1}^{n} P_{ij} I_{sij} J_{di} N_{ij}$$

式中，$S(q)$ 为滑坡灾害期望损失；i 为受滑坡灾害危害的受灾体类型；j 为受灾体损毁程度等级；P_{ij}为评估区（单元）第 i 类受灾体遭受一定强度灾害危害后发生 j 级破坏的概率；I_{sij}为 i 类受灾体发生 j 级破坏情况下的价值损失率；J_{di}为 i 类受灾体平均单价；N_{ij}为 i 类受灾体发生 j 级破坏的数量。

基于期望损失的经济风险分析，在国内外已经发展得比较成熟。在使用有关方法时，应注意不同灾害种类的承灾体及其易损性会略有差异，所以要具体问题具体分析。

（2）基于土地利用的分析方法。近年来，基于土地利用类型的灾害经济风险分析受到了学者们的重视。Jonkman 等提出了一个集成模型用来分析洪水灾害损失，该模型综合了土地利用信息、社会经济数据和洪水特征资料等，并利用 GIS 技术来实现；Wang 等对气候变化背景下我国台湾西南地区洪涝灾害脆弱性进行了评估，根据 3 种洪水情景，计算了最大淹没水深条件下不同土地利用区域的潜在灾害经济损失；唐川等探讨了以城市为承灾主体的泥石流灾害损失分析方法，包括泥石流堆积泛滥区的危险区划、城市土地覆盖类型遥感解译、损失评估模型构建和价值核算，分析模型概括为“受灾体价值损失=受灾体成本价值×受灾体价值损毁度”。

赵庆良提出了基于不同淹没模拟情景的洪灾损失分析方法，计算公式如下：

$$L = CAV$$

式中，L 为洪灾损失；C 为单位面积不同土地利用类型成本价值；A 为不同土地利用类型受灾面积；V 为不同土地利用类型的洪灾脆弱度。

灾害经济风险分析遇到的主要困难包括各类承灾体的分布及其价值难以精确估算，不同类别承灾体的易损性特征难以真实体现，间接经济损失难以度量，以及灾害风险分析中如何体现时间因素的影响等。

3. 生态环境风险分析方法

生态环境风险（简称生态风险）评估在西方发达国家比较重视并得到广泛应用，生态风险是由安全风险和健康风险发展而来。美国环保局（Environmental Protection Agency，EPA）《生态风险评估指南》认为，生态风险是指一个种群、生态系统或整个景观的生态功能受到外界胁迫，从而在目前和将来对该系统健康、生产力、遗传结构、经济价值和美学价值产生不良影响的一种状况。目前，生态风险研究主要集中在化学和物理胁迫以及人类活动对生态系统的威胁方面，对由自然灾害造成的生态风险研究不多。

付在毅等认为，生态风险源应该包括灾害，生态风险是具有不确定性的事故或灾害对生态系统及其组分可能产生的不利作用（包括生态系统结构和功能的损害），从而危及生态系统安全和健康；许学工和付在毅等评估了自然灾害对黄河三角洲和辽河三角洲湿地生态系统的危害及其区域生态风险；许学工等选择了10种自然灾害作为生态风险源，22种生态系统作为风险受体，根据风险源、脆弱性、风险受体3大指标，综合评估了中国自然灾害生态风险；尚志海等以汶川地震极重灾区次生泥石流灾害为例，探讨了区域泥石流灾害生态环境风险评估的方法。总的来说，自然灾害生态风险的研究还比较少，尤其是不同自然灾害造成的生态风险还需根据其差异性展开深入的研究。

4. 风险绝对值分析方法的适用性

由于中国自然灾害生命损失记录不全、历史不长，以及人口众多、伤亡严重等原因，国外建立的生命损失模型在我国的应用并不十分理想，目前还没有合适我国的基于历史资料的生命风险损失分析方法。在实际应用中，学者们多在国外分析模型的基础上不断修正，用改进的分析模型对我国自然灾害生命风险损失进行粗略估算。

基于数学模型的生命风险分析方法还处于发展初期，只有地震、洪水、滑坡泥石流灾害有了一些初步的分析模型，模型的适用性尚有待验证，但这也是生命风险定量分析绝对值表达的必经阶段。基于情景模拟的分析方法是生命风险分析的发展方向，但在应用过程中定性数据的有效处理将直接关系到该分析方法的结果精度。

与生命风险分析方法相比，经济风险分析方法已趋成熟。基于期望损失的经济风险分析方法和基于土地利用的经济风险分析方法都得到了良好的应用。如何使用高新技术，尤其是结合土地利用、GIS技术和RS集成，提高分析精度和效率，将是今后努力的方向。

在自然灾害风险分析的绝对值表达中，生态环境风险的定量分析研究成果很少，这与当今世界人们对高质量生活和居住环境的强烈追求愿望十分不符，生态环境风险的定量分析方法与科学合理表达，还有很大的探索空间。

第三节　自然灾害风险管理

风险管理（risk management）在ISO 31000：2009被定义为：一个组织用于指挥和控制风险的协调活动。本书认为风险管理是包括了风险评估（分为风险识别、风险分析、风险评价3部分）、风险处理、风险沟通的整个过程。

一、风险管理研究现状

风险管理最早起源于美国，用于应对经济危机。20世纪70年代，风险管理理念逐渐向全球渗透，但也出现了一些问题，尤其是“零风险”的风险管理方式逐渐暴露出不足。从20世纪80年代开始，人们开始关注风险的防御与转移问题，着重解决风险级别与一般社会所能接受的风险之间的关系。进入 21 世纪以来，国际组织和相关学者更加关注风险管理。2004 年国际风险管理理事会（IRGC）正式成立，之后其提出了综合风险管理框架的核心内容，其主要分为 5 个部分：风险预评估、风险评估、风险管理、风险沟通、可接受水平判断（见图 4-2）。IRGC 综合风险管理框架最大的特点是强调了风险沟通在风险管理中的重要地位，风险沟通是联系其他 4 个部分的纽带和桥梁，突出了风险管理的社会性和现实性，只有社会认可的风险管理才是有效的。

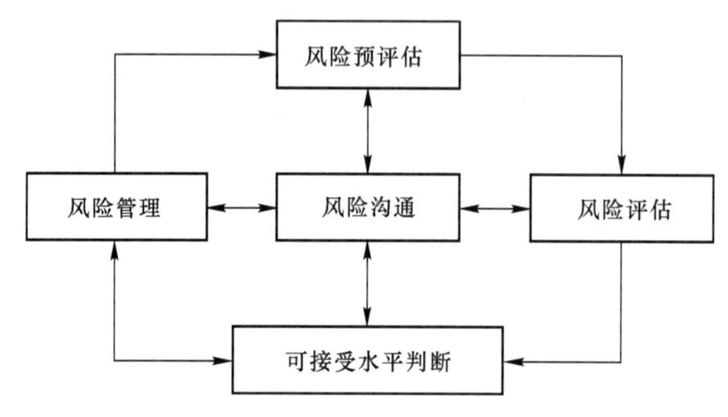

图 4-2 IRGC 综合风险管理框架

在自然灾害风险管理方面，2007 年澳大利亚地质力学学会（AGS）出版了一套滑坡风险指南，包括滑坡区划指南、滑坡区划指南评论、2007 应用指引、应用指引评论、澳大利亚岩土工程指南 5 个部分。其中在第三部分给出了滑坡灾害风险管理框架，风险管理由风险评估（包括风险分析和风险评价）和风险管理两个部分组成，其中风险分析又包括范围界定、危害识别（包括危险分析和后果分析）和风险估计 3 个步骤。AGS2007 将滑坡风险管理理念深入到国家层面，统一了滑坡风险评价用语，确定了滑坡风险评价框架，提出了滑坡风险分析方法准则，给出了滑坡灾害可接受和可忍受的生命风险水平。其风险管理最大的特点是将可接受风险作为连接风险分析与风险管理决策的桥梁。

2009 年国际标准化组织（ISO）颁布了 ISO 31000：2009，其以澳大利亚和新西兰风险管理标准《AS/NZS 4360：2004》为基础，具有广泛的应用范围。风险管理过程是以创建背景为开始，包括创建背景、沟通与咨询、风险评估、风险处理、监测与审查 5 个部分（见图 4-3）。该标准以创建背景为风险管理的开始，强调应该重视内外部环境对风险的影响。ISO 31000：2009 为了提高风险管理的有效性，通过有力的沟通与咨询、监测和审查来支持风险管理过程，这也是其特点之一。

二、风险管理理念

自然灾害风险管理的目的就是减少风险可能带来的损失，实现社会资源的合理配置和最佳组合，从而有助于资源价值最大化和可持续发展。在实践可持续发展的过程中，人们的灾害风险管理理念也发生着变化。

（一）减轻灾害风险

从“国际减灾十年”行动开始，灾害管理理念就已经从强调传统的灾害应对转变为高度重视综合减轻灾害风险。1989 年 12 月，第 44 届联大决定在 1990～1999 年开展“国际

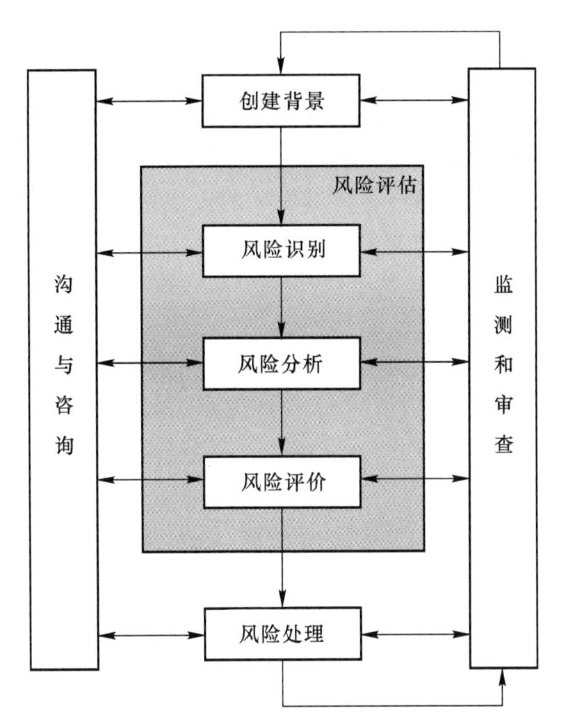

图 4-3 ISO 31000：2009 中的风险管理过程

减轻自然灾害十年”活动，规定每年10月的第二个星期三为“国际减少自然灾害日”，联大还确认了“国际减轻自然灾害十年”的国际行动纲领。2001 年联大决定继续在每年 10 月的第二个星期三纪念国际减灾日，并借此在全球倡导减少自然灾害的文化，包括灾害防止、减轻和备战。历年的国际减灾日主题均体现了减灾与可持续发展的理念，尤其是 1992 年 10 月 14 日主题是“减轻自然灾害与持续发展”，2002 年 10 月 9 日主题是“山区减灾与可持续发展”，2003 年 10 月 8 日主题是“面对灾害，更加关注可持续发展”。

从 2005 年“兵库行动”到第 60 届联合国大会通过的“国际减少灾害战略”，将减轻灾害风险与可持续发展紧密地联系在了一起。2006 年 3 月的第 60 届联合国大会通过了《国际减少灾害战略》，大会认为，近年来自然灾害影响越来越严重，其长期后果对发展中国家尤为严重，减少灾害风险是可持续发展范畴内一个贯穿各个领域的问题，必须在发展、减少灾害风险、救灾和灾后恢复等领域以及相互之间协调做出努力。中国政府非常重视减灾工作，2011 年《中国自然灾害风险地图集》发布，其将对减轻灾害风险、增强灾害风险意识起到积极作用。

（二）与灾害风险共存

在联合国教科文组织（UNESCO）、联合国国际减灾战略（UNISDR）、联合国环境署（UNEP）和联合国发展署（UNDP）等多家国际组织支持下，由达沃斯全球风险论坛（GRF）主办了 2010 年瑞士达沃斯国际灾害风险大会。大会的主题是“灾害、风险、危机和全球变化——将威胁转化为可持续发展的机遇”，其总体目标是为社会部门和个人之间搭建桥梁，共同商讨灾害风险领域内各自所扮演的角色及如何更加紧密的合作。国际社会越来越意识到，过去的灾难使人类意识到我们的社会仍然是脆弱的，人类抵御灾害风险的能力依旧是有限的。为此，人类应该摆脱旧有的恐惧和躲避灾害的传统思想，转而更加理性地了解灾害进而有效的管理灾害，学会与灾害共生共存。

与灾害风险共存，始终是为了可持续发展这一目标，也是风险管理和防灾减灾的基本点和出发点。与风险共存理念的核心内容之一就是要接受部分灾害风险，这一部分风险被称为可接受风险。可接受风险就是在可持续发展的大背景下，在整个社会能力可及的前提下最大限度地减少承灾体脆弱性和灾害风险的可能性，以减轻灾害发生的不利影响。自然灾害是人类社会的一种“疾病”，无论何时何地，只要有人类在地球上生存，自然灾害都将继续存在并影响人类的发展。在灾害管理与可持续发展关系的处理上，我们不仅要“治病救人”，而且要“治病活人”，将灾害的损失和人们承担的减灾成本都控制在可接受的范围内。

三、风险管理程序

2009 年国际标准化组织提出风险管理过程是以创建背景为开始，包括创建背景、沟通与咨询、风险评估、风险处理、监测与审查 5 个部分。自然灾害风险管理的目标就是通过工程措施和非工程措施将灾害风险控制在公众普遍能够接受的水平之内，因此风险管理的基础就是要制定可接受风险标准。本书认为，自然灾害风险管理应以 ISO 31000：2009 为指南，但应根据自然灾害风险和可接受风险的理论加以完善和具体化（见图 4-4）。

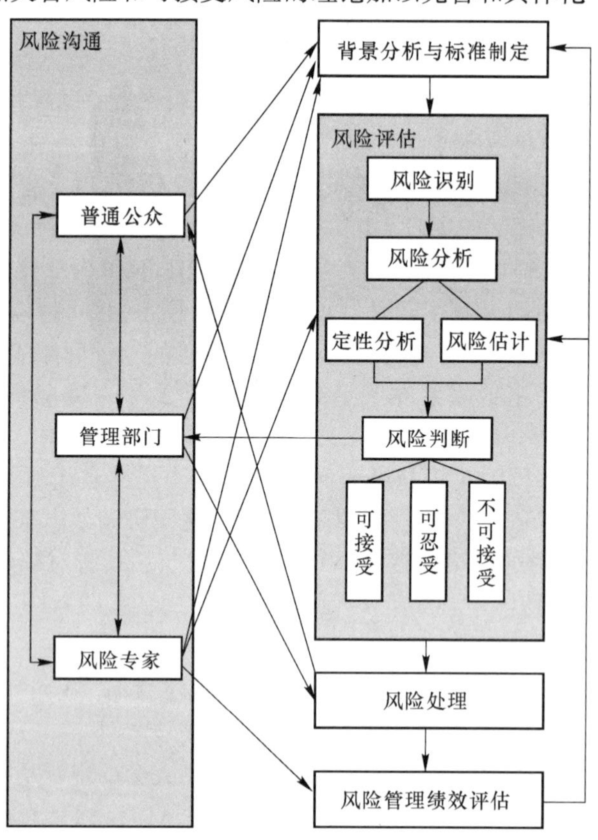

图 4-4 自然灾害风险管理程序

（一）风险沟通

风险沟通是决策者和其他利益相关者之间交换或分享关于风险的信息，包括风险可能性、严重性、可接受度、处理措施等。在风险管理过程中，风险沟通涉及各个程序和步骤。由于普通公众的需求、管理部门的目标以及风险专家对风险的关注点不同，因此在标准制定过程中，要及时交换各自的信息和看法，以达成统一的标准来指导风险评估。其他风险管理程序如风险评估过程、风险评价结果、风险处理方法、风险管理效益评价等信息都需要在风险管理者的三个参与者之间及时传递，以提高各个程序的效率。

（二）背景分析与标准制定

在风险管理初始阶段，风险管理参与者就应分析自然灾害的孕灾环境，包括自然环境和人文环境。根据社会、经济、政治和环境条件制定可接受风险标准，风险标准是评价风险严重性的依据，在标准制定过程中尤其要重视公众参与并通过风险沟通在利益相关者之间建立统一的认识，没有公众参与制定的标准是不科学和不完整的。

（三）风险评估

风险评估主要是由风险专家来完成的，但也要参考其他两个参与者的意见。风险评估包括了风险识别、风险分析（定性分析和风险估计）和风险评价，这一系列过程最终的目的就是要对风险大小进行分析并决定其可接受性。风险评价应区分可接受风险和可忍受风险，在风险分析的基础上将风险分为可接受风险、可忍受风险和不可接受风险，风险评价的最终结果要由相关管理部门公之于众，可以通过具体的数值来表征生命风险、经济风险、环境风险的大小。基于可接受风险的风险管理理念，认为灾害风险管理首先要注重人的生存权和发展权，体现“以人为本”的科学发展观。

（四）风险处理

风险处理是选择及实施风险应对措施的过程，包括规避、减轻、转移或保留风险。根据风险评价的结果，不同水平的风险应采取不同的风险处理方式。具体来说，风险处理方式包括：接受与保留风险，用于处理可接受风险；减轻风险和转移风险，用于处理可忍受风险；规避风险，用于处理不可接受风险，具体处理措施如图 4-5 所示。风险处理方法的实施需要普通公众的密切配合，尤其是在涉及公众自身利益时，只有充分沟通和协商，风险处理措施才能有效开展。

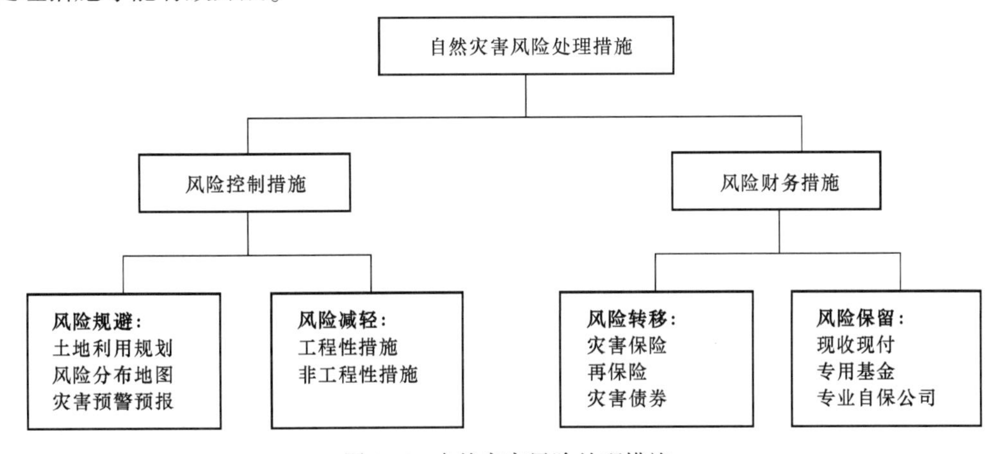

图 4-5 自然灾害风险处理措施

（五）风险管理绩效评价

在以往的风险管理中，风险处理之后风险管理基本就结束了，对于风险处理方法的效益以及剩余风险（residual risk）并不跟踪评价和监督检查，以至于在某些极端情况下，由于孕灾环境的改变，剩余风险可能增大，新风险也可能会出现。因此，必须重视风险管理绩效评价这一环节，并且将其反馈到标准制定、风险评估和风险处理各个阶段，不断完善风险管理程序，将静态管理转变为动态管理，使现有风险和剩余风险都维持在可接受风险水平上。

总之，自然灾害风险管理的目的就是要尽量减少灾害造成的人员伤亡、财产损失以及环境危害。可接受风险是连接风险评估和风险管理的桥梁，风险评估结果只有通过与可接受风险水平比较，并最终确定风险重要性之后，决策者才能有针对性地进行风险管理。在实施风险管理的过程中，必须强调普通公众、管理部门和风险专家的沟通和协商，包括风险标准的制定、风险处理措施的实施、风险管理绩效的评价等。

第五章　气象水文灾害

气象水文灾害是指由于气象和水文要素的数量或强度、时空分布及要素组合的异常，对人类生命财产、生产生活和生态环境等造成损害的自然灾害。气象水文灾害主要包括干旱、洪涝、台风、暴雨、大风、冰雹、雷电、低温、冰雪、高温、大雾和沙尘暴灾害等。

第一节　干旱灾害

干旱灾害是普遍性的自然灾害，不仅农业受灾，严重的还影响工业生产、城市供水和生态环境。世界上干旱地区约占全球陆地面积的25%，世界上半干旱地区约占全球陆地面积的30%，包括非洲北部地区、欧洲南部、西南亚、北美中部以及中国北方等。

一、干旱灾害定义及分类

（一）干旱与旱灾

干旱是因长期少雨而产生的空气干燥、土壤缺水的气候现象。干旱是全球普遍存在、持续时间长、影响广泛的一类自然现象，其形成主要受气象、水文、下垫面条件等多种因素的影响。干旱是一段时间内异常的干燥天气，会引发长时间缺水，在受影响地区造成严重的水文不平衡。

需要注意的是，并不是所有的干旱都会引起旱灾，一般来说，只有在正常气候条件下水资源相对充足，较短时间内由于降水减少等原因造成水资源短缺，造成对生产生活的较大影响，才可以称为旱灾。如华北地区属于半湿润区，其春季夏季干旱对其农业生产造成巨大影响，可以称作旱灾；而中国西北温带大陆性气候区，其气候特征是常年降水少，气候干旱，人们已经习惯了其干旱的气候，所以此地一般的干旱不能称作旱灾。

（二）干旱的分类

（1）根据干旱成因不同，世界气象组织将干旱分为6种类型。

1）气象干旱：根据不足降水量，以特定历时降水的绝对值表示。

2）气候干旱：根据不足降水量，不是以特定数量，是以与平均值或正常值的比率表示。

3）大气干旱：不仅涉及降水量，而且涉及温度、湿度、风速、气压等气候因素。

4）农业干旱：主要涉及土壤含水量和植物生态，或许是某种特定作物的形态。

5）水文干旱：主要考虑河道流量的减少，湖泊或水库库容的减少和地下水水位的下降。

6）用水管理干旱：其特性是由于用水管理的实际操作或设施的破坏引起的缺水。

中国气象部门常用以下4种干旱类型：

1）气象干旱：不正常的干燥天气时期，持续缺水足以影响区域引起严重水文不平衡。

2）农业干旱：降水量不足的气候变化，对作物产量或牧场产量足以产生不利影响。

3）水文干旱：在河流、水库、地下水含水层、湖泊和土壤中低于平均含水量的时期。

4）社会经济干旱：由自然系统与人类社会经济系统中水资源供需不平衡造成的异常水分短缺现象。社会对水的需求通常分为工业需水、农业需水和生活与服务行业需水等。如果需大于供，就会发生社会经济干旱。

在4类干旱中，气象干旱是一种自然现象，最直观地表现在降水量的减少，而农业、水文和社会经济干旱更关注人类和社会方面。气象干旱是其他3种类型干旱的基础。由于农业、水文和社会经济干旱的发生受到地表水和地下水供应的影响，故其频率小于气象干旱。当气象干旱持续一段时间，就有可能发生农业、水文和社会经济干旱，并产生相应的后果。

（2）根据干旱发生时间，通常将干旱分为春旱、夏旱、秋旱、冬旱或连旱。

1）春旱，指3~5月期间发生的干旱。春季正是越冬作物返青、生长、发育和春播作物播种、出苗的季节，特别是北方地区，春季本来就是春雨贵如油、十年九春旱的季节。假如降水量比正常年份偏少，发生严重干旱，不仅影响夏粮产量，还会造成春播基础不好，影响秋作物生长和收成。

2）夏旱，指6~8月发生的干旱，三伏期间发生的干旱也称伏旱。夏季为晚秋作物播种和秋作物生长发育最旺盛的季节，气温高、蒸发大，干旱会影响秋作物生长以致减产，夏旱造成土壤底墒不足，还会影响下季作物（如冬小麦等越冬作物）的生长。这期间正是雨季，长时间干旱少雨，水库、塘坝蓄不上水，将给冬春用水造成困难。例如，1994年江淮及四川盆地发生严重伏旱，江淮地区6月下旬至8月中旬降水量只有100~200mm，四川盆地大部及陕南、关中、陇东、陇南等地7月中旬至8月中旬降水量仅50~100mm，均比常年同期偏少50%~80%，发生不同程度的伏旱。

3）秋旱，指9~11月发生的干旱。秋季为秋作物成熟和越冬作物播种、出苗的季节，秋旱不仅会影响当年秋粮产量，还会影响下一年的夏粮生产。例如，2004年华南和长江中下游大范围严重秋旱。2004年入秋以后，南方大部降水持续偏少，9~10月广东、广西、海南、湖南、江西、安徽、江苏7省（区）平均降水量仅有98mm，为1951年以来历史同期最小值。11月初，旱区扩展至几乎整个长江中下游和华南地区，其中广西、广东大部、海南、福建西南部、湖南南部、湖北东部、江西大部、苏皖中南部、浙江北部等地达到重旱标准，部分地区达到特重旱标准，农作物受旱面积达510多万公顷，900多万人饮水困难，直接经济损失达60多亿元。

4）冬旱，指12月~翌年2月发生的干旱。在北方地区，冬季作物已经停止生长，进入越冬期后需水不多，影响不大。但冬旱减少了土壤底墒，会影响越冬作物的返青生长和春播作物的出苗；若冬旱连着春旱，其危害就比较严重。华南、西南为冬旱主要发生区，华南南部及云南大部发生频率达50%~70%。对华南地区来说，因气温较高，冬季仍有农作物继续生长，出现冬旱就会有一定影响。

5）连旱，2个或2个以上季节连续受旱，称为连旱。如春夏连旱，夏秋连旱，秋冬连旱，冬春连旱或春夏秋三季连旱等。例如，2011年1~5月，长江中下游地区降水量明显偏少，其中江淮、江汉、江南中部和北部偏少50%~80%。湖北、湖南、江西、安徽、江苏5省平均降水量260.9mm，较常年同期（533.3mm）偏少51%，为1951年以来同期最少（见图5-1）；5省平均累计无降水日数105天，为近60年来同期最多。

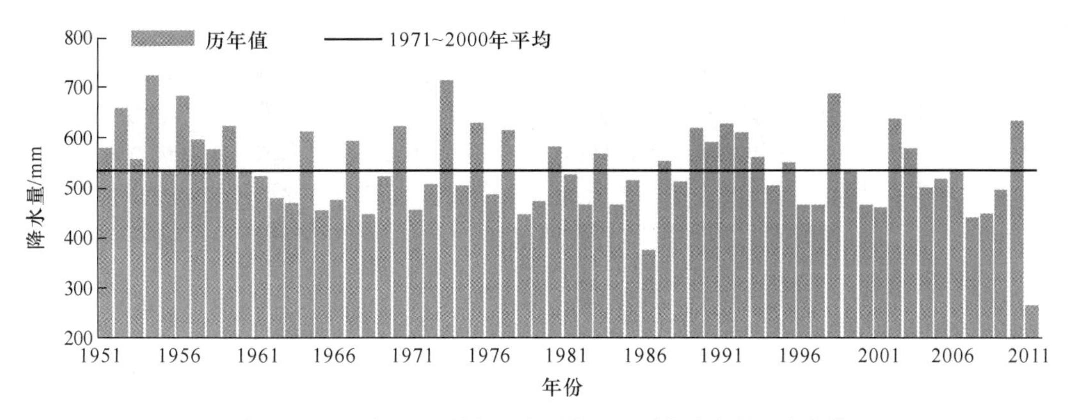

图 5-1 2011 年 1~5 月长江中下游地区平均降水量理念变化

（三）气象干旱等级

《气象干旱等级》国家标准中将干旱划分为 5 个等级，并评定了不同等级的干旱对农业和生态环境的影响程度。

（1）正常：特点为降水正常或较常年偏多，地表湿润，无旱象。

（2）轻旱：特点为降水较常年偏少，地表空气干燥，土壤出现水分轻度不足，对农作物有轻微影响。

（3）中旱：特点为降水持续较常年偏少，土壤表面干燥，土壤出现水分不足，地表植物叶片白天有萎蔫现象，对农作物和生态环境造成一定影响。

（4）重旱：特点为土壤出现水分持续严重不足，土壤出现较厚的干土层，植物萎蔫、叶片干枯、果实脱落，对农作物和生态环境造成较严重影响，对工业生产、人畜饮水产生一定影响。

（5）特旱：特点为土壤出现水分长时间严重不足，地表植物干枯、死亡，对农作物和生态环境造成严重影响，工业生产、人畜饮水产生较大影响。

（四）干旱预警信号

中国气象局中央气象台于 2010 年发布了新的《中央气象台气象灾害预警发布办法》，干旱预警分为三类信号。

（1）红色预警：5 个以上省（区、市）大部地区达到气象干旱重旱等级，且至少 2 个省（区、市）部分地区或 2 个大城市出现气象干旱特旱等级，预计干旱天气或干旱范围进一步发展。

（2）橙色预警：3~5 个省（区、市）大部地区达到气象干旱重旱等级，且至少 1 个省（区、市）部分地区或 1 个大城市出现气象干旱特旱等级，预计干旱天气或干旱范围进一步发展。

（3）黄色预警：2 个省（区、市）大部地区达到气象干旱重旱等级，预计干旱天气或干旱范围进一步发展。

二、干旱灾害成因及特征

（一）成因

造成干旱的原因既与气候等自然因素有关，也与人类活动及应对干旱的能力有关。具体可分为以下几个方面：

（1）气候原因。旱灾的形成主要取决于气候。降水量少、蒸发量大是形成干旱的直接原因，而大气环流异常、海气和陆气相互作用会导致降雨偏少，蒸发加剧，这是干旱发生的根本原因。一般将年降水量少于250mm的地区称为干旱地区；年降水量为250~500mm的地区称为半干旱地区。世界上干旱地区约占全球陆地面积的25%，大部分集中在非洲撒哈拉沙漠边缘、中东和西亚、北美西部、澳洲的大部和中国的西北部。这些地区常年降雨量稀少且蒸发量大，农业灌溉主要依靠山区融雪或上游地区的来水，如果融雪量或来水量减少，就会造成干旱。世界上半干旱地区约占全球陆地面积的30%，包括非洲北部一些地区、欧洲南部、西南亚、北美中部以及中国北方等。这些地区降雨较少，而且分布不均，因而极易造成季节性干旱，或者常年干旱甚至连续干旱。

（2）水源条件。干旱与因水利工程设施不足带来的水源条件差也有很大关系，例如水利工程设施如水库、水井等抗旱能力不足，丰水年的水资源无法储存起来供枯水年使用。

（3）地形地貌。地形地貌条件是造成区域干旱的重要原因。地形起伏、高差变化大，对局地气候影响大，带来水资源时空分布不均、水土资源不匹配，也容易造成旱灾频发。

（4）人类活动。一是人口大量增加，导致有限的水资源越来越短缺。二是森林植被被人类破坏，植物蓄水作用丧失，加上抽取地下水，导致地下水和土壤水减少。三是人类活动造成水体污染，使可用水资源减少。四是用水浪费严重，在我国尤其是农业灌溉用水浪费惊人，导致水资源短缺。

（二）特征

干旱是中国最常见、对农业生产影响最大的气候灾害，干旱受灾面积占农作物总受灾面积的一半以上，严重干旱年份比例高达75%。据不完全统计，从公元前206年到1949年的2155年间，中国发生过较大的旱灾有1056次，平均每两年就发生一次大旱，如1928~1929年陕西大旱，全境940万人中受灾死亡达250万人。中国旱灾有4个共同特点：

（1）发生频率高。据统计，1950~1990年间，中国共有11年发生了重特大干旱，发生频次为26.83%，因旱造成粮食损失占粮食总产量的4.02%。而1991~2009年间，中国共有8年发生重特大干旱，因旱造成粮食损失占粮食总产量的6.09%。近年来，中国年年有干旱，平均不到3年发生一次重特大旱灾，尤其经常发生区域性特大旱灾。

（2）分布面积广。过去，中国旱灾高发的区域主要在干旱缺水的北方地区，特别是西北地区。近几年，在传统的北方旱区旱情加重的同时，南方和东部多雨区旱情也在扩展和加重，目前旱灾范围已遍及全国。与此同时，旱灾影响范围已由传统的农业扩展到工业、城市、生态等领域，工农业争水、城乡争水、超采地下水和挤占生态用水现象越来越严重。

（3）持续时间长。过去，北方地区主要以冬春旱为主，近些年已经呈现出连季干旱、连年干旱的趋势。1997~2000年北方大部分地区持续3年严重干旱，2004年秋季~2007年夏季甘肃东北部持续3年干旱，2006年夏季~2007年春季重庆、四川百年不遇的夏秋冬春四季连旱，2008年冬季~2009年春季北方冬麦区严重干旱，2009年东北部分地区夏伏期间发生严重的卡脖子旱。种种迹象表明，旱灾持续的过程有拉长的趋势。

（4）灾害影响大。全国除西藏以外的广大地区，因旱对中国城乡饮用水安全、经济社会发展、生态与环境造成的损失危害性极大。由于干旱缺水，工业布局不仅受到限制，而且遭遇大旱年份，为保生活用水，一部分企业可能被迫停产或半停产，直接影响经济社会发展。江河来水减少，不仅会导致断流和断航，而且过度开采地下水，都会使生态与环境恶化。

三、干旱灾害分布及危害

（一）灾害分布

1. 时间分布特征

由于降水的年际及周期波动的影响，干旱灾害的发生存在着阶段性变化。1951 年以来，中国干旱受灾面积呈现上升趋势，且各年之间变化较大。20 世纪 50 年代和 60 年代受旱面积小，70 年代受旱面积较前 2 个年代增加了近 1 倍，80 年代干旱受灾面积略有减少，但 90 年代以来又明显增多。进入 21 世纪以来，中国干旱灾害并没有减少（见图 5-2）。

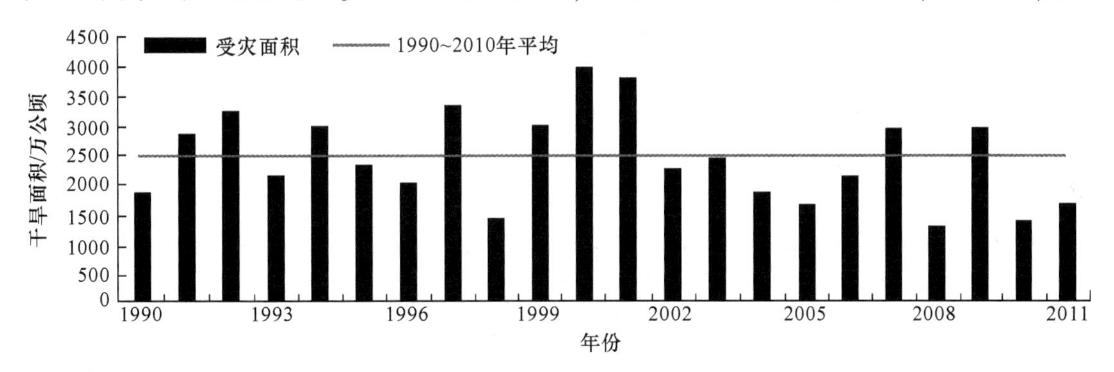

图 5-2　1990~2011 年全国干旱受灾面积直方图

近 60 多年中，受旱面积在 3000 万公顷以上的有 13 年，其中 20 世纪 90 年代以来就有 7 年。总体来说，中国受旱面积存在 4 个低值期和 4 个高值期。1951~1957 年、1963~1970 年、1982~1984 年、2004~2006 年，每年受旱面积一般在 2000 万公顷以下；1959~1961 年、1971~1981 年、1986~1989、1999~2001 年，每年受旱面积一般在 2500 万公顷以上。

干旱在中国一年四季均有可能发生。

春旱主要发生在黄淮流域及其以北地区，华北地区、东北西部发生春旱的频率最高，可达 50%~70%，有“十年九春旱”之说。华北地区有的年份春旱可持续到 6 月、7 月，形成春夏连旱，对农业生产影响严重，如 1962 年、1972 年、1997 年等。1965 年甚至春夏秋三季连旱，对农业生产影响十分严重。海南、云南、四川南部也是春旱多发区，发生频率有 50%~80%。长江中下游及其以南地区为春旱少发区。

夏旱通常分为初夏旱和伏旱。初夏旱多发生在北方。伏旱是盛夏“三伏”期间的干旱，多发生在秦岭、淮河以南到华南北部地区，以长江中下游多见。伏旱的特点是太阳辐射强烈，温度高、湿度小、蒸发和蒸腾量大，成为一年中最热的一段时间。中国长江流域在西太平洋副热带高压的控制下，晴热少雨，伏旱的发生比较频繁，高达 50%，其他地区有些年份也出现伏旱。夏季是农作物生长旺盛的时期，伏旱虽不及春旱出现的频率高；但对作物的危害一般较春旱重，所以有“春旱不算旱，夏旱减一半”的农谚。

秋旱是指每年8~10月，无透雨（一次连续下雨的过程雨量低于40mm）连续时间≥30天为秋旱。秋旱多发生在华中、华南地区，对南方晚稻生长影响较大。北方秋旱对作物影响较小，但会对冬小麦播种、出苗不利。

冬旱主要发生在华南和西南东部地区。因为这里冬季仍有作物生长，需水较多，如遇少雨年就会发生冬旱。有的年份干旱持续时间长，冬旱可持续至第二年初春，如1998年11月~1999年4月、2004年10月~2005年4月华南部分地区发生了持续秋冬春三季的连旱，对工农业及生活用水等影响很大。西南地区冬春发生连旱时亦可持续4~5个月，有时也发生秋、冬、春三季的连旱。如1959年11月~1960年5月持续了7个月。

2. 空间分布特征

中国各地均可发生干旱，但发生频率和程度不同。资料统计表明，中国旱灾表现为西部旱灾少、东部旱灾多、中部旱灾重、北方重于南方的空间分异格局。东北西南部、黄淮海地区、华南南部及云南、四川南部等地干旱发生频率较高，其中华北中南部、黄淮北部、云南北部等地达60%~80%。全国有5个明显的干旱中心：

（1）东北干旱区。该区干旱主要出现在4~8月的春、夏季节，春旱出现的概率为66%，夏旱的概率为50%。

（2）黄淮海干旱区。该区降水较少，变率大，是中国最大的干旱区，干旱发生次数也居全国之首。作物生长期间的3~10月均可能出现干旱，少数年份局部地区还会出现春夏秋连旱，但以春旱为主，几乎每年都有不同程度的春旱发生。

（3）长江流域地区。该区3~11月均可出现干旱，但主要集中在夏季和秋季，以7~9月出现干旱的机会最多，伏旱危害最大。

（4）华南地区。该区一年四季均可出现干旱，但由于华南地区雨季来得早，夏秋季常有台风降水，故干旱主要出现在秋末和冬季及前春。多数年份干旱时间为3~4个月，最长达7~8个月。

（5）西南地区。该区干旱范围较小，干旱一般从上一年的10月或11月开始，到下一年的4月或5月，个别年份的局部地区持续到6月，但干旱主要出现在冬春季节。

（二）干旱危害

干旱是对人类社会影响最严重的气候灾害之一，它具有出现频率高、持续时间长、波及范围广的特点。干旱的频繁发生和长期持续，不但会给社会经济，特别是农业生产带来巨大的损失，还会造成水资源短缺、荒漠化加剧、沙尘暴频发等诸多生态和环境方面的不利影响。干旱灾害可造成以下几方面的危害。

1. 干旱是危害农牧业的第一灾害

气象条件影响作物的分布、生长发育、产量及品质的形成，而水分条件是决定农业发展类型的主要条件。干旱由于其发生频率高、持续时间长，影响范围广、后续影响大，成为影响中国农业生产最严重的气象灾害；干旱是中国主要畜牧气象灾害，主要表现在影响牧草、畜产品，加剧草场退化和沙漠化。

干旱对作物危害程度与其发生的季节、作物的种类、品种、生育期有关。春季干旱影响春播，或造成春播作物缺苗断垄并影响越冬作物的正常生长。

7~8月的伏旱，在中国北方影响玉米、高粱、水稻的正常生长，造成棉花的蕾铃脱落；在南方影响早、中稻的正常灌浆和晚稻的移栽成活。秋旱影响秋作物的产量及越冬作物的播种。伏旱和秋旱都会使土壤的底墒不足而加剧翌年的春旱。

作物对干旱的抵抗能力称为抗旱性，不同作物的抗旱性不同，水稻的抗旱性最差，遇干旱无灌溉的条件时减产严重，陆稻其次，大麦、小麦、黑麦、燕麦、花生等作物抗旱性中等，糜子、高粱、粟、马铃薯、甘薯、绿豆等作物抗旱性较强。

作物对不同类型干旱的反应是不同的，例如一些豆科作物根系发达，抗土壤干旱的能力强，但不能忍受大气干旱；玉米抗大气干旱能力强而不能忍受土壤干旱。中国发生干旱最严重的地区是甘肃中部、宁夏南部、山西和陕西北部、内蒙古自治区的中西部以及河北省坝上地区等。防御干旱主要靠发展水利灌溉事业、植树造林、改革农业结构、改进耕作制度以及加强农田基本建设等。

2. 干旱促使生态环境进一步恶化

（1）气候暖干化造成湖泊、河流水位下降，部分干涸和断流。由于干旱缺水造成地表水源补给不足，只能依靠大量超采地下水来维持居民生活和工农业发展，然而超采地下水又会导致地下水位下降、漏斗区面积扩大、地面沉降、海水入侵等一系列的生态环境问题。黄河从20世纪70年代开始频繁断流，最严重的1997年，受大旱影响黄河下游的利津水文站全年断流时间长达226天，最长断流河段超过700km。黄河断流，对流域的人民生活和工农业生产及生态环境造成严重影响。

（2）干旱导致草场植被退化。中国大部分地区处于干旱半干旱和亚湿润的生态脆弱地带，气候特点为夏季盛行东南季风，雨热同季，降水主要发生在每年的4~9月。北方地区雨季虽然也是每年的4~9月，但存在着很大的空间异质性，有十年九旱的特点。由于气候环境的变迁和不合理的人为干扰活动，导致植被严重退化。进入21世纪以后，连续几年干旱有加重的趋势，而且是春夏秋连旱，对脆弱生态系统非常不利。

（3）干旱加剧土地荒漠化。

3. 气候暖干化引发其他自然灾害发生

冬春季的干旱易引发森林火灾和草原火灾。自2000年以来，由于全球气温的不断升高，导致北方地区气候偏旱，林地地温偏高，草地枯草期长，森林地下火和草原火灾有增长的趋势。

四、干旱灾害风险评估

干旱灾害风险评估是定量认识干旱灾害风险机理，科学防控干旱灾害风险的重要基础性研究。区域旱灾系统论是将旱灾作为干旱致灾因子、承灾体、孕灾环境和防灾减灾措施相互联系、相互作用的地球表层变异复杂系统来研究，它是旱灾风险评估的重要理论基础。根据区域灾害系统理论的观点，干旱是旱灾风险的致灾因子，干旱的时空规模会影响旱灾风险的大小。干旱并不一定会产生旱灾，只有当干旱发展到一定程度之后对承灾体才会产生旱灾损失。这个产生旱灾损失的干旱程度阈值，与承灾体的抗旱能力有关。

旱灾风险是在不稳定的孕灾环境中具有危险性的干旱事件经承灾体的脆弱性传递，作用于承灾体而导致承灾体未来可能损失的规模及其发生的概率，干旱发生和旱灾损失的不确定性是形成旱灾风险的主要原因，旱灾风险是干旱发生及造成损失的可能性或不确定性，是旱灾的风险源、发灾场、作用对象综合作用的结果，因此可简要地把旱灾风险定义为干旱发生的可能性分布函数及干旱灾害损失。

目前，旱灾风险评估方法主要有两大类：(1) 基于随机理论的概率统计方法。即利用数理统计方法，对以往的灾害数据进行分析、提炼，找出灾害发展演化的规律，计算得到风险概率，以达到预测评估未来灾害风险的目的。根据灾害数据类型的不同，该方法又可分为基于气象指标的概率统计方法和基于旱灾损失指标的概率统计方法。(2) 基于灾害系统理论的模糊综合评估方法。即从致灾因子的危险性、承灾体的暴露性和灾损敏感性以及抗灾能力等方面着手建立评价指标体系（见表 5-1），采用专家打分、层次分析等模糊数学方法计算得到灾害风险，进而实现旱灾风险的等级评价。

表 5-1 旱灾风险评估指标体系

旱灾风险评估体系	危险性子系统	气象	年降水量距平百分率；年均降水量；日照时数；温度距平百分率；连续无雨日数；相对湿润度指数：(降雨量-蒸发量)/蒸发量
		水文	单位面积水资源量；地下水资源量；地下水埋深；地下水资源利用比例
		土壤	土壤类型；土壤相对湿度；土壤含水率
		地貌	地貌类型
	暴露性子系统	人口	人口密度
		经济	耕地率；复种指数；农业占地区生产总值的比例；单位面积农业生产总产值（万元/平方千米）
	灾损敏感性子系统	人口	农业人口比例（%）；人口居民受教育程度（%）；人均耕地面积
		经济	水田面积比；万元 GDP 用水量；贫困人口比例；森林覆盖率
	防灾减灾能力子系统	社会经济发展水平	人均 GDP（元/人）；灌溉工程投资比
		水利工程建设情况	水库调蓄率：已建水库库容/地表径流量；单位面积现状供水能力（万立方米/公顷）；灌溉指数：有效灌溉面积/耕地面积
		应急抗旱管理能力	单位面积应急浇水能力（万立方米/平方米）；单位面积应急备用水源供水能力（万立方米/平方米）；监测预警能力：每百平方千米水文监测站个数和土壤墒情测站个数；抗旱管理（包括政策、法规、制度、预案等）规范程度
		科技生产水平	节水灌溉率：节水灌溉面积/有效灌溉面积；农业信息化、自动化程度

五、干旱灾害防治措施

(一) 建设抗旱减灾工程

干旱是多种因素造成的，防旱、抗旱和减灾是一项复杂的系统工程，应发挥政府的主导作用，加强减灾管理，增加投入，利用现有技术水平，完善干旱灾害监测、预报和灾情评估系统建设，提高旱灾监测、预报和灾情评估准确率；加强信息系统工程建设，通过现代通信技术，特别是计算机网络系统，把旱情信息和减灾措施迅速传递到各地，从而提高减灾协调指挥效率；要在掌握大量自然和社会信息的基础上，从农业生态系统整体着手研究防御旱灾措施，把旱灾风险降到最低程度。

(二) 加强水利工程建设

水利工程是农业防旱减灾工程的主体。水库建设、灌溉渠道防渗漏等水利工程可从客观上改变水资源流失的现状。加强农田基本建设，开展治河造田，治山修田，改土蓄水，植树造林，重视水土保持，配好沟、渠、电、路，建设标准高产田等改变生产条件，实现综合治理是防旱抗旱的基础。

（三）调整农业产业结构

以优化作物种类、品种，提高质量，增加效益为中心的农业产业结构调整，必须建立在节水的前提下，应按照充分发挥水资源效率的原则，根据各地旱情规律，因地制宜、因时制宜，充分利用当地资源优势，制定适水型农业结构，减少经济价值低的大田作物，发展经济效益高的经济作物、耐旱作物和各种“特色农业”，减轻旱灾危害。

（四）提高水资源利用率

水是基础性的自然资源，提高水资源利用率，科学灌溉，关系到社会经济可持续发展。我国是农业用水大户、缺水大户，也是浪费大户。农业用水占全部用水的80%以上，全国农田水利渠系利用系数只有0.4~0.5，灌溉浪费水达40%~60%。所以，发展节水农业，提高水资源利用率尤为重要。滴灌、喷灌都是比较成熟的节水灌溉技术。滴灌是目前最有效的一种节水方式，其水的利用率可达95%。滴灌可结合施肥，提高肥效。滴灌适用于蔬菜、果树以及大棚灌溉。喷灌是投资最省、管理最方便，对水质要求不严、节水效果明显的一种灌溉技术，与传统的灌溉技术相比，喷灌节水58%。

（五）推广防旱农艺技术

将稻草、花生秆、玉米秆、青草或地膜等覆盖作物行间，有抑制土壤水分蒸发、保湿效果；实行中耕，对土壤浅耕5~8cm，锄断土壤水分外逸孔隙，维持土壤中、下层含水量；增施猪、牛粪水，沼渣，沼液或阴沟污水等有机肥，充分发挥有机肥保水持水的作用；根据天气预报抓住有利时机适时播种、适时栽插，采用躲、抗、防法和板茬播种法、分层播种法、深播浅盖法、镇压播种法等单项或组合配套技术都是节水防旱、抗旱较有效的农艺技术。

（六）积极开展人工降雨

人工增雨是人工影响局部天气的一个重要方面，通常采用飞机、高射炮、火箭筒等方法，把可以起凝结作用的碘化银、干冰等撒入云层中，促进云中水汽凝结，或加快云滴兼并增大而形成降雨。目前，人工增雨是最经济、最有效、最直接解除干旱灾害的措施。据研究，增雨作业可达到比自然降水增加10%~25%的效果。应用现代技术人工降雨，开发空中水资源，是抗旱减灾的重要措施。

六、中国典型干旱灾害

（1）华北大旱。从1876年到1879年，大旱持续了整整4年；受灾地区有山西、河南、陕西、直隶（今河北）、山东等北方5省，并波及苏北、皖北、陇东和川北等地区，大旱使农产绝收，田园荒芜。由于这次大旱以1877年、1878年为主，而这两年的阴历干支纪年属丁丑、戊寅，所以人们称之为“丁戊奇荒”；又因河南、山西旱情最重，又称“晋豫奇荒”“晋豫大饥”。

（2）1959~1961年，历史上称为“三年自然灾害时期”。全国连续3年的大范围旱情，使农业生产大幅度下降，市场供应十分紧张，人民生活相当困难，人口非正常死亡急剧增加，仅1960年统计，全国总人口就减少1000万人。1961年全国大部地区降水仍比常年偏少。全国受旱面积56770万亩，成灾27981万亩，因旱灾减产粮食264.6亿斤。

（3）1978~1983年，全国连续6年大旱。累计受旱面积近20亿亩，成灾面积9.32亿亩。持续时间长、损失惨重，北方是主要受灾区。1978年全国大部地区降水偏少，出现历史少见的特大干旱，全国受旱面积60253万亩，其中减产三成以上的成灾面积26954万亩。严重旱区主要在长江中下游、淮河流域大部和冀南、豫北以及晋、陕、宁、鲁等省区的大部地区，年降水量较常年偏少二到四成，受旱面积之大，时间之长，程度之重为1949年以来所未有。

（4）2000年，中国大部地区降水偏少，出现大范围干旱。就季节而言，干旱主要发生在春、夏季；就地区而言，北方受旱范围广，干旱时间长，旱情重。据有关部门统计，全国累计受旱面积4054万公顷，成灾面积2678万公顷，与1971年以来的平均值相比均显著偏多，属干旱严重年份。其中受旱面积较大或旱情较重的有河北、山西、内蒙古、山东、陕西、甘肃、宁夏、辽宁、吉林、黑龙江、湖北、安徽、江西等省区。冀东北、冀中、晋西北、陕北北部及内蒙古锡林郭勒盟南部和哲盟、昭盟的部分地区达特大干旱标准。

（5）西南大旱。2010年发生于中国西南五省市云南、贵州、广西、四川及重庆的西南大旱是一场百年一遇的特大旱灾。西南200万人因旱灾返贫，经济损失超350亿元。一些地方的干旱天气可追溯至2009年7月。3月旱灾蔓延至广东、湖南西部、西藏等地以及东南亚湄公河流域。这是有气象资料以来西南地区遭遇的最严重干旱。干旱的原因是降水少、气温高，两重原因共同作用，加上持续时间很长。2009年雨季时降水量就很少，8月后降水逐渐停了，相当于雨季提前结束。之后降水量一直偏少，跟历史同期比较，云南、贵州都是历史最少的。与此相反的是，气温平均偏高1~2℃，跟历史相比，云南气温同期历史最高，贵州排第三。此外，全球气候变暖，太平洋厄尔尼诺现象加剧破坏了大气结构，造成海洋季风无法登陆形成降雨。从大气环流形势看，入冬以来，南支槽偏弱，来自印度洋的西南暖湿气流比较弱，致水汽供应不足，加之南方地区气候对厄尔尼诺现象的响应滞后，西南地区容易出现气象干旱。

第二节　洪涝灾害

一、洪涝灾害定义及分类

（一）洪涝灾害定义

洪涝灾害，是指暴雨、急剧融化的冰雪、风暴潮等自然因素引起的江河湖海水量迅速增加或水位迅猛上涨的自然现象。

洪涝灾害包括洪水灾害和雨涝灾害两类。其中，由于强降雨、冰雪融化、冰凌、堤坝溃决、风暴潮等原因引起江河湖泊及沿海水量增加、水位上涨而泛滥，以及山洪暴发造成的灾害称为洪水灾害；因大雨、暴雨或长期降雨量过于集中而产生大量的积水和径流，由于排水不及时，致使土地、房屋等渍水、受淹造成的灾害称为雨涝灾害。特别是随着城市范围的扩大和人口的增加，城市内涝频发，严重影响了正常的生活和生产，造成了巨大的损失。城市内涝是指由于强降水或连续性降水超过城市排水能力致使城市内产生积水灾害的现象。由于洪水灾害和雨涝灾害往往同时或连续发生在同一地区，有时难以准确界定，故往往统称为洪涝灾害。

（二）洪涝灾害分类

1. 根据形成原因划分

根据形成原因不同，洪涝可分为河流洪水、湖泊洪水和风暴潮洪水等。而按照河流洪水的成因条件，洪水通常分为暴雨洪水、山洪泥石流、冰凌洪水、融雪洪水、风暴潮洪水和溃坝洪水等不同类型。

（1）暴雨洪水型。暴雨洪水是最为常见、量级最大、影响范围最广的洪涝灾害。暴雨洪水为降落到地面上的暴雨，经过产流和汇流在河道中形成的洪水。其发生时间集中在雨季，北半球主要集中在夏季。中国绝大多数河流的洪水都是由暴雨产生的，特别是历年最大洪水，往往是由暴雨形成的，淮河以南的南方河流洪水都是由暴雨形成的；西北干旱半干旱地区河流的最大洪峰主要由暴雨或暴雨与融雪混合形成，但小流域的最大洪水仍为暴雨洪水，即使高寒地区河流有些年份最大洪水可能由融雪形成，但历年最大洪水一般仍由暴雨形成。

（2）山洪泥石流型。山洪泥石流是指含有大量泥沙、黏土、砾石、岩石等的固体物质与雨水、地表水、地下水混合后，使沟谷地带产生移动或流动，并向沟谷坡下缓慢滑动或位移的洪流。与其他洪灾相比，泥石流突然暴发时，来势异常凶猛，造成的水土流失历时较短，但具有强大的破坏力，对山区工农业生产、水利、交通、通信等设施的危害更为严重，对人口密集的城镇和工矿区造成的危害更大。山洪泥石流的发生除与地质地貌条件有关外，暴雨是诱发的重要因素。凡是山高坡陡、沟壑纵横、植被较差、土层较薄的山地，当遇有暴雨或大暴雨时，最容易发生泥石流。

（3）冰凌洪水型。冰凌洪水型指河流中因冰凌阻塞和河道内蓄冰、蓄水量的突然释放而产生的洪水，主要发生在西北、华北、东北地区。它是热力、动力、河道形态等因素综合作用的结果。热力因素包括太阳辐射、气温、水温等，其中气温是热力因素中影响凌汛变化的集中表现，气温高低是影响河道结冰、封冻、解冻开河的主要因素。动力因素包括流量、水位、流速等，其中流速大小直接影响结冰条件和冰凌输移、下潜、卡塞等，水位升降与开河形势关系比较密切。水位平稳使大部分冰凌就地消融，形成“文开河”形势；水位急剧上涨，使水鼓冰裂，形成“武开河”形势。而水位与流速的变化取决于流量的变化，它们之间具有一定关系，一般来说，流量大则流速大、水位高。河道形态包括河道的平面位置、走向及河道边界条件等，高纬度河流的气温低于低纬度的气温，由南向北流向的河流则易产生冰凌洪水，河道的弯曲度、缩窄、分叉、比降突变等对凌情都会有影响。此外，人类活动如在河道上修建水库、分蓄滞洪区、引水渠和排导工程等，这些都会改变河道流量分配过程及水温，从而影响冰凌洪水。

（4）融雪洪水型。流域内积雪（冰）融化形成的洪水。在高山区雪线以上降雪，形成冰川和永久积雪以及雪线以下季节积雪，当气温回升至0℃以上时积雪融化，若遇大幅度升温，大面积积雪迅速融化，可形成融雪洪水；若此时有降雨发生，则形成雨雪混合洪水。中国融雪洪水主要分布在东北和西北高纬度山区。

（5）溃坝洪水型。水坝、堤防等挡水建筑物或挡水物体突然溃决造成的洪水。溃坝洪水包括堵江堰塞湖溃决、水库溃坝和堤防决口所形成的三类洪水。

2. 根据发生区域划分

根据洪涝灾害发生区域，洪涝灾害分为跨流域洪水、流域性洪水、区域性洪水和局部性洪水。跨流域洪水一般是指相邻流域多个河流水系内降雨范围广、持续时间长，主要干支流均发生不同量级的洪水；流域性洪水一般是指本流域内降雨范围广、持续时间长，主要干支流均发生不同量级的洪水；区域性洪水是指降雨范围较广、持续时间较长，致使部分干支流发生较大量级的洪水；局部性洪水是指局部地区发生的短历时强降雨过程形成的洪水。

七大江河的流域性洪水、区域性洪水和局部性洪水的定义和量化指标，是以七大江河水系分区划分及洪水量级划分标准为基础形成的，与几十年来人们对历史洪水的研究习惯基本一致。七大江河流域的水系分区一般划分为：

长江流域：长江上游（宜昌水文站以上）、长江中游（宜昌水文站至湖口水文站）、长江下游（湖口水文站以下）3 个一级水系分区。长江上游分金沙江、岷沱江、嘉陵江、乌江 4 个二级水系分区；长江中游分汉江、洞庭湖四水、鄱阳湖五河 3 个二级水系分区；下游不分二级水系分区。

黄河流域：黄河上游干流（头道拐水文站以上）、黄河中游干流（头道拐水文站至花园口水文站）、黄河下游干流（花园口水文站以下）3 个水系分区。

珠江流域：西江、北江、东江、珠江三角洲 4 个水系分区。

淮河流域：淮河上游（正阳关水文站以上）、淮河中游（正阳关水文站至洪泽湖）、淮河下游及里下河、沂沭泗河 4 个水系分区。

海河流域：滦河、北三河（潮白河、北运河、蓟运河）、永定河、大清河、子牙河（包括黑龙港及远东地区）、漳卫河、徒骇马颊河 7 个水系分区。

松花江流域：嫩江、第二松花江、松花江 3 个水系分区。

辽河流域：西辽河、辽河干流、浑太河 3 个水系分区。

依据《水文情报预报规范》（GB/T 22482—2008）的规定，七大江河流域洪水量级的判别标准有 4 个等级，即洪水要素重现期≥50 年为特大洪水；20~50 年为大洪水；5~20 年为较大洪水；低于 5 年为一般洪水。

跨流域洪水是指相邻流域 2 个或 2 个以上水系分区内，连续发生多场大范围降雨过程，发生洪水的水系分区主要干支流均发生不同量级的洪水跨流域洪水的判别以七大江河水系分区的洪水判别标准为基础。跨流域洪水不设置区域性洪水和局部性洪水的判别标准。

跨流域特大洪水是指相邻流域 2 个或 2 个以上水系分区，至少有 1 个以上水系分区发生的洪水重现期≥50 年，其他水系分区的洪水重现期为 20~50 年。

跨流域大洪水是指相邻流域 2 个或 2 个以上水系分区，至少有 1 个以上水系分区发生的洪水重现期为 20~50 年，其他水系分区的洪水重现期为 5~20 年。

（三）洪涝灾害等级

洪涝灾害划分为特大灾、大灾、中灾、轻灾四大等级。

（1）一次性灾害造成下列后果之一的为特大灾。

1）在县级行政区域造成农作物绝收面积（指减产八成以上，下同）占播种面积的 30%。

2）在县级行政区域倒塌房屋间数占房屋总数的1%以上，损坏房屋间数占房屋总间数的2%以上。

3）灾害死亡100人以上。

4）灾区直接经济损失1亿元以上。

（2）一次性灾害造成下列后果之一的为大灾。

1）在县级行政区域造成农作物绝收面积占播种面积的10%。

2）在县级行政区域倒塌房屋间数占房屋总数的0.3%以上，损坏房屋间数占房屋总间数的1.5%以上。

3）灾害死亡30人以上。

4）灾区直接经济损失1亿元以上。

（3）一次性灾害造成下列后果之一的为中灾。

1）在县级行政区域造成农作物绝收面积占播种面积的1.1%。

2）在县级行政区域倒塌房屋间数占房屋总数的0.3%以上，损坏房屋间数占房屋总间数的1%以上。

3）灾害死亡10人以上。

4）灾区直接经济损失5000万元以上。

（4）轻灾等级细分。在等级划分标准的轻灾等级基础上，洪涝灾情等级可以进一步划分为轻灾一级、轻灾二级和轻灾三级。

1）轻灾一级：灾区死亡和失踪8人以上；洪涝灾情直接威胁100人以上群众生命财产安全；直接经济损失3000万元以上。

2）轻灾二级：灾区死亡和失踪人数5人以上；洪涝灾情直接威胁50人以上群众生命财产安全；直接经济损失1000万元以上。

3）轻灾三级：灾区死亡和失踪人数3人以上；洪涝灾情直接威胁30人以上群众生命财产安全；直接经济损失500万元以上。

二、洪涝灾害成因及特征

（一）成因

自然因素主要包括天气和气候影响、地理环境和地势位置等。天气和气候因素是引发暴雨的直接原因。当暴雨发生以后，地理环境成为影响灾害发生的重要因素。地理环境包括地形、地貌、地理位置和江河分布等。中国面积广大、地形复杂，既有高原和大山，也有平原、盆地和丘陵。不同的地形对暴雨形成灾害的影响是不同的。高原和山地由于其阻挡作用，常常会形成绕流和爬流等，易于引发暴雨；同时，高原和山地在暴雨的作用下，最易诱发滑坡和泥石流等次生灾害。盆地和山间平川地带一般来说地面坡度较大，沿河多为阶梯台地，排水条件较好，洪水浸淹范围有限，不致造成重大灾害；然而，如果遇到高强度、大范围的暴雨，尤其是持续性大暴雨，就容易发生大水没城的严重灾害。并且，盆地和山间平川地区工农业都比较发达，人口增长迅速，与水争地的情况日益严重，加重了这些地区的暴雨灾害脆弱性。平原地区由于地势平坦、面积辽阔，较少发生以冲击性为主的山地灾害，而以漫渍型的涝灾为主。

人为因素对暴雨洪涝灾害的影响主要表现在以下几个方面：

（1）破坏森林植被，引发水土流失。森林具有良好的蓄水作用，一方面森林可以截流降水；另一方面，森林的土壤渗透率高、蓄水性好。

（2）围湖造地造田，影响蓄洪能力。筑堤围湖、围江河湖滩造田等，会导致湖泊的数量减少，河流不畅，蓄洪能力大大下降，一旦连续性暴雨出现，大量的降水就汇流入河，造成河水暴涨，泛滥成灾。填湖造田是湖泊萎缩的直接原因，而近年来，在市场经济的推动下，又兴起了围湖建房，进一步加剧了湖泊面积的减少。

（3）侵占河道，流水不畅。人类活动一方面不断破坏生态环境，致使大量泥沙流入河道，抬高河床，流水不畅；另一方面大量侵占耕地，使能够吸纳水分的土地面积不断缩小。一旦发生了大暴雨，河水猛涨，因阻水建筑影响，洪水下泄不畅，就很容易形成破堤、管涌，造成大量损失。

（4）防洪设施标准低。除黄河防洪标准为 60 年一遇外，其他大江大河大湖的堤防标准一般只有 10~20 年一遇，大部分城市防洪标准只有 20~30 年一遇。一旦遭遇历史罕见洪水发生，则必然酿成大水灾。

（5）过量抽取地下水。超量集中开采地下水，造成地下水水位的大幅度下降，含水介质压密引起地面沉降，加剧了城市洪涝险情。在中国地面沉降比较严重的城市，北方有天津、沧州、西安、太原等，南方有上海、阜阳以及苏锡常地区。

（二）特征

1. 范围广

除沙漠、极端干旱地区和高寒地区外，中国大约 2/3 国土面积都存在着不同程度和不同类型的洪涝灾害。年降水量较多且 60%~80%集中在汛期 6~9 月的东部地区，常常发生暴雨洪水；占国土面积 70%的山地、丘陵和高原地区常因暴雨发生山洪、泥石流；沿海地区每年都有部分省市区遭受风暴潮引起的洪水袭击；中国北方的黄河、松花江等河流有时还会因冰凌引起洪水；新疆、青海、西藏等地时有融雪洪水发生；水库垮坝和人为扒堤决口造成的洪水也时有发生。

2. 频率高

据《明史》和《清史稿》资料统计，明清两代（1368~1911 年）的 543 年中，范围涉及数州县到 30 州县的水灾共有 424 次，平均每 4 年发生 3 次，其中范围超过 30 州县的共有 190 年次、平均每 3 年 1 次。中华人民共和国成立以来，洪涝灾害年年都有发生，只是大小有所不同而已。特别是 20 世纪 50 年代，10 年中就发生大洪水 11 次。

3. 多突发

中国东部地区常常发生强度大、范围广的暴雨，而江河防洪能力又较低，因此洪涝灾害的突发性强。1963 年，海河流域 7 月底还大面积干旱，8 月 2~8 日，突发一场特大暴雨，使这一地区发生了罕见的洪涝灾害。山区泥石流突发性更强，一旦发生，人民群众往往来不及撤退，造成重大伤亡和经济损失。如 1991 年四川华蓥山一次山洪泥石流死亡 200 多人，1991 年云南昭通一次泥石流也死亡 200 多人。风暴潮也是如此，如 1992 年 8 月 31 日~9 月 2 日，受天文高潮及 16 号台风影响，从福建的沙城到浙江的瑞安、敖江，沿海潮位都超过了 1949 年以来的最高潮位。上海潮位达 5. 04m，天津潮位达 6. 14m，许多海堤漫顶，甚至被冲毁。

4. 损失大

中国是世界上洪涝灾害频繁且严重的国家之一，洪涝灾害对经济社会产生重大影响。如 1931 年江淮大水，洪灾就涉及河南、山东、江苏、湖北、湖南、江西、安徽、浙江 8 省，淹没农田 1.46 亿亩，受灾人口达 5127 万人，占当时 8 省总人口的 25%，死亡 40 万人。1991 年，淮河、太湖、松花江等部分江河发生了较大的洪水，尽管在党中央和国务院的领导下，各族人民进行了卓有成效的抗洪斗争，尽可能地减轻了灾害损失，全国洪涝受灾面积仍达 3.68 亿亩，直接经济损失高达 779 亿元。其中安徽省的直接经济损失达 249 亿元，约占全年工农业总产值的 23%，受灾人口 4400 万人，占全省总人口的 76%。

三、洪涝灾害分布及危害

（一）灾害分布

中国幅员辽阔、地形复杂，季风气候明显，历来是世界上洪涝灾害频繁、灾情严重的国家之一。中国洪涝灾害受灾范围广，全国大约 2/3 的国土面积都存在不同类型和不同程度的洪涝灾害。中国洪涝灾害具有明显的季节性和区域性特征，即夏季多、冬季少，东部多、西部少，沿海多、内地少，平原湖区多、高原山地少等，相应地洪涝灾害损失也呈现出此种特征。七大流域的中下游地区，滨湖平原周围、江河湖泊岸边、河流入海口地区，如辽河地区、松花江地区、海河北部平原、黄淮流域、东南沿海地区、长江中下游地区及珠江三角洲等，都是洪涝灾害多发区。

1. 洪涝灾害的时间分布特征

中国的洪涝灾害主要由暴雨形成，洪水多发生在夏秋季节，发生时间自南往北逐渐推迟，因此洪涝灾害与各地雨季出现的早晚、降水集中时段以及台风活动强度密切相关。华南、江南地区雨季开始较早，一般 4 月就可能出现洪涝灾害，但多集中在 5~7 月；6~7 月长江中下游与淮河流域雨季开始，洪涝灾害主要集中在这一地带；7~8 月洪涝灾害多集中在华北、东北、西北地区。

东南沿海地区受台风影响，洪涝时间较长，江苏、浙江沿海一般为 7~9 月；福建、两广沿海为 5~9 月，海南为 7~10 月；中国西部地区洪涝甚少，涝期也较分散；云南、四川盆地大部多集中在 6~8 月；贵州大部多出现在 4~7 月；陕南、关中、川东、鄂西及贵州部分地区还有秋涝现象。

从各季洪涝频率分布来看，中国各地洪涝灾害季节变化明显。春季，洪涝主要发生在江南中东部、华南大部，发生频率为 10%~30%。

夏季是中国降水最集中的季节，也是洪涝发生频率最高、范围最广的季节。淮河流域及其以南大部地区、四川盆地西部、云南西部、辽宁等地洪涝灾害发生频率为 20%~50%；两广沿海地区、江西东北部、辽宁东部等地达 50%以上。

秋季，随着雨带南移，洪涝灾害范围逐渐缩小。海南、广东沿海、浙江沿海地区及四川盆地洪涝发生频率在 10%~20%，仅海南东部超过 30%。

2. 洪涝灾害的空间分布特征

中国洪涝灾害的高值中心为东北松嫩平原、华北地区、关中—陕南—河西地区和江淮地区、华南地区，并表现为以下特征：第一，中国洪涝灾害的宏观分异与人口分界线（胡焕庸线）相对应，体现了气候—地貌—人类活动相互作用的结果，其中灾害承灾体的差异控制着洪涝灾害的分异；第二，中国洪涝灾害重灾区呈团块状分布，主要与地貌格局相对应，最为典型的是长江中下游平原、东北平原及四川盆地等，与暴雨中心对应最为明显的是青藏高原东缘的陕甘青接壤地区；第三，从历史发展的角度来看，洪涝灾害范围总体上有自中原地区向南方、东北和西北扩展的趋势，这与人类土地利用变化密切相关。

按照夏季风影响的先后顺序，中国由南到北、从东向西有五大暴雨集中期，其间的暴雨洪水和洪涝灾害最为集中，它们分别是：华南前汛期暴雨、江淮初夏梅雨期暴雨、北方盛夏期暴雨、东部沿海台风暴雨和华西秋季暴雨。

（1）华南前汛期暴雨。中国广东、广西、福建、湖南和江西南部、海南统称为华南，每年受夏季风的影响最早，结束最晚，雨季和汛期最长。由于降雨的大气环流形势和天气系统不同，通常有前汛期（4~6 月）和后汛期（7~9 月）之分。前汛期受西风带环流影响，产生降雨和暴雨的天气系统主要是锋面、切变线、低涡和南支槽等。暴雨强度很大，24 小时雨量在 200~400mm 是很平常的，特大暴雨可达 800mm 以上。后汛期主要是由东风波等热带天气系统造成的，尤其是台风带来的降雨，直接影响了华南后汛期降雨量的多少和地区的分布。华南后汛期的降水强度强，造成的局地灾害比较大，但总体上降雨量要小于华南前汛期。

（2）江淮初夏梅雨期暴雨。每年初夏时期（6 月中旬至 7 月上旬），在长江中下游、淮河流域至日本南部这一近似东西向的带状地区，都会维持一条稳定持久的降雨带，形成降雨非常集中的特殊连阴雨天气，其降雨范围广、持续时间长、暴雨过程频繁，是洪涝灾害最集中的时期。因此时正是江南特产梅子成熟时，故称“江淮梅雨”或“黄梅雨”，又因梅雨期气温较高，空气湿度大，衣物、食品等容易霉烂，故又有“霉雨”之说。梅雨一般在 6 月中旬前后开始，气象中称为“入梅”；7 月上旬末或中旬结束，称为“出梅”。但是每年入梅和出梅时间的早晚、梅雨期长短及梅雨量大小之间的差别很大，从而影响到长江中下游和淮河流域的洪涝灾害。

（3）北方盛夏期暴雨。江淮梅雨结束后，7 月中下旬中国降雨带进一步北移，华北、东北和西南地区进入一年中降雨最集中时期。7 月和 8 月暴雨发生的频率约占上述地区的 80%~90%，其中又以 7 月中下旬和 8 月上旬前后约 1 个月最为集中。

（4）东南沿海台风暴雨。台风暴雨是造成中国沿海地区洪涝灾害的重要因素，虽然全年在西北太平洋都可能有台风出现，但以 7~9 月最多，约占全年的 78%。台风是最强的暴雨天气系统，中国很多特大暴雨记录都是由台风造成的。

（5）华西秋季暴雨。每年 9~10 月，是影响中国大陆地区的夏季风向南撤退的时期，大陆东部地区先后进入秋季，降雨明显减少。但在大陆西南地区，北起陕西、甘肃南部，南至云贵高原，西自川西山地，东到汉江上游和长江三峡，总面积约 60 万平方千米的地区，出现第二个降雨集中期，气象学家称为“华西秋雨”，水文学家则称为“秋汛”。其间也会出现秋季暴雨，暴雨中心位于四川东北部大巴山一带，降雨范围大，持续时间长，而降雨强度一般，并不太大，多夜雨。自古以来也多为文人所乐道，写下了许多诗句，如“巴山夜雨涨秋池”。

（二）洪涝危害

1. 洪涝灾害对社会的危害

（1）人口死亡。洪涝灾害对社会的影响，首先表现为人口大量死亡。中国历史上每发生一次大的洪水灾害，都有严重的人口死亡。人口的大量死亡，不仅给人们心理上造成巨大创伤，而且给社会生产力带来严重的破坏。

（2）传染病流行。

1）疫源地的影响。由于洪水淹没了某些传染病的疫源地，使啮齿类动物及其他病原宿主迁移和扩大，易引起某些传染病流行。出血热是受洪水影响很大的自然疫源性疾病，洪涝灾害对血吸虫的疫源地有直接影响，如因防汛抢险、堵口复堤的抗洪民工与疫水接触，常暴发急性血吸虫病。

2）传播途径影响。洪涝灾害改变生态环境，扩大了病媒昆虫滋生地，各种病媒昆虫密度增大，常导致某些传染病的流行。疟疾是常见的灾后疾病。

3）灾区人口迁移引起疾病。由于洪水淹没或行洪，一方面使传染源转移到非疫区，另一方面使易感人群进入疫区，这种人群迁移极易导致疾病流行。其他如眼结膜炎、皮肤病等也可因人群密集和接触增加传播机会。

4）居住环境恶劣引起发病。洪水毁坏住房，灾民临时居住于简陋的帐篷之中，白天烈日暴晒易致中暑，夜晚易着凉感冒，年老体弱、儿童和慢性病患者更易患病。

（3）媒介生物滋生。

1）蚊虫滋生：灾害后期由于洪水退去后残留的积水坑洼增多，使蚊类滋生场所增加，导致蚊虫密度迅速增加，加之人们居住的环境条件恶化、人群密度大、人畜混杂，防护条件差，被蚊虫叮咬的机会增加而导致蚊媒病的发生。

2）蝇类滋生：在洪水地区，人群与家禽、家畜都聚居在堤上高处，粪便、垃圾不能及时清运，生活环境恶化，为蝇类提供了良好的繁殖场所。促使成蝇密度猛增，蝇与人群接触频繁，蝇媒传染病发生的可能性很大。

3）鼠类增多：洪涝期间由于鼠群往高地迁移，因此，导致家鼠、野鼠混杂接触，与人接触机会也多，有可能造成鼠源性疾病暴发和流行。

2. 洪涝灾害对经济的危害

（1）对农业生产的危害。严重的洪涝灾害，常常造成大面积农田被淹，作物被毁，使农作物减产甚至绝收。洪涝灾害的主要危害对象是粮棉油等种植业。1950～2000 年的 51 年中，全国平均农田受灾面积 937 万公顷，成灾 523 万公顷。

（2）对城市和工业的危害。城市人口密集，是国家政治经济文化中心，工业产值中约有 80%集中在城市。中国大中城市基本沿江河分布，受江河洪水严重威胁，有些依山傍水的城市还受山洪、泥石流等灾害的危害。中国 600 多座城市中，90%有防洪任务。20 世纪 90 年代以来，中国城市化进程显著加快，大量人口从内地涌向沿海沿江城市，城市面积迅速扩张，新扩张的城区往往是洪水风险较高而防洪能力较低的区域。由于城市资产密度高，对供水、供电、供气、交通、通信等系统的依赖增大，一旦遭受洪水袭击，损失更为严重。统计数据表明，一些经济较发达的沿海省份，城市与工业的水灾损失已经占到水灾总损失的 60%以上。

（3）对交通运输的危害。铁路是国民经济的大动脉。中国不少铁路干线处于洪水严重威胁之下，在七大江河中下游地区，有京广、京沪、京九、陇海和沪杭甬等重要铁路干线，受洪水威胁的铁路长度1万多千米，西南、西北地区铁路常受山洪泥石流袭击，这些地区铁路干线为山洪泥石流高强度多发区。因洪灾造成铁路中断、停止行车的事故是很严重的，1954年大洪水中，京广铁路就曾中断运行100天。

中国公路网络里程长，水灾造成公路运输中断的影响遍及全国城乡各个角落。随着公路建设迅速发展，水毁公路里程也成倍增加，中国所有山区公路都不同程度受山洪、泥石流的危害，西部10余条国家干线，频繁受到泥石流、滑坡灾害。川藏公路沿线大型泥石流沟就有157条，每年全线通车时间不足半年。

3. 洪涝灾害对环境的危害

洪水灾害不仅带来巨大的经济损失，而且对人类的生存环境也会造成极大破坏。这种对环境的破坏主要表现为以下四个方面。

（1）对生态环境的破坏。水土流失问题是中国严重的生态环境问题之一，而暴雨山洪是主要的自然因素。至2000年，全国水土流失面积356万平方千米，约占国土面积的37%，每年土壤流失量约50亿吨，大量泥沙淤积在河、湖、水库中，同时带走大量氮、磷、钾等养分。水土流失危害不仅严重制约着山丘区农业生产的发展，而且给国土整治、江河治理以及保持良好生态环境带来困难。

（2）对耕地的破坏。洪水灾害对耕地的破坏主要是水冲沙压、破坏农田。如1963年海河大水，水冲沙压造成失去耕作条件的农田达13万余公顷。黄河决口泛滥对土地的破坏更为严重，每次黄河泛滥决口都使大量泥沙覆盖延河两岸富饶土地，导致大片农田被毁。

（3）对河流水系的破坏。中国河流普遍多沙，洪水决口泛滥致使泥沙淤塞，对河道功能的破坏极其严重，尤其是黄河泛滥改道，对水系的破坏范围极广，影响深远。

（4）对水环境的污染。洪水泛滥对水环境的污染，主要是造成病菌蔓延和有毒物质扩散，直接危及人民的身体健康。

四、洪涝灾害风险评估

洪涝灾害风险评估系统包括三个方面的内容：危险性评估、易损性评估和灾情评估，其中危险性评估主要针对孕灾环境和致灾因子，是系统的输入；易损性评估主要针对承灾体，是系统的转换；灾情评估是系统的输出。

（一）危险性评估

危险性是指灾害事件发生的可能性，危险性评估就是从风险诱发因素出发，研究灾害事件发生的可能性，即概率。洪涝灾害危险性评估就是研究受洪涝威胁地区可能遭受洪涝影响的强度和频度，强度可用淹没范围、深度等指标来表示，频度即概率，可以用重现期（多少年一遇）来表达。概括地说，洪涝灾害危险性评估是研究洪水发生频率与洪水强度的关系。

基于不同理论以及不同应用层次，针对危险性评估的不同指标，产生了众多的洪涝灾害危险性评估方法。归纳起来，常见的有以下几种：气象动力学方法、水文水力学方法、历史洪水类比方法、地貌学方法、数理统计方法、专家调查方法等。

（二）洪涝灾害易损性评估

不同承灾体遭受同一强度的洪涝灾害，损失程度会不一样，同一承灾体遭受不同强度洪涝损失程度也不一样，即易损性不同。所谓洪涝灾害易损性是指承灾体遭受不同强度洪涝灾害的可能损失程度，常常用损失率来表示。洪涝灾害易损性评估是研究区域承灾体易于受到洪涝灾害的破坏、伤害或损伤的特征。为此，首先要识别洪涝灾害可能威胁和损害的对象并估算其价值，其次估算这些对象可能损失的程度。概括地说，洪涝灾害易损性评估是研究洪涝灾害强度与损失率的关系。

（三）洪涝灾害灾情评估

洪涝灾害灾情评估是在危险性分析和易损性分析的基础上，计算不同强度洪涝灾害可能造成的损失大小。对于某一具体的承灾体，在指定频率洪水下可能受到的损失可采用如下步骤进行计算：(1) 从危险性分析结果中，找出该承灾体所处位置可能遭受的洪水强度（如水深）；(2) 从易损性分析结果中，找出该类承灾体在该洪水强度下可能的损失率；(3) 利用承灾体的损失率乘以承灾体的价值，即得到该承灾体可能损失值。按上述步骤对研究区内所有承灾体计算损失值，累加即可得该频率洪水可能带来的总损失值；对所有频率，分别计算可能损失，就可以得到洪灾损失的概率分布，即洪涝灾害风险。

在实际应用中，洪涝灾害风险评估主要是确定洪灾风险的相对大小，多是定性的或半定量的，其中风险区划是一种常用的分析方法。洪涝灾害风险区划指根据研究区洪涝灾害危险性特点，参考区域承灾能力及社会经济状况，把研究区划分为不同风险等级的区域。

五、洪涝灾害防治措施

（一）工程措施

第一，要重视生态环境，加强江河上游水土保持，减少泥沙入江河量。对此，应在江河流域封山育林、限制采伐、涵养水源，治洪先要堵住水土流失这个洪灾之源。在山区做好水土保持，这是根治河流水患的重要环节，主要措施是植树造林、种牧草、修梯田、挖蓄水坑和蓄水塘等。这样，山区做好水土保持，上游建库，中下游筑堤，洼地开沟，就能调节蓄水，有蓄有排，收到既能防洪又能防旱的效果。

第二，扭转重库轻堤、重建轻管的倾向。增加防洪投入，提高防洪工程标准，尽快扭转江河防洪能力普遍偏低的被动局面。修筑江海堤围，做好防治屏障，并建立排灌两用抽水机站。

第三，疏通河道，还地于水，提高防洪行洪能力。消除堤坝内人为障碍物，严禁和限制围湖造田、围海造田，坚持退耕还湖，加快江河的水电工程建设进度，尽快发挥工程防洪调蓄的作用。

第四，增强水患意识，提高大江大河防洪除涝能力。在江河的上游和各河流汇集的地方兴修水库，拦蓄洪水，调节河流夏涝冬枯的变化。

（二）非工程措施

(1) 增强风险意识，加大宣传力度。我国洪涝灾害发生频繁，因此必须强化防灾减灾抗灾意识，做好防灾减灾抗灾工作。切实加强对全体国民进行洪涝灾害知识教育，提高对防灾减灾抗灾重要性的认识，高度重视防灾减灾抗灾工作，时刻树立防灾减灾抗灾意识，积极投入到防灾减灾抗灾具体工作实践中。

（2）加强洪水的预报预测能力等。及时准确的监测、预报和警报是防灾减灾工作的关键。在防御灾害过程中，气象、水文等部门应充分利用现代化的监测手段，及时对洪涝灾害等进行监测预报，适时发出预警信息。省、市、县三级气象部门联动，在全面预报暴雨、台风、洪涝趋势的基础上，利用覆盖全省的多普勒雷达系统，对低空云团进行实时监测，进一步开展小范围的灾害性天气精确预报，并逐步延伸到对乡一级的监测预报。迅速发布预警信息和扩大信息覆盖面是应急工作的重要环节。预警信息的发布和传播渠道主要有：1）通过电视台、广播电台、政府网站等传媒，发布预警信号，插播洪水消息，向社会公众传播预警信息。2）政府组织电信营运商向手机用户发布防灾公益短信息，提醒群众注意防范。3）在紧急时刻，城镇拉响警报器，偏远乡村采取敲锣、鸣炮等事先约定的办法，传播预警信息和转移信号。

（3）加强应急管理，落实防汛责任。各级防汛指挥部依照法律法规赋予的指挥责任，统一组织领导辖区内的防汛抗旱防台风工作，把应急管理工作常态化，为应急管理在紧要时刻发挥作用奠定坚实基础。当灾害到来时，各级政府按照预案及时启动应急响应，按照责任逐级下派专家组或工作组，深入到乡镇、村庄，深入基层一线开展防御工作。防汛指挥部对防灾抗灾工作实行统一领导，对有关部门和下一级防汛指挥部下达指令，监督指令执行情况，使灾前防御、灾时避险、灾后救助等阶段性重点工作真正落实到位。在指挥决策过程中，应科学指挥决策，优先保障人民的生命财产安全，落实应急措施，确保有序有效。

六、中国典型洪涝灾害

（一）长江流域洪涝灾害

历史上，长江多次发生洪涝灾害。自公元前185年（西汉初）到1911年（清朝末年）的2096年间，长江共发生较大洪水灾害214次，1499~1949年的450年间，湖北省境内的江汉干堤决口达186次。出现较大洪水的年份有1153年、1227年、1560年、1788年、1849年、1860年、1870年、1905年、1931年、1935年、1949年、1954年、1998年等。

1788年全流域大水，荆江大堤决口20余处，荆州城内水深五六米，两个月后才退去。

1870年，宜昌的最大洪峰流量竟高达10.5万立方米/秒。

1931年气候反常，长时间的降雨，造成全国性的大水灾。其中长江中下游和淮河流域的湖南、湖北、江西、浙江、安徽、江苏、山东、河南8省灾情最重，是20世纪受灾范围最广、灾情最重的一年。1931年干堤决口300多处，长江中下游几乎全部受淹，死亡14.5万人。

1954年长江发生了全流域性大洪水，长江中下游洪水与川水遭遇。1954年干堤决口60多处，江汉平原和岳阳、黄石、九江、安庆、芜湖等城市受淹，京广铁路中断100多天。受灾人口1890万人，淹死3.4万人，淹没良田317万公顷，损失数十亿元，分洪溃口水量达1023亿立方米。

1998年长江洪水受灾范围遍及四川、重庆、云南、贵州、湖南、湖北、江西、安徽、江苏等省市，除云南、贵州省外的7省市受灾县市达588个，乡镇达10771个。就各省而言，受灾范围之广也属少见。四川省21个市、地、州都不同程度遭受山洪和山地灾害，长江中下游5省不仅平原河湖地区大范围受灾，山丘区也遭受严重山洪和山地灾害。因持续不断的暴雨洪水和长时间的高洪水位，造成溃垸、内涝和山洪等多种灾害。

（二）黄河流域洪涝灾害

作为中华民族母亲河的黄河，比之长江，在水害的程度上有过之而无不及。自公元前602年至1938年的2540年间，黄河下游决口泛滥的年份有543年，达1590余次，较大的改道有26次，“三年两决口，百年一改道”。洪水波及范围西起孟津，北至天津，南抵江淮，泛区涉及黄淮海平原的冀、鲁、豫、皖、苏五省25万平方千米，1亿多人口。

公元1117年（宋徽宗政和七年），黄河决口，淹死100多万人。公元1642年（明崇祯十五年），黄河泛滥，开封城内37万人，被淹死34万人。

1933年黄河决口62处。当年8月，黄河中游干支流发生洪水，陕县站洪峰流量22000m^3/s。洪水造成黄河下游南北两岸决口50余处，淹没河南、山东、河北和江苏四省30个县，死亡1.27万人。

1938年，河南花园口黄河大堤决口，使1250万人受害。

1958年洪水。1958年7月，黄河中下游发生洪水，花园口站洪峰流量22300m^3/s。这场洪水峰高量大，来势凶猛，京广铁路中断，在河南、山东两省200万防汛大军防守下，确保了黄河下游的防洪安全。

1982年洪水。1982年8月，黄河三门峡至花园口区间发生洪水，花园口站洪峰流量15300m^3/s。下游滩区除原阳、中牟、开封三处部分高滩外，其余全部被淹，共淹没村庄1303个，耕地217.44万亩，倒塌房屋40.08万间，受灾人口93.27万人。

黄河上游地区的洪水灾害，主要发生在兰州市河段及宁蒙河段的河套平原。由于上游地区暴雨少，洪水出现频率小，洪峰流量不大，加之过去这些地区人烟稀少，经济不发达，所以洪水灾害较下游为轻。黄河中游的龙门至潼关河段，两岸为黄土台原，有滩地100多万亩，洪水漫滩时成灾。三门峡水库建成运用以后，渭河下游河道淤高，洪灾加重。

1981年上游洪水。1981年8月13日~9月13日，上游连降30多天连阴雨。经刘家峡水库调蓄后，9月15日兰州中山铁桥洪峰流量为5600m^3/s，洪水淹没农田4万余亩，倒塌房屋3589间，造成兰州市12万多人、数十个厂矿企业受灾。

2003年渭河洪水。2003年8月下旬~10月中旬，黄河中下游遭遇了罕见的“华西秋雨”天气，渭河流域先后出现了6次洪峰，8月30日咸阳洪峰流量5340m^3，咸阳、临潼和华县站均出现历史最高洪水位。洪水造成渭河干支流堤防决口8处，56.25万人受灾，迁移人口29.22万人，受灾农田137.8万亩，倒塌房屋18.72万间。

（三）珠江流域洪涝灾害

珠江流域洪水灾害频繁，尤以中下游和三角洲为甚。近百年发生的较大洪水灾害就有1915年、1968年、1988年、1996年、1998年的西江洪水和1959年东江大洪水、1982年北江大洪水、1991年南北盘江大水等。洪水出现的概率日渐增大，洪灾造成的损失也随着人口的增加和经济的发展而日益加重。据广东、广西两省（自治区）1988~1998年统计，直接经济损失达1873亿元，平均每年损失184亿元。

1915年7月，西江、北江下游同时发生200年一遇特大洪水，西江梧州站洪峰流量54500m^3/s，遭遇北江横石站洪峰流量21000m^3/s，且东江大水，适值盛潮，致使珠江三角洲堤围几乎全部溃决。两广合计受灾农田93.3万公顷，受灾人口约600万人，其中珠江三角洲被淹农田43.2万公顷，受灾人口378万人，死伤逾10万人，广州市被淹7天。如果1915年洪水近年重现，估计洪灾损失将超过1000亿元。

1949年7月，西江发生50年一遇的大洪水，梧州站洪峰流量48900m³/s，西江中下游干支流沿岸及西北江三角洲遭受严重水灾，柳州、桂林、南宁、梧州等市被淹，两广受灾农田39.3万公顷，灾民达370万人。

1968年6月，西江、北江出现10~15年一遇洪水，但因两江洪水遭遇，使中下游受灾面积达12.8万公顷。北江大厂围和西江北江交汇处的大旺、大兴等围堤溃决，英德县老城区全淹，乐昌县城水浸4天，韶关市1/3被淹，沿江仓库损失很大。

1982年5月，北江出现20年一遇洪水，受灾农田13.2万公顷，受灾人口229万人，直接经济损失4.4亿元。

1988年8月，西江中下游发生20年一遇洪水，受灾农田22.5万公顷，受灾人口468万人，直接经济损失9.8亿元。

1991年6~7月，西江上游南、北盘江发生大水，云贵两省直接经济损失5.5亿元。

1994年6~7月，西、北江同时并发50年一遇大洪水，适值大潮期，致使两广受灾农田近125万公顷，受灾人口达1319万人，直接经济损失约632亿元。

1998年6月，西江出现100年一遇大洪水，广西、广东分别有62个和52个县（市）受灾. 两广受灾人口1555万人，受灾耕地88.87万公顷，直接经济损失160亿元。

每年5~10月是中国东南沿海的台风季节，在强台风袭击下，时而导致暴潮，使珠江三角洲滨海潮区的海堤溃决致灾。如1964年第2号和第15号2次台风暴潮，造成125条海堤溃决，近20万平方千米农田受灾；1983年第9号台风，溃决海堤70多条，受灾耕地6.7万公顷。

第三节　台风灾害

一、台风灾害定义及分类

（一）台风灾害定义

台风灾害是指热带或副热带海洋上发生的气旋性涡旋大范围活动，伴随大风、巨浪、暴雨、风暴潮等，对人类生产生活具较强破坏力的灾害。台风，是指形成于热带或副热带26℃以上广阔海面上的热带气旋。世界气象组织定义：中心持续风速在12级~13级（即32.7~41.4m/s）的热带气旋（tropical cyclones）为台风（typhoon）或飓风（hurricane）。北太平洋西部（赤道以北，国际日期线以西，东经100°以东）地区通常称其为台风，而北大西洋及东太平洋地区则普遍称之为飓风。每年的夏秋季节，中国毗邻的西北太平洋上会生成许多名为台风的猛烈风暴，有的消散于海上，有的则登上陆地，带来狂风暴雨，是自然灾害的一种。

（二）台风灾害分类

过去中国习惯称形成于26℃以上热带洋面上的热带气旋为台风，按照强度将其分为6个等级：热带低压、热带风暴、强热带风暴、台风、强台风和超强台风（见表5-2）。自1989年起，中国采用国际热带气旋名称和等级划分标准。

表 5-2　台风灾害等级划分

等　级	最　大　风　速
热带低压	最大风速 6~7 级（10.8~17.1m/s）
热带风暴	最大风速 8~9 级（17.2~24.4m/s）
强热带风暴	最大风速 10~11 级（24.5~32.6m/s）
台风	最大风速 12~13 级（32.7~41.4m/s）
强台风	最大风速 14~15 级（41.5~50.9m/s）
超强台风	最大风速≥16 级（≥51.0m/s）

（三）台风预警信号

中国气象局 2004 年 8 月 16 日发布了《突发气象灾害预警信号发布试行办法》，2007 年 6 月 11 日发布了《气象灾害预警信号发布与传播办法》，其中都把台风预警信号分为蓝色、黄色、橙色和红色四级。

台风蓝色预警信号表示 24 小时内可能或者已经受热带气旋影响，沿海或者陆地平均风力达 6 级以上，或者阵风 8 级以上并可能持续。

台风黄色预警信号表示 24 小时内可能或者已经受热带气旋影响，沿海或者陆地平均风力达 8 级以上，或者阵风 10 级以上并可能持续。

台风橙色预警信号表示 12 小时内可能或者已经受热带气旋影响，沿海或者陆地平均风力达 10 级以上，或者阵风 12 级以上并可能持续。

台风红色预警信号表示 6 小时内可能或者已经受热带气旋影响，沿海或者陆地平均风力达 12 级以上，或者阵风达 14 级以上并可能持续。

二、台风灾害成因及特征

（一）台风结构

台风的范围很大，它的直径常从几百千米到上千千米，垂直厚度为十余千米，垂直与水平范围之比约 1∶50。

1. 水平方向

台风在水平方向上一般可分为台风外围、台风本体和台风中心 3 部分（见图 5-3）。台风外围是螺旋云带，直径通常为 400~600km，有时可达 800~1000km；台风本体是涡旋区，也叫云墙区，它由一些高大的对流云组成，其直径一般为 200km，有时可达 400km；台风中心到台风眼区，其直径一般为 10~60km，大的超过 100km，小的不到 10km，绝大多数呈圆形，也有椭圆形或不规则的。

2. 垂直方向

（1）从地面到 3km（主要是 500~1000m 的摩擦层）为低层气流流入层，气流有显著向中心辐合的经向分量。由于地转偏向力的作用，内流气流呈气旋式旋转，并在向内流入过程中，越接近台风中心，旋转半径越短，等压线曲率越大，离心力也相应增大。在地转偏向力和离心力的作用下，内流气流并不能到达台风中心，在台风眼壁附近环绕台风眼壁作强烈的螺旋上升。这一层对台风的发生、发展、消亡有举足轻重的影响。

（2）3~8km 左右是中层过渡层，气流的经向分量已经很小，主要沿切线方向环绕台

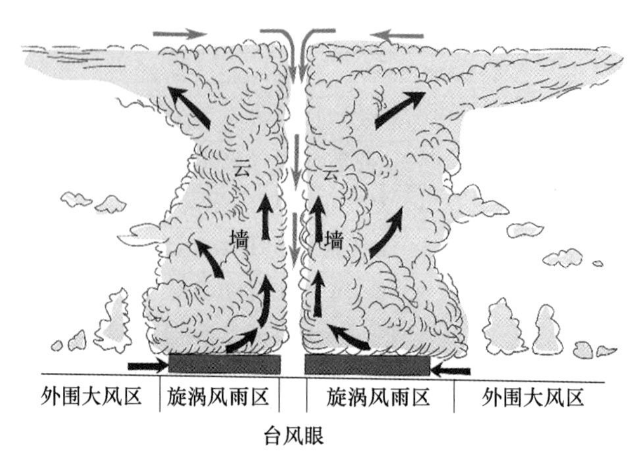

图 5-3 台风结构示意图

风眼壁螺旋上升，上升速度在 700~300mbar 之间达到最大。

（3）从 8km 左右到对流层顶（约 1216km）为高层气流流出层，这层上升气流带有很大的切向风速，同时气流在上升过程中释放出大量潜热，造成台风中部气温高于周围，以及台风中的水平气压梯度力随着高度升高而逐渐减小的状况，当上升气流达到一定高度（10~12km）时，水平气压梯度力小于离心力和水平地转偏向力的合力时，就出现向四周外流的气流。空气外流的量与流入层的流入量大体相当。

3. 台风云系

台风大多产生在对流性云团中，因而初生台风附近有块状云团，随着台风的不断加深发展，形成围绕台风眼区的特有的近于团环形的浓厚云区。依据台风的卫星云图和雷达回波，发展成熟的台风云系由外向内如下所述。

（1）外螺旋云带：由层积云或浓积云组成，以较小的角度旋向台风内部。

（2）内螺旋云带：一般由数条积雨云或浓积云组成的云带直接卷入台风内部。

（3）云墙：是由高耸的积雨云组成的围绕台风中心的同心圆状云带，云顶高度可达 12km 以上。好似一堵高耸的云墙。

（4）台风眼区：因气流下沉，晴空无云。如果低层水汽充沛，逆温层以下也可能产生一些层积云和积云，但垂直发展不盛，云隙较多，台风区内水汽充沛，气流上升强烈，往往能造成大量降水（200~300mm，甚至更多），降水属阵性，强度很大，主要发生在垂直云墙区以及内螺旋云带区，眼区一般无降水。

（二）形成条件

在热带海洋面上经常有许多弱小的热带涡旋，被称为台风的“胚胎”，因为台风总是由这种弱的热带涡旋发展成长起来的。通过气象卫星已经查明，在洋面上出现的大量热带涡旋中，大约只有 10%能够发展成台风。台风是怎样形成的呢？

一般说来，一个台风的发生，需要具备以下几个基本条件：

（1）首先要有足够广阔的热带洋面，这个洋面不仅要求海水表面温度要高于 26. 5℃，而且在 60m 深的一层海水里，水温都要超过这个数值。其中广阔的洋面是形成台风时的必要自然环境，因为台风内部空气分子间的摩擦，每天平均要消耗 3100~4000cal/cm^2 的能量，这个巨大能量只有广阔的热带海洋释放出的潜热才可能供应。另外，热带气旋周围旋转的强风会引起中心附近的海水翻腾，在气压很低的台风中心甚至可以造成海洋表面向上涌起，继而又向四周散开，于是海水从台风中心向四周围翻腾。台风里这种海水翻腾现象能影响到60m的深度。在海水温度低于26.5℃的海洋面上，因热能不够，台风很难维持。为了确保在这种翻腾作用过程中海面温度始终在26.5℃以上，这个暖水层必须有60m左右的厚度。

（2）在台风形成之前，预先要有一个弱的热带涡旋存在。任何一部机器的运转，都要消耗能量。台风也是一部“热机”，它以如此巨大的规模和速度在那里转动，要消耗大量的能量，因此要有能量来源。台风的能量是来自热带海洋上的水汽。在一个事先已经存在的热带涡旋里，涡旋内的气压比四周低，周围空气挟带大量水汽流向涡旋中心，并在涡旋区内产生向上运动；湿空气上升，水汽凝结，释放出巨大的凝结潜热，才能促使台风这部大机器运转。所以，即使有了高温高湿的热带洋面供应水汽，如果没有空气强烈上升，产生凝结释放潜热过程，台风也不可能形成。所以，空气的上升运动是生成和维持台风的一个重要因素。然而，其必要条件则是先存在一个弱的热带涡旋。

（3）要有足够大的地球自转偏向力，因赤道的地转偏向力为零，而向两极逐渐增大，故台风发生地点大约离开赤道5个纬度以上。由于地球的自转，便产生了一个使空气流向改变的力，称为“地球自转偏向力”。在旋转的地球上，地球自转的作用使周围空气很难直接流进低气压，而是沿着低气压的中心在北半球做逆时针方向旋转。

（4）在弱低压上方，高低空之间的风向风速差别要小。在这种情况下，上下空气柱一致行动，高层空气中热量容易积聚，从而增暖。气旋一旦生成，在摩擦层以上的环境气流将沿等压线流动，高层增暖作用也就能进一步完成。在20°N以北地区，气候条件发生了变化，主要是高层风很大，不利于增暖，台风不易出现。

上述只是台风产生的必要条件，具备这些条件，不等于就有台风发生。台风发生是一个复杂的过程，至今尚未彻底搞清楚。

（三）台风灾害特征

（1）季节性强，沿海多发。台风从发生季节来看多发生在7月、8月、9月3个月。台风灾害涉及范围主要为沿海地区、岛屿，如广东、福建、海南、台湾等省份。

（2）破坏力强，直接灾害多。表现在：一是狂风巨浪，台风中心附近的风速可达100m/s以上，狂风可摧毁大片房屋和设施；二是风暴潮，由于其中心气压很低及强风可使沿岸海水暴涨，形成台风风暴潮，致使海浪冲破海堤，海水倒灌；三是暴雨，迄今为止，最强暴雨多是由台风产生的。暴雨可引起洪水泛滥和堤坝溃决等。

（3）波及面广，人员伤亡大。台风灾害是世界上10大自然灾害中造成人员死亡最为严重的一类灾害，占全部自然灾害造成死亡人数的64%。世界历史上由台风引发造成死亡人数超过30万人的灾难就有3次之多。每年7~9月都有强台风登陆中国大陆沿海省市，造成的财产损失达数十亿元，伤亡数百人。

（4）防范困难，救援难度大。台风常给中国人口最密集、经济最发达的沿海地区造成严重损毁，防范困难。由于强台风影响范围较大，造成灾情复杂、建筑垮塌多、人员伤亡重、交通和通信中断等，给灾后社会力量协同救援增大了难度。

三、台风灾害分布及危害

中国位于西北太平洋沿岸，受台风影响相当严重，平均每年约有 7 个台风登陆，主要集中在东部沿海地区。沿海地区人口稠密、经济发达、社会财富密集度高，是台风灾害危害最为严重的地区。全国 70%以上的大城市、55%的国民经济收入都分布在常受台风袭击的东南部沿海地区，其中受灾害影响最严重的是海南、广东、福建、浙江、江苏和上海。

（一）台风灾害的时间分布特征

从 1949~2010 年，共有 432 个台风在中国沿海地区登陆，平均每年 7 个。登陆频数存在非常明显的年际变化（见图 5-4），多台风年和少台风年差别很大，20 世纪 60 年代和 90 年代明显偏多，20 世纪 50 年代和 70 年代明显偏少。其中，1971 年最多，达 12 个；1950 年和 1951 年最少，仅有 3 个。进入 21 世纪以后（2000~2010 年），登陆台风呈偏多的趋势，除 2000 年和 2002 年以外，其他年份均高于多年平均值，且登陆强度明显增加，平均每年有 8 个台风登陆，其中有一半是最大风力超过 12 级的台风或强台风（14 级以上），与 20 世纪 90 年代相比分别增加了 21%和 38%。

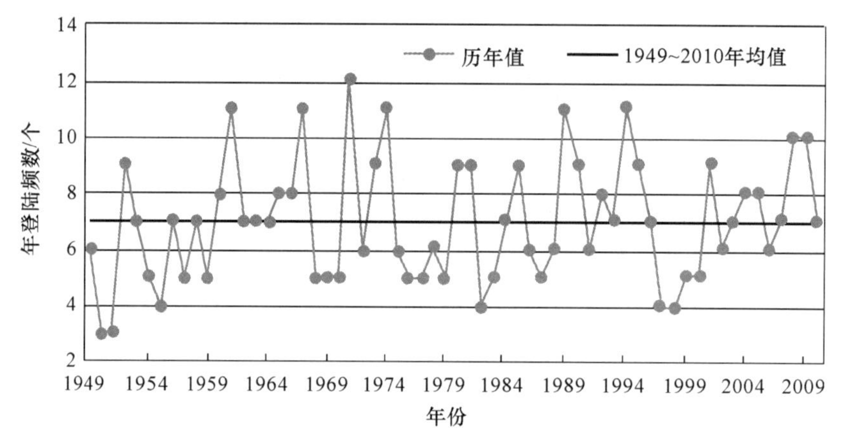

图 5-4　1949~2010 年登陆中国的台风频数年际变化

台风灾害的发生具有明显的季节变化（见图 5-5），台风在 2 月发生次数最少，然后逐渐增多，8 月发生次数最多，然后从 9 月又逐渐减少。台风灾害相对集中于夏秋之际的 7~10 月，这一期间产生的台风占总数的 69. 28%。从登陆时间来看，登陆中国的台风集中在 7~9 月，这一期间平均每年有 5. 47 个台风登陆，占登陆台风总数的 78. 48%。2 月期间没有影响中国的台风案例，1 月、3 月、4 月及 12 月间也很少有台风对中国产生影响。

（二）台风灾害的空间分布特征

台风在中国影响的范围包括了约东经 98°以东，除内蒙古西部、甘肃西北部以外的广大地区。东部沿海和长江中下游以南地区受到的台风影响较频繁，主要集中在浙江、福建、广东、广西、海南和台湾等华南地区，其中登陆广东省的台风次数最多，占登陆总数的约 40%，其次是台湾地区、福建省、海南省、浙江省和广西壮族自治区，这几个省区的站点平均每年受台风影响的日数大部分超过了 10 天。

台风影响的频次在空间上总的分布趋势是由南向北、由东至西，由沿海向内陆递减，长江以北、太行山以西的中部地区和东北地区西部受台风影响的年均频次少于 1 次。北京

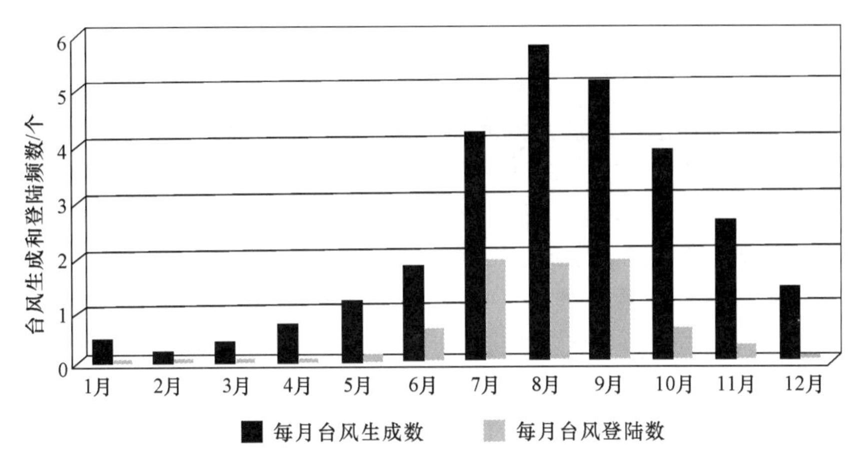

图 5-5　1949~2010 年西北太平洋台风生成频率和登陆台风频数月际变化图

市、天津市和河北省等登陆台风次数最少，在 1990~2009 年间几乎没有台风登陆。

（三）台风灾害的主要登陆路径

台风主要有西移、西北移和转向 3 种路径，即一为西行进入南海，二为在海上转向北上，三为西北移动登陆中国大陆。因在西北太平洋与南海海区生成的台风主要受西太平洋副热带高气压环流引导，台风多以偏西路径移动，故登陆华南地区的台风频次最多。台风移动路径也存在季节变化，从 11 月到 5 月的冬春季节，主要在 130°E 以东的海上转向北上，在 16°N 以南西行，进入南海中南部或在越南南方登陆；在 6 月和 10 月，台风主要在 125°E 以东的海上转向北上，西行路径比较偏北；在盛夏季节，台风西行路径偏北，转向路径更偏西。

四、台风灾害风险评估

台风灾害风险评估是对研究区域人类社会经济系统遭受的不同强度台风灾害发生的可能性及其可能造成的灾害损失进行分析和评价（见图 5-6）。目前最常见的台风灾害风险评估方法有基于指标体系的半定量评估和基于情景模拟的定量评估两种。台风灾害风险是由其孕灾环境稳定性、致灾因子危险性和承灾体脆弱性共同形成的。在全球气候变化和快速城市化的背景下，随着台风灾害系统的动态变化和相互关联，台风灾害系统风险及造成的损失也表现出动态性和不确定性的特点。

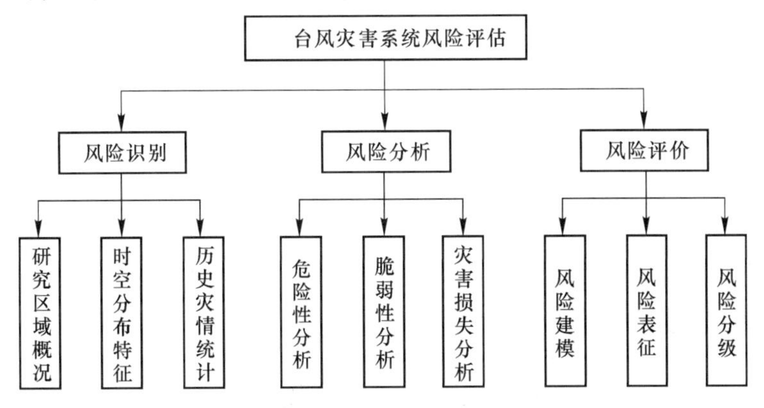

图 5-6　台风灾害系统风险评估模型

（一）台风灾害系统风险辨识

台风灾害系统风险辨识是台风灾害系统风险评估的基础。应在搜集和整理统计资料的基础上，首先对研究区域的自然社会经济特征进行深入研究，辨识台风及其引发的大风、暴雨和风暴潮灾害存在的环境；其次分别对研究区域登陆台风及其风暴潮的时空变化特征和造成的历史灾情进行详细的研究，辨识致灾因子种类及承灾体灾害损失的时空分布规律，以揭示台风灾害系统风险的组成、结构及内在联系。

（二）台风灾害系统风险分析

台风灾害系统风险分析是台风灾害风险评估的核心环节，主要包括致灾因子危险性分析、承灾体脆弱性分析和灾害损失分析。危险性分析主要对一定时空条件下台风引发的大风、暴雨和风暴潮等致灾因子的致灾强度和发生频率等进行分析。致灾因子强度一般根据自然因素的变异程度或承灾体所能承受的自然灾变程度确定。如台风大风和暴雨强度可根据国家标准的台风大风等级和暴雨等级确定，台风风暴潮强度可根据增水淹没深度和淹没范围等确定。致灾因子发生概率主要是确定致灾因子的强度-频率关系，其中频率可根据过去一定时空条件下一定强度的台风发生频次确定。承灾体脆弱性分析就是对一定时空条件下暴露在台风灾害系统中的人类社会经济系统易损性和防灾抗灾能力进行分析。灾害损失分析就是对一定时空条件下，暴露在台风灾害系统中的人类社会经济系统的损失程度进行分析，可根据伤亡人数、受淹面积和直接经济损失等灾情指标或根据受灾区域的灾损率和成本价值确定。

（三）台风灾害系统风险评价

台风灾害系统风险评价是对风险分析结果的综合和定量化表征。即通过建立的风险评价模型将致灾因子危险性、承灾体暴露及脆弱性和灾害损失分析结果进行整合，并采用风险指数、风险值（概率和损失的乘积）或损失-超越概率曲线（不同超越概率条件下损失值的拟合曲线）等对台风灾害系统风险进行定量化表征。其中风险指数表示研究区域的相对风险，一般用来表征不同研究区域的风险高低。损失-超越概率曲线用来表征研究区域的综合风险状况。基于研究区域的综合风险值，依据一定的分类标准（如自然分类法、最优分割法和等距离分级法等）分为高、较高、中等、较低和低 5 个风险等级；也可考虑研究区域的承灾能力，将风险分为可接受风险和不可接受风险，目前可接受风险与不可接受风险临界值的确定还没有统一标准。

五、台风灾害防治措施

（一）增强防御台风灾害意识

在台风灾害造成的损失中，有很多源于防灾自救意识的淡薄或空白。因此，应进一步强化政府的防风抗风责任意识，建立政府部门、新闻媒体和社会团体开展防风抗风宣传教育的合作机制，通过宣传、教育、培训等多种活动，普及自救互救知识，提高防风抗风的能力；而且不仅要增强台风易发沿海区的防风抗风意识，内陆地区可能受台风影响的区域也不容忽视，争取把损失降到最低。

（二）增强抵御台风灾害能力

一是加强台风监测预警预报能力建设。逐步完善台风监测预警网络建设，在扩充和完善现有监测站网的基础上，适当增加监测密度，加强监测预警的准确性和时效性，充分认识台风的发生发展规律。二是加强农田基础设施建设，减少由台风引起的泥石流、洪涝、滑坡等次生灾害对农田的影响。三是加强村庄规划和农村居民点建设，提高房屋防风抗风标准，减少由台风及其次生灾害造成的房屋倒塌和人民生命财产的损失。四是加强养殖业设施建设，提高防风抗风标准，包括提高畜禽舍防风建设标准，加强沿海渔港、避风港和近海养殖业设施防风抗风标准建设，减少近海水产养殖业及其捕捞设施、捕捞人员生命和财产的损失。

（三）完善台风灾害实时评估

充分利用新技术对台风灾害进行实时评估。我国首个台风灾害实时评估系统目前已在海南省建立，从而实现了台风灾害实时评估的定量化。该系统具有定时获取数据、全自动运行的特点，能快速评估热带气旋造成的灾害程度，定量估算 1 平方千米范围内灾害可能造成的损失，为防灾救灾工作提供重要的决策依据。

（四）个人做好台风应对措施

（1）尽量不要外出，如果在外面，千万别在大型物体下躲雨，特别是不要在老旧的建筑物体、临时建筑物、广告牌、铁塔、大树等附近避风避雨。（2）如果开车，则应立即将车开到地下停车场或隐蔽处，不要在强风影响区域开车。（3）关好门窗，检查门窗是否坚固；在窗玻璃上用胶布贴成“米”字图形，以防玻璃破碎；取下悬挂的东西；检查电路、炉火、煤气等设施是否安全。（4）将养在室外的动植物及其他物品移至室内，特别是要将楼顶的杂物搬进来；室外易被吹动的东西要加固。（5）台风来临前，应准备好手电筒、收音机、食物、饮用水及常用药品等，以备急需。（6）不要去台风经过的地区旅游，更不要在台风影响期间到海滩游泳或驾船出海。

六、中国典型台风灾害

（1）6903 号台风。1969 年 7 月 28 日上午 10 时，第三号超强台风“维奥娜”在广东汕头沿海登陆。汕头、澄海、潮阳、南澳等县的平均风力在 12 级以上。这次台风正值大潮期，风、潮、雨交加，汕头市区海潮急剧上涨，全市受浸，水深 2.3m，郊区及各县地势较低的地方水深 4m 左右。“7·28”是一次在特大台风和天文大潮影响下发生的巨大风暴海啸，波高达 10 多米，是国内至今发生过的伤亡最大的风暴海啸。维奥娜是 1949 年以来袭击粤东地区最强台风之一，在广东省粤东地区造成严重破坏，共造成 1554 人死亡，其中在汕头市西郊牛田洋围垦造田的 470 名中国人民解放军官兵和 83 名来自全国各地的大学生在保护海堤时捐躯，因此在又将此次台风称为“七二八风灾”或“牛田洋风灾”。

（2）7503 号台风。1975 年 7 月 30 日，超强台风妮娜在太平洋形成，8 月 3 日在台湾花莲登陆，8 月 8 日消失。妮娜穿台登闽，深入内陆，长驱北上，最大风速达 250km/h，所过之处摧桥溃坝，特大暴雨引发的淮河上游大洪水，使河南省驻马店地区包括 2 座大型水库在内的数十座水库漫顶垮坝。台风妮娜留下的诸多记录，至今没有一个台风能够打破。造成死亡人数最多，超过 2.6 万人死难，为台风史上罹难人数之最；河南省有 30 个县市、1780 万亩农田被淹，1015 万人受灾，400 多万群众被洪水围困；产生 6 小时降雨量世界第一，达 830.1mm，超过当时美国宾州密士港 782mm 的世界最高纪录。洪水还造成纵贯南北、驻马店境内的京广铁路被冲毁 102km，中断行车 16 天，直接经济损失近百亿元人民币，破坏力超过长江洪水。

（3）台风威马逊。2014 年 7 月 18 日 15 时 30 分，超强台风威马逊（140kt）登陆海南省文昌市翁田镇沿海后，打破 2006 年第 8 号台风桑美（130kt）的纪录，成为 1949 年以来登陆中国最强台风，登陆时 17 级以上，录得最低气压 899hPa。“威马逊”先是在海南省文昌市登陆，后来又于 19 时 30 分在广东省徐闻县龙塘镇登陆。20 日 7 时 10 分许登陆广西防城港一带沿海。威马逊两度出现临岸急剧增强的情况，分别在穿越菲律宾中部及中国海南岛前出现，造成海南、广东、广西的 59 个县市区、742.3 万人、468.5 千公顷农作物受灾，直接经济损失约为 265.5 亿元，并导致南宁城市内部被淹，损毁严重。

第四节　暴雨灾害

一、暴雨灾害定义及分类

（一）暴雨灾害定义

暴雨是降水强度很大的雨。一般指每小时降雨量 16mm 以上，或连续 12 小时降雨量 30mm 以上，或连续 24 小时降雨量 50mm 以上的降水。由于各地降水和地形特点不同，所以各地暴雨洪涝的标准也有所不同。中国气象上规定，24 小时降水量为 50mm 或以上的雨称为“暴雨”。世界上最大暴雨出现在南印度洋上留尼汪岛，24 小时降水量为 1870mm。中国最大暴雨出现在台湾地区新寮，24 小时降水量为 1672mm，均是由热带气旋活动引起的。

（二）暴雨灾害分类

中国气象上规定，24 小时之内，由空中降落的雨量在 50.0～99.9mm 的为暴雨，100.0～199.9mm 的为大暴雨，超过 200.0mm 的为特大暴雨。暴雨预警信号分四级，分别以蓝色、黄色、橙色、红色表示（见表 5-3）。

表 5-3　暴雨预警信号分级

等　级	标　　准
暴雨蓝色预警	12 小时内降雨量将达 50mm 以上，或者已达 50mm 以上且降雨可能持续
暴雨黄色预警	6 小时内降雨量将达 50mm 以上，或者已达 50mm 以上且降雨可能持续
暴雨橙色预警	3 小时内降雨量将达 50mm 以上，或者已达 50mm 以上且降雨可能持续
暴雨红色预警	3 小时内降雨量将达 100mm 以上，或者已达 100mm 以上且降雨可能持续

二、暴雨灾害成因及特征

（一）灾害成因

暴雨一般发生在中小尺度天气系统中，其时间尺度从几十分钟到十几小时，空间尺度从几千米到几百千米，形成暴雨的中小尺度系统又是处于天气尺度系统内，两者通常有着密切关系，因而上述两类天气系统的集合系统称为降水系统。降水系统中降水的形成和强度主要与6个条件有密切的关系：(1) 水汽分布和供应；(2) 上升运动；(3) 层结稳定度和中尺度不稳定性；(4) 风的垂直切变；(5) 云的微物理过程；(6) 地形。

(1) 水汽分布和供应。为了使暴雨得以发生、发展和维持，必须有丰富的水汽供应，计算表明仅仅依靠降水区气柱内所含的水分是不够的，即使气柱中所含的水汽全部降下也只能达到50~70mm的降水量。但是暴雨的降水量，尤其是大暴雨或特大暴雨的降水率十分强，每小时可达100mm，因而必须有外界水汽向暴雨区迅速集中和不断供应。对于持久性的暴雨，要求水汽有源源不断的输送，以补充暴雨发生不断耗损的水汽量，这种水汽输送，需要特别有效的机制能在较短时间内在更大范围内为暴雨区收集所必需的水汽量。

(2) 上升运动。降水发生在空气上升运动区，地面或低层的空气只有通过抬升才能达到饱和，从而产生凝结，降落下来成为降水。对于天气尺度而言（如锋区、温带气旋、高空槽前部、副热带高压边缘等）上升速度只有100cm/s，由这种上升速度引起的降水量约为100~101mm/24h。因此只靠大尺度系统中的上升运动不能引起暴雨，事实上也很少观测到上千千米的暴雨区，在水平尺度为100~300km的中尺度系统中（如中尺度辐合线、飑线、中尺度低压等）上升速度比大尺度系统中的上升速度大一个量级，可达到101cm/s。由这种上升运动引起的降水量大约为101mm/h，达到了暴雨的强度。对于积云尺度的小尺度系统，由于其上升速度可达102cm/s，其所造成的降水强度约102mm/h，达到了大暴雨的量级。即在不同尺度的天气系统中，同暴雨直接有关系的是中、小尺度上升运动，即中小尺度系统是直接造成暴雨的天气系统。不过大尺度的上升运动为中小尺度上升运动的形成和增强提供了必要的环流背景和环境条件，因而大尺度上升运动的存在是暴雨发生发展的先决条件。

(3) 层结稳定度和中尺度不稳定性。对流性暴雨是一种热对流现象。大气中有两种类型的对流：垂直对流和倾斜对流。它们形成的暴雨系统形态有明显差别，前者多形成暴雨雨团、强风暴单体、中尺度对流复合体（MCC）、中尺度对流系统（MCS）等，后者主要形成与锋区有关的对流雨带。垂直对流和倾斜对流在物理条件上不完全相同，前者主要依靠大气的层结稳定度，后者除层结稳定度条件外，还必须考虑动力不稳定条件。

(4) 风的垂直切变。风垂直切变对局地强风暴有比较重要的影响，由于强风暴也是引起暴雨，尤其是突发性暴雨的因素，因而风垂直切变也是影响暴雨的重要因素之一。

(5) 云的微物理过程。地形和不同尺度天气系统或云系之间的相互作用，可以形成自然的播撒过程，从而使降水增强，形成暴雨。由于地形的作用，在山前形成大范围层状云，其中有许多小雨滴，如果积雨云由海上或其他地区移入这片层状云区，可以形成积雨云与层状云共存的混合云系，两种云系不同大小的雨滴将发生明显的相互作用而产生播撒过程。积雨云中前部流入的强上升气流将携带其中的大雨滴向上，通过0℃层后转化为冰晶或雪晶，也有一部分成为过冷水滴，由于冰面的饱和水汽压小于水滴表面的饱和水汽压，积雨云中的水汽将凝华到冰晶上，使冰晶增长，由于积云雨上部的水汽减少，过冷水滴将蒸发以补充水汽，结果发生由过冷水滴向冰晶的迅速转化（这种不稳定也被称为胶性不稳定）。通过这种方式增长的大冰晶一部分随上升气流被带到云砧区，在那里下落，通过零度层后变成大水滴，以后又落入低空的层状云层内，捕获在此层悬浮的大量小水滴而增长，最后下落到地面成为强降水。积雨云上面的另一部分冰晶则随后面的下沉气流直接落入层状云中，通过碰并过程迅速增长到大雨滴，并使地面降水增加，这种混合云不但在沿海地区山区迎风面可以观测到，在梅雨期、台风季也经常可以观测到，它使降水增幅形成暴雨。

（6）地形。暴雨与地形有密切关系。夏季，中国各地大到暴雨日频数分布和雨量分布都受到不同尺度的地形影响，中国的大尺度地形总体上呈东低西高，其间有东西向山脉（燕山、南岭等），因而在夏季盛行东南季风和西南季风时，潮湿空气受地形抬升，暴雨日数最多的地区大多位于山脉的东侧或南侧的迎风坡，如太行山、伏牛山、大别山、武夷山和燕山与南岭山地等。对于区域或局地尺度的暴雨，其雨量分布也与地形有密切关系，例如北京地处华北平原的北部，它的北部是燕山山脉，西部是大行山脉的北端，两大山系在北京西北部相交，东南部是平原，由于地形的影响，夏季暴雨出现次数最多的是在西部和北坡山坡上，这里是低层偏南风或偏东风的迎风面，气流有明显的抬升作用和地形引起的切变辐合线。

（二）灾害特征

（1）暴雨多集中发生。中国暴雨集中发生在5~8月汛期期间，主要是因为夏季降水和暴雨深受来自印度洋和西太平洋夏季风的影响。中国大范围的雨季一般开始于夏季风暴发（华南地区要早一些）而结束于夏季风撤退。降雨强度、变化与夏季风脉动密切相关。

（2）暴雨的强度大。如果与相同气候区中的其他国家相比，中国的暴雨强度是很大的，不同时间长度的暴雨极值都很高。如5min的暴雨极值是53.1mm（陕西梅桐沟，1971年7月1日），1h暴雨极值是198.3mm（河南林庄，1975年8月5日），24h降水极值是1672mm（台湾地区新寮，1967年10月17日）（见表5-4），虽然这些值并没有打破1870mm/24h的世界纪录，但比类似气候区（如美国）的记录要大得多。如美国的24h降水极值是983mm（佛罗里达州）。

表5-4　近50年来中国各地若干实测特大暴雨

暴雨起止日期	暴雨中心地区	最大雨量/mm			影响系统
		24小时	3天	过程总量	
1935年7月3~5日	湖北省五峰县			1281	西南涡、低槽
1958年7月14~19日	山西省垣曲县	367		497	西南涡、冷锋、切变线
1963年8月4~7日	河北省獐獏	950	1458	2051	西南涡、低槽
1967年10月17~19日	台湾地区新寮	1672	2749	2749	6718号台风
1973年5月26~30日	广东省台山	850		1268	静止锋、低空急流
1975年8月4~8日	河南省林庄	1060	1629	1631	7503号台风
1977年8月1~2日	内蒙古什拉淖海	1050		1050	高空冷锋、地面静止锋
1981年7月9~14日	四川省广元	419	473	490	西南涡、低槽

（3）暴雨持续时间长。中国暴雨持续的时间从几小时到63天，主要暴雨长度是2天到一周。持续性是中国暴雨的一个明显特征，无论是华北、长江流域和华南暴雨都有明显的持续性。

（4）暴雨区的范围大。中国暴雨区的大小一般划分为四类：局地暴雨、区域性暴雨、大范围暴雨和特大范围暴雨，它们影响范围根据地区和暴雨强度差异而不同。根据各地区四类暴雨的统计，在北方（华北、东北、西北）以局地暴雨频数为最多，如东北地区，一般可达71%~88%；尤其是在西北地区，大多数暴雨都是局地性或小范围的；在华北半湿润气候区，特大暴雨的面积可达10万~20万平方千米。雨带多呈南北向或西南—东北向，其面积接近长江流域的暴雨区面积。长江流域的暴雨区面积在全国是最大的，雨带多呈东西走向。1954年和1998年特大持续性暴雨仅600mm以上的雨量区就覆盖了长江流域绝大部分地区，面积在几十万平方千米，1991年江淮流域特大暴雨面积也达十几万平方千米。因而江淮流域暴雨区不但范围大、持续时间长，而且强度大，是世界上位于副热带季风区著名的暴雨区之一。在华南，暴雨区以区域性暴雨居多，特大范围暴雨也不少见，主要由冷锋和热带系统（如台风或热带低压）造成。

三、暴雨灾害分布及危害

（一）灾害分布

1. 概述

中国位于亚洲东部，地形西高东低，南北跨高中低3个纬度带。受地理位置、地形因素及季风气候的影响，中国是世界上著名的多暴雨国家之一。1970~2005年中国共发生127次暴雨洪水灾害，仅次于印度的141次。中国暴雨无论是发生频率还是强度，其地理分布的一般规律是从东南沿海向西、向北逐渐减少。对于同纬度地区，由沿海向内陆逐渐减少。

中国各地区降水量季节分配很不均匀，大多数地区降水量集中于5~10月，这一时段降水一般占全年降水量的80%左右。依据各地降水量年内季节分配的特点，可将全国划分为6种不同的降水年变化类型：（1）华北、东北夏雨型，雨季短促、夏季降水集中；（2）长江中下游春雨梅雨型，春雨梅雨为当地主要雨季，夏季则常有伏旱发生；（3）华南双雨季型，5月和6月受夏季风影响出现前汛期雨季，雨带北移后受台风和东风波等热带系统影响出现第二雨季；（4）西南夏秋雨型，受西南季风影响，雨季较长，从5月开始持续到10月；（5）西北干旱型，全年少雨；（6）川黔全年阴雨型，四季多雨，春夏季降水最多。

中国绝大多数河流的洪水由暴雨产生，暴雨主要由两种天气系统形成：一是西风带低值系统，包括锋、气旋、切变线、低涡和槽等，影响全国大部分地区，形成大面积暴雨洪水。这类暴雨一般持续时间长、范围大、降水总量大，在大江大河往往形成流域性的暴雨洪水，常可造成干支流洪水遭遇、洪峰叠加的严重洪水灾害。二是低纬度热带天气系统，包括热带风暴和台风，主要影响东南沿海和华南地区。当热带风暴和台风登陆后，一般转变为低气压消失，如气团移动转而北上，深入内陆，与北方冷空气相遇，则可能形成大范围强降雨过程，这类暴雨在中国北方地区出现的大暴雨中占很大比重，如1975年8月淮河大水，1996年8月海河大水。此外，在干旱或半干旱地区，因气流的强对流作用，常出现局部雷暴雨，形成洪峰高、陡涨陡落、来势迅猛的山洪，导致局部地区的洪灾。中国的暴雨具有季节性明显、暴雨强度大、分布范围广、区域差距大等主要特征。

2. 暴雨灾害的时间分布特征

中国大部分地区为季风气候区，每年夏季风进退同大陆上主要雨带的季节性位移密切相关，而夏季风进退又受西太平洋副热带高压脊线的位置影响，西太平洋副热带高压脊线的西伸、东退、北进和南撤都会影响天气的变化和雨带的分布。正常年份，4 月初~6 月初，西太平洋副热带高压脊线一般在北纬 15°~20°，降水多出现在南岭以南的珠江流域及沿海地带；6 月中旬~7 月初，副高脊线第一次北跳至北纬 20°~25°，雨带移至长江和淮河流域，出现江淮梅雨；7 月中下旬，副高脊线第二次北跳至北纬 30°附近，雨带移至黄河流域；7 月下旬~8 月中旬，副高脊线跃过北纬 30°，雨带北移至海、滦河流域、河套地区和东北一带，华北、东北广大地区开始进入雨季，大暴雨多在此时发生；8 月下旬~9 月，副高脊线开始南撤，中国东部地区的雨季自北向南先后结束。与此同时，热带风暴或台风不断登陆，南方出现第二次降水高峰。因此，夏季风由南向北推进过程中，会产生 3 个雨季，即华南雨季、江淮梅雨季和华北、东北雨季。

各地暴雨出现的时序有一定的规律性，季节性明显，主要出现在夏季，其次是春秋季节，大多数地区 5~10 月降水占全年降水量的 80%左右，北方地区甚至主要集中在夏季的几场暴雨。雨带的走向一般呈东西向，且南北来回移动。

暴雨的季节性和地区移动使得江河暴雨洪水的发生以及相应汛期的出现，在时间和区域上都呈现一定的规律性。华南地区汛期最长，一般为 4~10 月，江淮地区 6~9 月，北方地区主要为 7~8 月。可见暴雨带随季风和副热带高压脊线的进退而位移。如果副热带高压脊线在某一位置迟到、早退或停滞不前，就会使雨带在位移过程中出现异常，如雨带在某一位置滞留时间偏长，或雨带较常年提前出现在江淮中下游继而较快向中上游推进，或梅雨锋、台风或低涡等低值系统出现组合情况等，往往容易出现特大暴雨，形成灾害性洪水。

3. 暴雨灾害的空间分布特征

按照暴雨时空尺度特征，中国的暴雨大致可以分为两类：一类是局部暴雨，一次暴雨过程为几小时或十几小时，覆盖面积几千乃至几万平方千米，中心强度较大，对局部地区危害严重；另一类为大面积暴雨，大江大河的流域性大洪水主要是由这类暴雨产生。

中国的暴雨地域上分布极广，在中国人口较为集中的第二阶梯和第三阶梯的广大地区均可能发生暴雨；而在第二阶梯与第三阶梯接壤的丘陵地带，既是大面积特大暴雨集中出现的地区，也是大江大河洪水的主要来源地区。中国南方和北方江河存在同时发生大范围暴雨的可能，如 1998 年在长江流域和松花江流域就同时出现了长历时、高强度、大范围的暴雨洪水。

受海陆远近、天气系统和地形条件等因素的影响，中国各地一次大暴雨的历时、笼罩面积和降水总量在地区之间存在显著的差异。黄河流域及其以北地区，一次大暴雨历时一般为 2~7d，笼罩面积可达 3 万~7 万平方千米，总降水量可达 100 亿~550 亿立方米；长江中下游，一次大暴雨一般 5~9d，笼罩面积可达 10 万~20 万平方千米，相应降水总量可达 300 亿~700 亿立方米；东南沿海热带风暴和台风引发的大暴雨，一般历时 1~2d，笼罩面积在 8 万平方千米以下，相应总降水量为 100 亿~170 亿立方米。大洪水年份，一个流域往往可发生数次连续性大暴雨，形成巨大的洪峰流量和洪水总量。

(二) 暴雨危害

暴雨的危害主要有两种：一是渍涝危害。由于暴雨急而大，排水不畅易引起积水成涝，土壤孔隙被水充满，造成陆生植物根系缺氧，根系生理活动受到抑制，使作物受害而减产。二是洪涝灾害。由暴雨引起的洪涝淹没作物，使作物新陈代谢难以正常进行而发生各种伤害。特大暴雨引起的山洪暴发、河流泛滥，不仅危害农作物、果树、林业和渔业，而且还冲毁农舍和工农业设施，甚至造成人畜伤亡，经济损失严重。

四、暴雨灾害风险评估

暴雨灾害风险评估及区划的具体步骤：一是选取评价因子及其因子量化，二是确定权重，三是建立数学评价模型，四是借助地理信息系统 GIS 对暴雨灾害风险进行分区。

（1）评价因子的选取及其量化分级。分析暴雨灾害的影响因素、选择评价因子并对其分级量化是开展暴雨灾害风险评估与区划的第一步。在对某一具体地区的暴雨灾害风险进行分析评价时，参与评价的因子必须经过合理筛选。其筛选原则，一是因地制宜，了解研究区域暴雨灾害的发生规律与特点；二是选择引起暴雨灾害的主要控制因子；三是尽量选择易于量化分级的因子。在评价因子确定之后，还需要结合灾害危险性分类标准（其危险性分类包括无危险、低危险、中危险和高危险四个等级），并根据有关规范、标准、条例和经验，对影响灾害危险性的因子进行分级量化和划分等级，以及给这些因子赋予权重。

（2）暴雨灾害风险评估与区划涉及很多因子，各因子贡献大小有所不同，因此为了反映不同因子的重要性，就要对各因子的轻重、作用程度进行权衡，以确定其权重。由于在重要与非重要之间无明确分界，两者差异中间是一个量变到质变的连续变化过程，因此要解决的主要问题是确定各评价因子的权重量化问题。评价因子的权重是反映相对某个评价标准等级而言重要程度的数值，因此求权重值的过程就是对不同因子间重要性程度分析的过程。权重的确定方法有主观赋权法和客观赋权法两种。目前，暴雨灾害风险评价中用来确定权重的方法主要有专家评分、AHP 层次分析、因子分析、特尔菲咨询、灰色关联分析、证据权重、统计调查法、序列综合法、隶属函数法等。

（3）对于如何评价暴雨灾害风险，尽管近年来有不少学者和研究机构提出过一些方法，但迄今为止尚未形成统一的单灾种或区域暴雨灾害的综合评估方法。暴雨灾害风险评估可以参考其他自然灾害的数学评价模型，如模糊综合评判方法、灰色系统理论、信息量模型、人工神经网络方法、证据权重法、可拓学方法等。

由于暴雨灾害和洪涝灾害风险评估有相似之处，这里就不做详细阐述了。

五、暴雨灾害防治措施

（一）暴雨灾害发生前

对于地处低洼地带、山体滑坡危险区域的房屋，每年夏初应对房前屋后进行检查，留心附近山体变化，看山上是否有裂缝滑坡迹象，查看房子地基和房子本身的变形情况。如果降雨较大，要查看房屋四周有无积水，排水是否畅通，防止山洪冲击或浸泡房屋；对应急情况下的撤离方向和地点要做到心中有数。

检查用电线路和设施，低洼地区要重点检查，采取适当防范措施，对失修、老化未及时更换的线路和设施，应提前关闭电源。

走路、车辆行驶应远离危险建筑设施（如危房、危墙、广告牌等），遇低洼积水应绕行，避免强行通过。

（二）暴雨灾害发生时

发现重大暴雨征兆或已经发生暴雨灾害时，在防止和延缓险情、灾情扩大的情况下，如需要施救，应尽快将信息传递出去，引起上级有关部门的重视，争取救援，或及时拨打110、120、119以及其他社会求助电话，说明事发的详细地点、险情程度、被困人数、联系电话等。

暴雨洪水突发性强，陡涨陡落，但持续时间长。当在河道内进行施工或拟过河时发现河道涨水，要迅速撤离，不可麻痹迟疑。汛期河道涨水时千万不要强行过河，要耐心等河水退了以后再过河，或长距离绕行过河。

发生暴雨灾害时，避雨要远离高压线路、杆（塔）、电器设备等危险区域；雷雨时要关闭手机。企业应视情况留住员工统一躲避暴雨、洪水，安排临时食宿，员工应及时通知家人。

在室外工作的人员应就近避雨，车辆应选择安全行驶路线或就近在安全场地停放。

当积水深度接近车辆底盘时，驾、乘人员下车时应双脚同时着地，离车迅速到安全场所。

当房屋内的进水深度将达到最低电源插座高度或带电设备前，应立即切断电源。

第五节　雷电灾害

一、雷电灾害定义及分类

（一）雷电灾害定义

雷电是发生于大气中的一种瞬时高电压、大电流、强电磁辐射的灾害性天气现象。夏季的午后，由于太阳辐射的作用，近地层空气温度升高、密度降低，产生上升运动，在上升过程中水汽不断冷却凝结成小水滴或冰晶粒子，形成云团，而上层空气密度相对较大，产生下沉运动，这样的上下运动形成对流。在对流过程中，云中的小水滴和冰晶粒子发生碰撞，吸附空气中游离的正离子或负离子，这样水滴和冰晶就分别带有正电荷和负电荷，一般情况下，正电荷在云的上层，负电荷在云的底层，当这些正负电荷聚集到一定的量时，就会产生电位差，当电位差达到一定程度，就会发生猛烈的放电现象，这就是雷电的形成过程。雷电电荷在放电过程中会产生很强的雷电电流，雷电电流将空气击穿，形成一个放电通道，出现的火光就是闪电。在放电通道中空气突然加热，体积膨胀形成的爆炸冲击波产生的声音就是雷声。

（二）雷电灾害分类

根据产生和危害特点的不同，雷电可以分为以下4种。

1. 直击雷

直击雷是云层与地面凸出物之间的放电形成的。直击雷可在瞬间击伤击毙人畜。巨大的雷电流流入地下，令在雷击点及其连接的金属部分产生极高的对地电压，可能直接导致接触电压或跨步电压的触电事故。例如，1970 年 7 月 27 日中午 1 点，北京天安门广场上一个直击雷打倒 10 名游客，其中 2 人因电流通过身体抢救无效而身亡。直击雷产生的数十万至数百万伏的冲击电压会毁坏发电机、电力变压器等电气设备绝缘，烧断电线或劈裂电杆造成大规模的停电，绝缘损坏可能引起短路导致火灾或爆炸事故。

另外，直击雷巨大的雷电流通过被雷击物，可在极短时间内转换成大量热能，造成易燃物品燃烧或金属熔化飞溅而引起火灾。例如，1989 年 8 月 12 日，中国石油总公司管道局胜利输油公司位于青岛市黄岛油库，正在进行作业的 5 号储油罐突然遭到雷击发生爆炸起火，形成了约 3500m^2 的火场，造成 19 人死亡，100 多人受伤，直接经济损失 3540 万元。

2. 球形雷

球形雷出现的次数少而不规则，因此取得的资料十分有限，其发生原理现在还没有形成统一观点。球形雷能从门、窗、烟囱等通道侵入室内，极其危险。例如，1978 年 8 月 17 日晚，苏联登山队在高加索山坡上宿营，5 名队员钻在睡袋里熟睡，突然一个网球大的黄色火球闯进帐篷，在离地 1m 高处漂浮后钻进睡袋，此球在 5 个睡袋中轮番跳进跳出，最后消失，致使 1 人被活活烧死，4 人严重烧伤。

3. 感应雷

感应雷也称为雷电感应，可分为静电感应和电磁感应两种。静电感应是由于雷云接近地面，在地面凸出物顶部感应出大量异性电荷所致。在雷云与其他部位放电后，凸出物顶部的电荷失去束缚，以雷电波形式沿突出物极快地传播。电磁感应是由于雷击后，巨大雷电流在周围空间产生迅速变化的强大磁场所致。这种磁场能在附近的金属导体上感应出很高的电压，造成对人体的二次放电，从而损坏电气设备。例如，1992 年 6 月 22 日，一个落地雷砸在国家气象中心大楼的顶上，虽然该大楼安装了避雷针，但是巨大的感应雷却把楼内 6 条国内同步线路和一条国际同步线路击断，使计算机系统中断 46 小时，直接经济损失数十万元。

4. 雷电波侵入

雷电波侵入是由于雷击在架空线路上或空中金属管道上产生的冲击电压沿线或管道迅速传播的雷电波。其传播速度为 3×10^8m/s。雷电波侵入可毁坏电气设备的绝缘，使高压窜入低压，造成严重的触电事故。属于雷电波侵入造成的雷电事故很多，在低压系统这类事故约占总雷害事故的 70%。例如，雷雨天，室内电气设备突然爆炸起火或损坏，人在屋内使用电器或打电话时突然遭电击身亡都属于这类事故。又如，1991 年 6 月 10 日凌晨 1 时许，黑龙江省牡丹江市上空电闪雷鸣，震耳欲聋的落地雷惊醒酣睡中的居民，全区电灯不开自亮又瞬间熄灭，造成 20 多台彩电损坏。

（三）雷电预警信号

雷电预警信号共分为黄、橙、红三个等级，逐级增强，其具体含义见表 5-5。

表 5-5 雷电预警信号

等级	含 义	防 御 措 施
黄色预警	6小时内可能发生雷电活动，可能会造成雷电灾害事故	①政府及相关部门按照职责做好防雷工作； ②密切关注天气，尽量避免户外活动
橙色预警	2小时内发生雷电活动的可能性很大，或者已经受雷电活动影响，且可能持续，出现雷电灾害事故的可能性比较大	①政府及相关部门按照职责落实防雷应急措施； ②人员应当留在室内，并关好门窗； ③户外人员应当躲入有防雷设施的建筑物或者汽车内； ④切断危险电源，不要在树下、电杆下、塔吊下避雨； ⑤在空旷场地不要打伞，不要把农具、羽毛球拍、高尔夫球杆等扛在肩上
红色预警	2小时内发生雷电活动的可能性非常大，或者已经有强烈的雷电活动发生，且可能持续，出现雷电灾害事故的可能性非常大	①政府及相关部门按照职责做好防雷应急抢险工作； ②人员应当尽量躲入有防雷设施的建筑物或者汽车内，并关好门窗； ③切勿接触天线、水管、铁丝网、金属门窗、建筑物外墙，远离电线等带电设备和其他类似金属装置； ④尽量不要使用无防雷装置或者防雷装置不完备的电视、电话等电器； ⑤密切注意雷电预警信息的发布

二、雷电灾害成因及特征

（一）雷电成因

雷电属于强对流天气的一种，抬升力条件、对流不稳定条件和水汽条件是产生这种天气的3个基本要素。抬升力条件属于外因，提供抬升力条件的诸如低槽、切变线等四季均会出现；对流不稳定条件与水汽因子有一定关系，但与大气层结温度更密切；水汽条件与气温有关，气温越高，饱和水汽压也越高，空气中可容纳的水汽也就越多。因此，气温、降雨量、日照等都与雷电形成有关。

1. 雷击灾害的形成

云内和云与云之间的放电，叫云间闪电或云闪；云与大地之间的放电，叫云地闪电或地闪。云闪因其不能到达地面，一般不会对人类活动造成影响，对人类活动造成影响的主要是地闪。地闪发生时，产生的雷电流从云中泄放到大地，在其泄放通道上造成的危害即雷击灾害。当雷电流从云中泄放到大地，直接打在建筑物、构筑物及人畜身上时，可产生电效应、热效应和机械力，造成毁坏和伤亡；当雷电流从云中泄放到大地，在其泄放通道周围产生电磁感应向外传播或直接通过导体传导时，可导致在影响范围内的金属部件、电子元件和电气装置受到电磁脉冲的干扰而毁坏。中国是雷击灾害多发地区，每年都会因雷击灾害造成众多的人员伤亡和巨大的经济损失，因此做好防雷减灾工作，将雷击灾害降低到最低限度，尤为重要。

2. 雷击与地质条件的关系

（1）电阻率小的土壤导电性好，易积聚大量电荷，为雷电流提供低阻抗通道；

（2）闪电放电通道常常不是直线，而是曲曲折折的；

（3）地下埋有金属导电矿床处，金属管线较密集的地方易落雷；

（4）地下水位高、矿区、小河沟、地下水出口处易受雷击。

3. 雷电活动与地形、地物的关系

（1）在距地面二三十米的突出物上方发生雷击的概率最大；

（2）对靠山和临水的地区，临水一面的地洼潮湿地和山口、风口、顺风的河谷的特殊地形构成的雷暴走廊的地方易受雷击；

（3）电线杆、铁路、架空电线和避雷针（线、带、网）接地引下线都是雷雨云对地放电的最佳通道。

（二）雷电灾害特征

目前人类社会已进入电子信息时代，新时代的雷电灾害特征可以概括为：

（1）雷电灾害的受灾领域逐渐扩展。从电力、建筑这两个传统领域扩展到几乎所有行业，特点是与高新技术关系最密切的领域，如航天航空、国防、邮电通信、计算机、电子工业、石油化工、金融证券等。

（2）雷电灾害的空间范围逐步扩大。雷电灾害从二维空间入侵变为三维空间入侵，即从闪电直击和过电压波沿线传输变为脉冲电磁场，从三维空间入侵到任何角落，无孔不入地造成灾害，因而防雷工程已从防直击雷、感应雷进入防雷电电磁脉冲。

（3）雷电灾害的经济损失大大增加。雷电袭击对象本身的直接经济损失有时并不太大，但由此产生的间接经济损失和影响有时难以估计。例如 1998 年 8 月 27 日凌晨 2 点，某寻呼台遭受雷击，导致该台中断寻呼数小时，其直接损失是有限的，但间接损失大大超过直接损失。

（4）雷灾对象集中在微电子设备上。雷电本身并没有变，而是科学技术的发展使得人类社会生产生活状况变了。微电子技术渗透到各种生产和生活领域，微电子器件极端灵敏，易造成微电子设备的失控或者损坏。

三、雷电灾害分布及危害

（一）雷电灾害分布

中国幅员辽阔，地处热带、亚热带和温带地区，雷暴活动十分频繁，雷暴日数超过 50 天的省会城市在全国有 21 个，其中最多的地区达 134 天。根据卫星观测，中国陆地年均日发生总雷电数约 54600 次，雷电主要发生在 4~9 月。据 2000~2009 年统计，中国平均每年有 457 人遭雷击身亡，414 人遭雷击受伤，其中广东省、云南省损失最为严重。

1. 雷电灾害的时间分布特征

不同季节雷电灾害发生情况有较大差异，春季出现雷电高密度区在中国西南部，内陆大部分地区为较高雷电密度区，雷电密度分布相对均匀且集中，沿海地区雷电密度相对偏低。

每年 6~8 月是雷雨多发时期，也是雷电灾害的高发时期（见图 5-7），该时段造成的人员伤亡人数占全年总人数的 65%，其中 7 月最集中，占全年总人数的 29%，月平均死亡人数为 118 人。造成这一现象的主要原因是中国各省的强对流天气基本上集中在每年的 6~8 月，对流性天气频繁必然会造成雷暴雨过程次数的增加，进而使得全国大范围地区在

6~8 月频繁发生雷电灾害事故。

秋季出现的相对高雷电密度区很分散，区域面积都较小，主要靠近南部沿海。冬季为全年雷电灾害少发季节，雷电密度低且雷电区域面积小，主要分布在中国 30°N 以南地区和四川盆地。

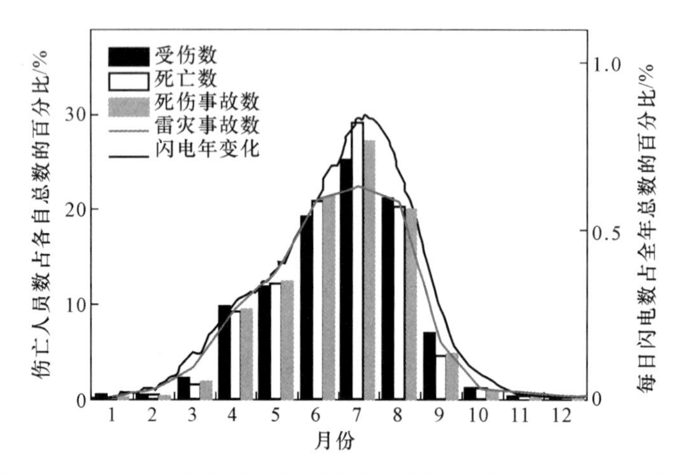

图 5-7　中国雷电灾害事故发生频率月际分布情况（1997~2005 年）

每天 13~19 时是我国雷电灾害发生的集中时段（见图 5-8），其中 15~17 时最为突出，雷电财产损失事故和雷击人员伤亡事故数分别占各自总数的 10%和 20%以上；这与雷电日变化特征相关。

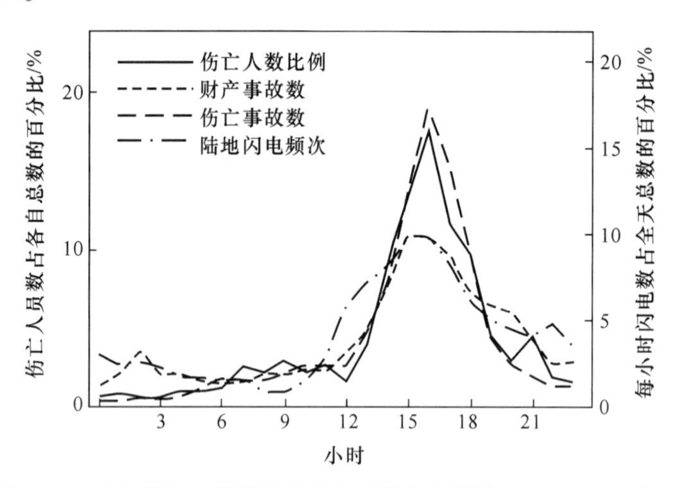

图 5-8　中国雷电灾害事故日发生时段分布情况（1997~2005 年）

中国雷电灾害主要集中在每年的 4~9 月，7 月达到峰值，11 月至次年 2 月全国几乎无雷暴出现。统计发现，6~8 月也是雷电灾害的高发期，此时雷电造成的伤亡人数占全年的 65%，全年近 1/3 的雷灾伤亡出现在 7 月。造成这一现象的主要原因是中国各省的强对流天气基本上集中在每年的 6~8 月，对流性天气频繁出现必然会造成雷暴雨过程次数的增加，进而使得全国大范围地区在 6~8 月频繁发生雷电灾害事故。

2. 雷电灾害的空间分布特征

中国重大雷电灾害主要分布在东南地区和华北地区，形成一南一北的两个明显的雷灾中心区。雷灾在南方集中在浙江—江西—广东，呈带状分布；在北方集中在山东和河北，呈圆形分布，北区以平原为主，南区以山地为主。全国重大雷电灾害在东部比西部更严重，主要原因是社会状况尤其是经济水平存在差异，经济相对发达的东部地区发生重大雷电灾害的可能性较大。西南地区的雷电灾害也比较严重，成为仅次于两大雷灾中心区的第三雷灾区。广大的西北地区是全国雷电灾害最轻的地区。

根据雷电活动频度和雷害严重程度，依据《建筑物电子信息系统防雷技术规范》（GB 50343—2012）规定，中国把年平均雷暴日数 $T>90$ 的地区叫作强雷区，$40<T\leqslant 90$ 的地区称为多雷区，$25<T\leqslant 40$ 的地区称为中雷区，$T\leqslant 25$ 的地区称为少雷区。根据 1961～2016 年中国年平均雷暴日数统计发现，年平均雷暴日数超过 40 天的区域主要分布在新疆西北部、西藏中部、四川西部以及沿长江以南地区，云南南部、广东南部以及海南北部年均雷暴高达 90 天以上。在西双版纳的勐腊市年均雷暴日数高达 108 天，每 3～4 天雷暴就会光顾一次。

雷电灾害事故发生频次还与中国地区的经济发展和人口密度有关。中国每年有上千人遭雷击伤亡，各地人员伤亡不同，广东省、云南省损失最为惨重。另外，中国雷电灾害在城市和农村造成的灾害损失不同，具有农村死亡人员多、城市经济损失大的典型特征。城市人员因雷电造成伤害的比例只占 4. 3%，农村人员占 59. 1%，农民是雷灾受害者的主要部分。在人员伤亡雷灾数中，雷击地点发生在农田最高，为 32%；其次为建构筑物（主要是农村民居、窝棚、亭子），为 23%；然后是开阔地，为 13%；水域（包括河边、沙滩）和树下分别是 10%、8%。雷击地点发生在室外的占 69%，而且发生在农民常在环境下。相对而言，农民在雷电到来时，缺乏临时躲避场所，而且农民防雷知识相对较贫乏，导致在室外受到雷电的严重威胁。在室内，城市建筑物防直击雷措施相对完善，而农村的民居建筑安装防雷装置还没有普及。

（二）雷电灾害危害

雷电具有极其巨大的破坏力，其破坏作用是综合的，包括热效应、电动力效应、机械效应、冲击波效应、静电感应效应以及电磁场效应。雷电电荷在传导放电的过程中会产生很强的雷电电流，一般会达到几十千安培，有时会达到几百千安培，能产生几千、几万甚至几百万伏高压，足以让人畜毙命，电气设备毁坏。雷电通道的温度可达到 5 万华氏度（相当于 27760℃），比太阳表面的温度还要高，能使金属熔化，易燃物体高温起火。闪电产生的静电场变化、磁场变化和电磁辐射可严重干扰无线电通信和各种设备的正常工作，是无线电噪声的重要来源，可在一定范围内造成许多微电子设备的损坏、引起火灾，是 20 世纪 80 年代之后雷电灾害的极重要原因。另外雷电产生的冲击波，可以使附近的人、畜、建筑物遭到破坏和伤亡，例如 2004 年 6 月 26 日，浙江省台州市临海市杜桥镇杜前村有 30 人在 5 棵大树下避雨，遭雷击，造成 17 人死 13 人伤；2007 年 5 月 23 日 16 时 34 分，重庆市开县义和镇政府兴业村小学教室遭遇雷电袭击，造成四年级、六年级学生 7 人死亡、44 人受伤。

（1）机械效应：雷电流过建筑物时，使被击建筑物缝隙中的气体剧烈膨胀，水分充分汽化，导致被击建筑物破坏或炸裂甚至击毁，以致伤害人畜及设备。

（2）热效应：雷电流通过导体时，在极短的时间内产生大量的热能，可烧断导线，烧坏设备，引起金属熔化、飞溅，造成火灾及停电事故。

（3）电气效应：雷电引起大气过电压，使得电气设备和线路的绝缘破坏，产生闪烁放电，以致开关掉闸，线路停电，甚至高压窜入低压，造成人身伤亡。

四、雷电灾害风险评估

雷电灾害风险评估，是指根据雷电及其灾害特征进行分析，对可能导致的人员伤亡、财产损失程度与危害范围等方面的综合风险进行计算，为项目选址和功能分区布局、防雷类别（等级）与防雷措施确定等提出建设性意见的一种评价方法。雷击损害风险评估的内容包括：

（1）风险源。雷电流是根本的风险源。损害源根据雷击点的位置可以划分为雷击在建筑物上、雷击建筑物附近、雷击入户线、雷击入户线附近。

（2）损害类型。根据需保护对象特性的不同，雷击可能会引起各种损害。其中最重要的特性包括建筑物的结构类型、内存物、用途、服务设施的类型以及所采取的保护措施。在实际的风险评估中，将雷击引起的基本损害类型划分为以下三种：生物伤害、物理损害、电气和电子系统失效。

雷电灾害损失类型包括人员生命损失、公众服务损失、文化遗产损失、经济损失。

（3）风险类型。风险是年平均可能损失量。对于建筑物或服务设施中可能出现的各种类型的损失，应当对相应的风险进行计算。建筑物中可能需要计算的风险包括人员生命损失风险、公众服务损失风险、文化遗产损失风险、经济损失风险。

服务设施中可能需要计算的风险包括公众服务损失风险、经济损失风险。

（4）风险计算。每种风险都是其对应风险分量的总和，在计算风险值时，可以按照损害源和损害类型对风险分量进行分组。各个风险分量计算可以用以下一般式来表示：

$$R = N \times P \times L$$

式中，N 是危险事件的次数；P 是损害概率；L 是损失后果。

五、雷电灾害防治措施

（一）户外防雷措施

在雷电发生时，应该尽量在室内活动，不要去室外，绝大多数因为雷击导致死亡的事故都是户外发生的。若是处在旷野中，不能在比较开阔的地方骑车骑马或者奔跑，不能够撑伞，也不能够拿着金属制品，应该尽量找到地势比较低、干燥并且绝缘的物体，并蹲下，蹲下的时候需要并拢自己的双腿，确保腿之间不会有电位差。

（二）居家防雷策略

（1）住宅防雷策略分析。若是平屋顶，那么可以根据屋顶面积在屋盖角落上安装避雷针，做好引下线接地；若是是坡屋顶，那么可以在两个山尖位置设置避雷针，并且做好引下线接地，接地最少应该有 2 处。若是在楼顶进行太阳能热水器以及电视天线等一些设施的安装，那么应该将其和避雷针连接在一起，也可以把太阳能金属底座和天线金属支撑做好接地，并且在 1m 左右的位置加装短避雷针，对其进行保护，避雷针应该比设施高 1m。

（2）太阳能热水器防雷。为了获得更多太阳能，人们在安装热水器时，往往会安装到阳光比较充足的位置，这样会导致太阳能装置的高度超过之前防雷装置的高度，暴露在雷电可以直接击到的范围里，并且热水器里面有传感信号线以及电加热电源线，能够直接通到室内，其金属构件比较多，因此，要想做好热水器防雷，需要确保管道铺设合理性、信号线铺设合理性、线路合理性，安装适当的浪涌保护器，做好防雷电波侵入的保护，从而做好雷电的防雷。并且，在打雷的时候尽量不要使用太阳能热水器，更不要通过其进行洗澡，以防触电伤亡。

（3）电气设备防雷策略。在雷雨天应该尽量避免使用电器设备，尽量不使用电视、电脑、手机等电子设备，最好关闭电源，拔掉插头，避免电磁脉冲以及雷电波的侵入给设备和人身造成伤害；另外，在雷雨天气，一定要把房间内的门窗关好，尽量不随意接触或者对无任何保护措施金属管线进行触摸，关闭家用电器设备等。

第六章　地质地震灾害

地质地震灾害，是指由地球岩石圈的能量强烈释放、剧烈运动或物质强烈迁移，或是由长期累积的地质变化，对人类生命财产和生态环境造成损害的自然灾害。地质地震灾害主要包括地震、火山、崩塌、滑坡、泥石流、地面塌陷、地面沉降、地裂缝灾害等。

第一节　地震灾害

一、地震灾害定义及分类

（一）地震灾害定义

地震又称地动、地振动，是地壳快速释放能量过程中造成振动，其间会产生地震波的一种自然现象。地震灾害是指由地震引起的强烈地面振动及伴生的地面裂缝和变形，使各类建（构）筑物倒塌和损坏，设备和设施损坏，交通、通信中断和其他生命线工程设施等被破坏，以及由此引起的火灾、爆炸、瘟疫、有毒物质泄漏、放射性污染、场地破坏等造成人畜伤亡和财产损失的自然灾害。据统计，地球上每年约发生500多万次地震，即每天要发生上万次的地震。其中绝大多数太小或太远，以至于人们感觉不到；真正能对人类造成严重危害的地震大约有十几次；能造成特别严重灾害的地震大约有一两次。人们感觉不到的地震，必须用地震仪才能记录下来；不同类型的地震仪能记录不同强度、不同远近的地震。

地球内部直接产生破裂的地方称为震源（seismic focus）（见图6-1），它是一个区域，但研究地震时常把它看成一个点。地面上正对着震源的那一点称为震中（epicentre），它实际上也是一个区域。根据地震仪记录测定的震中称为微观震中，用经纬度表示；根据地震宏观调查确定的震中称为宏观震中，它是极震区（震中附近破坏最严重的地区）的几何中心，也用经纬度表示。由于方法不同，宏观震中与微观震中往往并不重合。1900年以前没有仪器记录时，地震的震中位置都是按破坏范围确定的宏观震中。从震中到地面上任何一点的水平距离叫作震中距（epicentral distance）。例如，2008年5月12日汶川地震的震中在汶川县映秀镇附近，成都市的震中距为80km，北京的震中距为1534km。同一个地震在不同的距离上观察，远近不同，叫法也不一样。从震源到地面的距离叫作震源深度（focal depth）。目前有记录的最深震源达720km。同样震级的地震，震源越深，影响范围越大，地表破坏越小；震源越浅，影响范围越小，但地表破坏越严重。震后破坏程度最严重的地区，极震区往往也就是震中所在的地区。同一地震在地面引起相等的破坏程度的各点的连线称为等震线（isoseismic line）。地表各处由于地质条件不均一，破坏程度就不一样，因而等震线并不是规则的同心圆。

地震按照震源的不同深度可分为：（1）浅源地震（shallow-focus earthquake）：震源深度小于70km的地震（也有人认为是小于60km）；（2）中源地震（intermediate-focus earthquake)：震源深度在60（或70）~300km的地震；（3）深源地震（deep-focus earthquake)：震源深度超过300km的地震。破坏性最大的地震都属于浅源地震，约占全球地震总数的90%，而且震源多集中在地表以下5~20km的深度范围内。

按照发生在地球内部的不同位置，地震可分为以下两类：（1）板内地震：发生在板块内部的地震，主要包括大洋地震和大陆地震。其中大洋地震是指发生在大洋地壳中的板内地震，大陆地震是指发生在大陆地壳中的板内地震。（2）板间地震：发生在板块边界的地震。

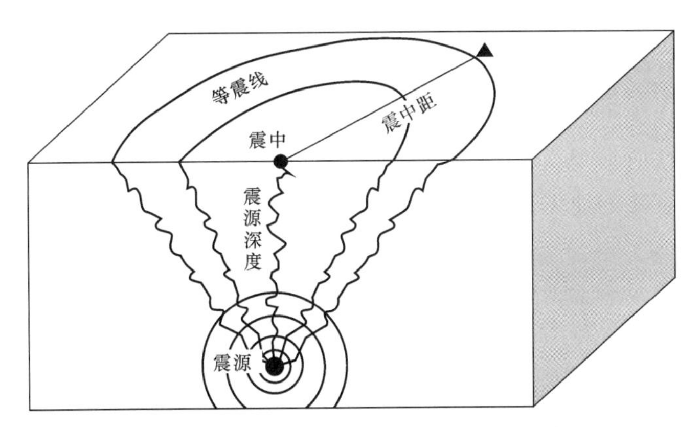

图6-1　震中、震中距、震源和震源深度

（二）地震波种类

地震波（seismic wave）是由地震震源向四处传播的振动，指从震源产生向四周辐射的弹性波。地震波主要分为两种，一种是表面波，另一种是实体波。表面波只在地表传递，实体波能穿越地球内部。实体波（body wave)，又分成P波和S波两种。

P波：P代表主要（primary）或压缩（pressure)，为一种纵波，粒子振动方向和波前进方向平行，在所有地震波中，P波前进速度最快，也最早抵达。P波能在固体、液体或气体中传递。纵波是推进波，在地壳中的传播速度为5.5~7.0km/s，最先到达震中。

S波：S意指次要（secondary）或剪力（shear)，前进速度仅次于P波，粒子振动方向垂直于波的前进方向，是一种横波。S波只能在固体中传递，无法穿过液态外地核。横波是剪切波，在地壳中的传播速度为3.2~4.0km/s，第二个到达震中，它使地面发生前后、左右抖动，破坏性较强。利用P波和S波的传递速度不同及两者之间的走时差，可以进行简单的地震定位。

表面波（surface wave)：不是从震源发生的，而是由纵波与横波在地表相遇后激发产生的。浅源地震所引起的表面波最明显。表面波有低频率、高震幅和具频散的特性，只在近地表传递，是最有威力的地震波。其波长长、振幅大，传播速度比横波小。表面波分为勒夫波和瑞利波。

勒夫波（Love wave)：粒子振动方向和波前进方向垂直，但振动只发生在水平方向上，没有垂直分量，类似于S波，差别是侧向震动振幅会随深度增加而减少。

瑞利波（Rayleigh wave)：又称为地滚波，粒子运动方式类似海浪，在垂直面上粒子呈逆时针椭圆形振动，震动振幅一样会随深度增加而减少。

由于不同地震波的速度不同，它们到达时间也就先后不同，从而形成一组序列，它解释了地震时地面开始摇晃后我们经历的感觉。从震源首先到达某地的第一波是“推和拉”的 P 波。P 波到达地面时人感觉颠动，物体上下跳动。它们一般以陡倾角出射地面，因此造成铅垂方向的地面运动，垂直摇动一般比水平摇晃容易经受住，因此一般它们不是最具破坏性的波。因为 S 波的传播速度约为 P 波的一半，相对强的 S 波稍晚才到达。但 S 波比 P 波持续时间长些。地震主要通过 P 波的作用使建筑物上下摇动，通过 S 波的作用侧向晃动。因此 S 波到达地面时人感觉摇晃，物体会来回摆动。

在 S 波之后或与 S 波同时，勒夫波开始到达。地面开始垂直于波动传播方向横向摇动。尽管目击者往往声称根据摇动方向可以判定震源方向，但勒夫波使得凭地面摇动的感觉判断震源方向发生困难。下一个是横过地球表面传播的瑞利波，它使地面在纵向和垂直方向都产生摇动。这些波可能持续许多旋回，引起大地震时熟知的描述为“摇滚运动”。因为它们随着距离衰减的速率比 P 波或 S 波慢，在距震源距离大时感知的或长时间记录下来的主要是面波。

类似于音乐乐曲最后一节，面波波列之后构成地震记录的重要部分，称为地震尾波。地震波的尾部事实上包含着沿散射的路径穿过复杂岩石构造的 P 波、S 波、勒夫波和瑞利波的混合波。尾波中继续的波动旋回对于建筑物的破坏可能起到落井下石的作用，促使已被早期到达的较强 S 波削弱的建筑物倒塌。

地震的破坏性是由地震波造成的，因此研究地震波对研究地震和预报地震具有重要意义。

（三）地震强度

1. 震级

震级（magnitude）是地震源本身大小的等级划分，它与地震释放出来的能量大小相关。震级的标度最初是美国地震学家里克特（Richter）于 1935 年研究加利福尼亚地方性地震时提出的，规定以震中距 100km 处“标准地震仪”所记录的水平向最大振幅（单振幅，以 μm 计）的常用对数为该地震震级。由于仪器性能和震中距离不同，记录到的振幅也不同，所以必须要以标准地震仪和标准震中距的记录为准。在实际的地震监测工作中，一次地震的震级是根据多个地震台计算结果的平均值确定的。一次地震只有一个震级。震级越大，能量也越强，影响的范围和造成的破坏也就越严重。震级每相差 1.0 级，能量相差大约 32 倍；每相差 2.0 级，能量相差约 1000 倍。一个 6 级地震相当于 32 个 5 级地震，而 1 个 7 级地震则相当于 1000 个 5 级地震。目前已知世界上最大的地震的里氏震级为 9.5 级。一次大地震所释放能量是十分巨大的，例如一个 8.5 级地震所释放的能量，大概相当于一个 100×10^4kW 大型电厂连续 10 年电能的总和。震级及震源释放总能量见表 6-1。

表 6-1 震级（M）和震源发出总能量（E）的关系

震级 M	释放能量 E/J	震级 M	释放能量 E/J
1	2.0×10^{6}	6	6.3×10^{12}
2	6.3×10^{7}	7	2.0×10^{15}
3	2.0×10^{9}	8	6.3×10^{16}
4	6.3×10^{10}	8.5	2.0×10^{17}
5	2.0×10^{12}	8.9	1.0×10^{18}

中国使用的震级标准，是国际上通用的里氏震级，共分9个等级。按照震级大小可分为：弱震，震级 M 小于3级。如果震源不是很浅，这种地震人们一般不易觉察。有感地震，震级 $M \geqslant 3$ 级，小于4.5级。这种地震人们能够感觉到，但一般不会造成破坏。中强震，震级 $M \geqslant 4.5$ 级，小于6级。这种地震属于可造成破坏的地震，但破坏轻重还与震源深度、震中距和震中地区的地形构造及建筑性能等多种因素有关。强震，震级 $M \geqslant 6$ 级，是能造成严重破坏的地震。其中震级8级以及8级以上的又称为巨大地震。

2. 地震烈度

地震震级与地震烈度是度量地震强度的两种不同方法。同样大小的地震，造成的破坏不一定相同；同一次地震，在不同的地方造成的破坏也不一样。为了衡量地震的破坏程度，科学家又“制作”了另一把“尺子”——地震烈度（earthquake intensity）。地震烈度与震级、震源深度、震中距离，以及震区的土质条件等有关。地震对地表和建筑物等破坏强弱的程度，称为地震烈度。一次地震只有一个震级，如海城地震是7.3级，唐山大地震是7.8级。但对于同一次地震，不同的地区由于震中距不同，地震烈度不同。一般来讲，一次地震发生后，震中区的破坏最重，烈度最高；这个烈度称为震中烈度。从震中向四周扩展，地震烈度逐渐减小。地震烈度是根据人的感觉、家具及物品振动的情况、房屋及建筑受破坏的程度和地面的破坏现象等进行划分的。目前世界上许多国家都有自己的地震烈度表，因而烈度划分的标准也就有所不同，其中以十二度表较普遍。我国和世界上多数国家一样，采用十二级的地震烈度表，分别用罗马数字Ⅰ、Ⅱ、Ⅲ、Ⅳ、Ⅴ、Ⅵ、Ⅶ、Ⅷ、Ⅸ、Ⅹ、Ⅺ和Ⅻ表示。国家标准《中国地震烈度表》（GB/T 17742—2008）系统规定了地震烈度评定指标以及评定方法。不同烈度的地震，其影响和破坏大体见表6-2。

表6-2　地震烈度表

烈度	人的感觉	房屋受损程度	其他现象
Ⅰ度	无感	—	—
Ⅱ度	室内个别人在静止中有感	—	—
Ⅲ度	室内少数人在静止中有感	门、窗轻微作响	悬挂物微动
Ⅳ度	室内多数人、室外少数人有感，少数人梦中惊醒	门、窗作响	悬挂物明显摆动，器皿作响
Ⅴ度	室外大多数人有感，多数人梦中惊醒	门窗、屋顶、屋架震颤作响，灰土掉落，抹灰出现微细裂缝	不稳定器物翻倒
Ⅵ度	惊慌失措、仓皇逃出	损坏，个别砖瓦掉落、墙体细微裂缝	河岸和松软土上出现裂缝，饱和砂层出现喷水冒砂，地面上有的砖烟囱轻度裂缝
Ⅶ度	大多数人仓皇逃出	轻度破坏，局部破坏、开裂	河岸出现塌方；饱和砂层常见喷水冒砂；松软土上土地裂缝较多，大多数砖烟囱中等破坏

续表 6-2

烈度	人的感觉	房屋受损程度	其他现象
Ⅷ度	摇晃颠簸、行走困难	中等破坏，结构受损，需要修理	干硬土上亦有裂缝，饱和砂层绝大多数喷水冒砂，大多数砖烟囱严重破坏
Ⅸ度	坐立不稳，行动的人可能摔跤	严重破坏，墙体龟裂，局部倒塌，修复困难	干硬土上出现许多裂缝，基岩上可能出现裂缝，滑坡、塌方常见，砖烟囱多数倒塌
Ⅹ度	骑自行车的人会摔倒，处不稳定状态的人会摔离原地，有抛起感	倒塌，大部倒塌，不堪修复	山崩和地震断裂出现，基岩上的拱桥破坏，大多数砖烟囱从根部破坏或倒毁
Ⅺ度	—	毁灭	地震断裂连续很长，山崩常见，基岩上拱桥毁坏
Ⅻ度	—	—	地面剧烈变化，山河改观

（四）地震类型

地震并非全是天然形成的，有些也有人工的原因。此外，在某些比较特殊的情况下也会产生地震，如大陨石冲击地面（陨石冲击地震）等。虽然引起地震的原因有很多，但根据地震不同的成因可以分为三类：天然地震、诱发地震、人工地震。其中天然地震又包括构造地震、火山地震、塌陷地震。

1. 构造地震（tectonic earthquake）

构造地震是由构造运动特别是断裂活动产生的地震，又称断裂地震（faulted earthquake）。地壳（或岩石圈）在构造运动中发生形变，当变形超出了岩石的承受能力，岩石就发生断裂，在构造运动中长期积累的能量迅速释放，造成岩石振动，从而形成地震。构造地震波及范围大，破坏性很大。其中大多数又属于浅源地震，影响范围广，对地面及建筑物的破坏非常强烈，常引起生命财产的重大损失。世界上90%以上的地震、几乎所有的破坏性地震都属于构造地震，已记录到的最大构造地震震级为8.9级（智利，1960年5月22日）。例如，1960年美国旧金山大地震（8.3级）与圣安德列斯大断裂活动有关；1923年日本关东大地震（8.3级）与穿过相模湾的NW-SE向的断裂活动有关。

2. 火山地震（volcanic earthquake）

火山地震是由火山活动引起的地震，火山在活动过程中岩浆冲破围岩引起震动。这类地震可产生在火山喷发的前夕或在火山喷发的同时。火山地震为数不多，只占地震总数的7%，其特点是震源仅限于火山活动的地带，一般是深度不超过10km的浅源地震，震级较大，多属于没有主震的地震群型，影响范围小。

3. 塌陷地震（fallen earthquake）

塌陷地震是指因岩层崩塌陷落而形成的地震，也称为陷落地震。这类地震为数很少，约占地震总数的3%。震源深度很浅，影响范围小，震级不大。但在矿区范围内，塌陷地震也会对矿区人员的生命造成威胁，并直接影响矿区生产，因此对这种地震也需加以考虑。陷落地震主要发生在石灰岩等易溶岩分布的地区。这是因为易溶岩长期受地下水侵蚀形成了许多溶洞，洞顶塌落造成了地震。此外，高山上悬崖或山坡上大岩石的崩落也会形成此类地震。

4. 诱发地震（induced earthquake）

人类活动引起的局部地区异常地震活动称为人为诱发地震，简称诱发地震。人类活动引发的地震，主要包括矿山诱发地震和水库诱发地震。其中，矿山诱发地震是指矿山开采诱发的地震；水库诱发地震是指水库蓄水或水位变化弱化了介质结构面的抗剪强度，使原来处于稳定状态的结构面失稳而引发的地震。目前已发现的能诱发地震的活动包括水库蓄水、注水抽水，采矿活动等。

水库诱发地震是最常见的诱发地震，地震因水库蓄水而触发。最早的水库地震发生于1931年希腊的马拉松水库，直到两年后阿尔及利亚的富达水库地震频发后，水库地震才被重视。中国已有十多座水库发生了诱发地震，其中广东新丰江水库诱发地震震级最大，最具典型性。新丰江水库位于广东省东部河源市，大坝建在东江支流新丰江上，为坝高105m的混凝土重力坝，库容为$115\times10^{8}m^{3}$，1959年10月开始蓄水，之后地震活动性显著增强，并于1962年诱发了6.1级地震，成为目前为止世界上4座诱发过震级大于6级的水库之一。目前，对于新丰江水库诱发地震的研究，包括地震的发生机制、水库地震位置和机制的变化情况、诱发地震和水库地下结构及水位的关系等，还存在很多争议，需要做进一步的研究。作为世界上最具代表性的诱发地震水库之一，新丰江水库的地震研究无疑可为理解水库诱发地震机理提供重要信息。

5. 人工地震（artificial earthquake）

人工地震一类是由核爆炸、炸药爆破等人为活动引起的地震。如工业爆破、地下核爆炸造成的振动；另一类为非炸药震源，如机械撞击、气爆震源、电能震源等。人工地震一般不会造成损害，但对要求高度稳定的精密设备仍有不利的影响。人工地震在断层探测方面发挥重要作用。世界上大量地震震例研究表明，巨大的城市地震灾害主要是由隐伏于城市地域之下的活动断裂上发生的地震造成的。而浅层人工地震是一种分辨率高、探测结果可靠的断层探测方法，在探测城市地域内活断层方面取得了较好的效果。

二、地震灾害成因及特征

（一）地震成因

地震成因是地震学科中的一个重大课题，如大陆漂移学说、海底扩张学说等，比较流行的是大家普遍认同的板块构造学说。

关于构造地震成因主要假说主要有以下几种。

1. 大陆漂移假说（continental drift hypothesis）

1912年魏格纳大胆地提出了轰动世界的著名学说——“大陆漂移假说”。这一学说认为，在2.5亿年前，目前分成各个洲的大陆都曾属于一个超级大陆，它的周围是一片广阔的海洋。魏格纳将这一超级大陆称为泛大陆。后来由于受到自东向西的潮汐摩擦力和极地漂移力（从两极向赤道方向的离心力）影响，导致泛大陆逐渐四分五裂并产生漂移，美洲大陆漂移得最快，亚洲、大洋洲大陆漂移得最慢，以致逐渐形成了今天的海陆分布。可以说现代大地构造学说的发展历程是三部曲：“大陆漂移说—海底扩张说—板块构造说”，3个学说都是基于大陆漂移学说提出的“大陆块漂浮在较重的黏性大洋软流圈上”这一基本理论。

那么这个驱动大陆漂移的力到底是什么？这是一直困扰着全世界地质学家的问题。魏格纳当时给出的力源是向赤道的离极力、因地球自转产生向西的力、重力均衡产生的垂直向上的力。这些力后来被证明是不可能驱动大陆板块漂移的。因此大陆漂移学说被否认，形成了所谓的海底扩张说和板块构造说。近来地球物理学家梁光河经过潜心钻研，给出了与实际完全吻合的模型：简单地说就是板块运移划开洋壳引起岩浆上涌，在陆块后面冒泡，巨大的岩浆热动力推着板块往前。该模型说明大陆板块在大洋中是通过热力驱动的，就好比大陆板块自带了一个螺旋桨，靠自身漂移过程产生的热力前后的不平衡而驱动前行。该模型有如下特征：

（1）大陆板块的最前方因受到挤压，增压升温产生地壳流，洋壳隆起。

（2）大陆板块前部会产生逆冲断层、造山带、火山带、地震带，同时地壳流的上涌会在大陆板块前部的部分薄弱带出现伸展构造。

（3）在大陆板块后部产生巨厚沉积和正断层，大陆板块尾部会有拖尾隆起，可能留下火山岛链、大陆碎片遗撒物。

（4）大陆板块漂移过程中，软塑的中下地壳受剪切力易产生低角度拆离断层，使得部分大陆板块的下地壳发生拆沉，形成缓慢下沉的板块碎片。

这个模型说明大陆板块漂移的前部会产生高压地壳流（10 多千米以下深度就可以达到超临界水的温压条件），也存在大量的逆冲断裂，满足了产生大地震的 2 个充要条件，即超临界流体和活动深断裂。而大陆板块漂移的后部是相对开放环境，难以聚集超临界流体，虽然有一系列正断层，但不能形成强震。部分大陆板块产生的拆沉古板块，在下沉过程中随着温度上升，下沉板块发生分异和相变，部分轻物质上升，而重物质继续下沉。这个下沉的板块再与其他漂移的大陆板块发生碰撞，产生超临界流体，从而发生深源地震。

2. 板块构造学说（plate tectonics theory）

板块构造学说是在大陆漂移学说和海底扩张学说的基础上提出的。板块构造学说认为，地球的岩石层并不是整体一块，而是被一些海岭、海沟、岛弧、转换断层分割，形成若干个单元，这些单元就称为板块。法国地质学家勒皮顺将全球岩石层分为六大板块，即太平洋板块、亚欧板块、印度洋板块、非洲板块、美洲板块和南极洲板块，而且每块板块每年都会以一定速度移动。地球板块分类为 3 种状态：其一为彼此接近的汇聚型板块边界；其二为彼此远离的分离型板块边界；其三为彼此交错的转换型板块边界。板块本身是不会变形的，地球表面活动都在这三种状态下集中发生。一般说来，板块内部地壳比较稳定，板块与板块之间交界处是地壳活动比较活跃地带，也就是地震易发区域。地球表面的基本面貌也是由板块相对移动发生彼此碰撞和张裂形成的。

什么力量驱使板块进行运动，按照赫斯的海底扩张说，大洋中脊是地幔对流上升的地方，地幔物质不断从这里涌出，冷却固结成新的大洋地壳，以后涌出的热流又把先前形成的大洋壳向外推移，自中脊向两旁每年以 0.5～5cm 的速度扩展，不断为大洋壳增添新的条带。因此，洋底岩石的年龄是离中脊越远越古老。当移动的大洋壳遇到大陆壳时，就俯冲钻入地幔之中，在俯冲地带，由于拖曳作用形成深海沟。大洋壳被挤压弯曲超过一定限度就会发生一次断裂，产生一次地震，最后大洋壳被挤到 700km 以下，为处于高温熔融状态的地幔物质所吸收同化。向上仰冲的大陆壳边缘，被挤压隆起成岛弧或山脉，它们一般与海沟伴生。太平洋周围分布的岛屿、海沟、大陆边缘山脉和火山、地震就是这样形成的。

尽管已经提出了各种可能的设想，如地幔对流、板块自大洋中脊向外推动、海沟的牵引作用、地幔的拖曳力作用以及重力影响下从中脊向两侧的下滑作用等，但至今还没有人能确切地证实是什么力量在驱使板块运动。

3. 弹性回跳学说（elastic rebound theory）

弹性回跳说是根据1960年美国旧金山大地震（8.3级）时发现圣安德列斯断层产生水平位移所提出的一种假说，是出现最早、应用最广的关于地震成因的假说。假说认为地震的发生是由于地壳中岩石发生了断裂错动，而岩石本身具有弹性，在断裂发生时已经发生弹性形变的岩石，在力消失时便向反方向整体回跳，恢复到变形前的状态。这种弹跳以惊人的速度与力量把长期积蓄的能量于霎时间释放出来，造成地震。地震波是由于断层面两侧岩石发生整体的弹性回跳而产生的，来源于断层面。如图6-2所示，岩层受力发生变形（见图6-2（b）），力量超过岩石弹性强度，发生断裂（见图6-2（c）），接着再恢复到原来状态，这样一来，于是地震就发生了。这一假说很好地解释浅层地震成因，但对于深层地震就不好解释，因为在地下相当深的地方，岩石已具有塑性，不可能发生弹性回跳的现象。

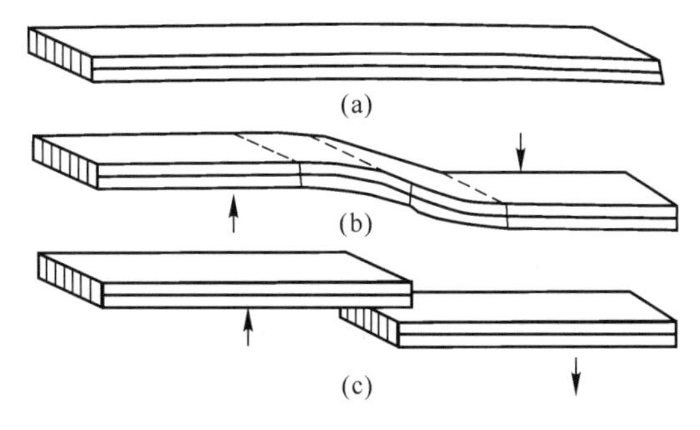

图6-2 地层断裂及弹性回跳示意图

（二）地震灾害特征

1. 突发性强

地震发生十分突然，由于目前地震预报还处于研究阶段，绝大多数地震还不能做出临震预报，因而地震的发生往往出乎预料。地震的突发性使得人们在地震发生时不仅没有组织和心理等方面的准备，而且难以采取人员撤离等应急措施进行应对。地震在瞬间发生，地震作用的时间很短，最短十几秒，最长两三分钟就造成山崩地裂、房倒屋塌，使人猝不及防、措手不及。在如此短的时间内造成大量房屋倒塌、人员伤亡，这是其他自然灾害难以相比的。地震可以在几秒或者几十秒内摧毁一座文明的城市，能与一场核战争相比，像汶川地震就相当于几百颗原子弹的能量。

2. 破坏性大

地震造成伤亡大。地震使大量房屋倒塌，是造成人员伤亡的元凶。20世纪全球地震灾害死亡总人数超过120万人，其中伤亡人数最多的是1976年7月28日中国唐山7.8级大地震，死亡24.2万余人，重伤16.4万余人。1900~1986年地震死亡人数占所有自然灾害死亡人数的58%，其中中国的地震死亡人数最多，占42%。地震波到达地面以后造成大面积的房屋和工程设施的破坏，若发生在人口稠密、经济发达地区，往往可能造成大量的人员伤亡和巨大的经济损失，尤其是发生在城市里。

3. 防御难度大

与洪水、干旱、台风等气象灾害相比，地震预测要困难得多，地震的预报是一个世界性的难题。同时，建筑物抗震性能的提高，需要大量资金的投入，这也不是短期能够做到的。要减轻地震灾害，需要各方面的协调和配合，需要全社会长期艰苦细致的工作。因此，对地震灾害的防御，比起其他一些灾害来说，可能更困难一些。

4. 次生灾害严重

地震不仅产生严重的直接灾害，而且不可避免地要产生次生灾害（见图6-3）。如地震引起的火灾、水灾、泥石流、滑坡，有毒容器破坏后毒气、毒液或放射性物质等泄漏造成的灾害等。地震后还会引发种种社会性灾害，如瘟疫与饥荒。社会经济技术的发展还带来新的继发性灾害，如通信事故、计算机事故等。1906年美国旧金山地震，1923年日本关东地震、1995年日本阪神地震等都引发大火，关东地震中死亡14万人当中，约10万人是因火灾死亡的。

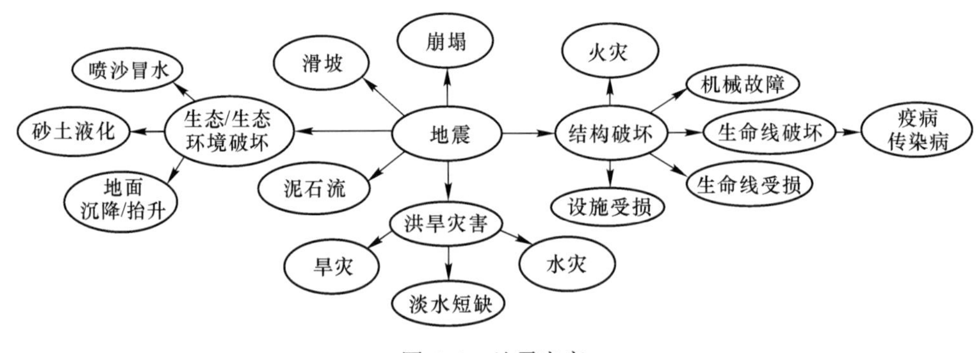

图6-3 地震灾害

5. 社会影响深远

地震由于突发性强、伤亡惨重、经济损失巨大，它所造成的社会影响也比其他自然灾害更为广泛、强烈，往往会产生一系列的连锁反应，对于一个地区甚至一个国家的社会生活和经济活动会造成巨大的冲击。地震造成房屋破坏，人们失去住所，被迫住在临时帐篷和简陋的棚舍；物资供应困难，有时甚至依靠空投；生命线系统瘫痪，停电、停水、交通和通信中断等，都给生活带来极大不便。除这些直接影响外，还会产生工资降低、就业困难、生产下降等一系列对经济发展的影响，甚至导致经济衰退、病疫流行等许多负面后果。

6. 持续时间较长

地震灾害持续时间比较长，有两个方面的意思。一方面是主震之后余震往往持续很长一段时间，也就是地震发生以后，在近期内还会发生一些比较大的余震。虽然没有主震大，但是余震也会有不同程度发生，这样影响时间就比较长。另一方面，由于破坏性大，使灾区恢复和重建周期比较长。地震造成了房倒屋塌，接下来要进行重建；重建之前还要对建筑物进行鉴别能不能住人；或者是将来重建的时候要不要进行一些规划，规划到什么程度等。

三、地震灾害分布及危害

（一）地震灾害分布

1. 地震的时间分布特征

根据历史地震资料，对于全世界或一个地区来说，会在一段时间表现为多震的活跃期，而在另外一段时间内表现为少震的平静期。地震活跃期是相对地震平静期而言的，它只是一个相对的概念。这种活跃期和平静期交替出现的现象，叫地震的间歇性。在全世界范围内，20 世纪 40 年代是 7 级以上大地震次数最多、最活跃时期。以 20 世纪的时段为例，中国已经历了 1895~1906 年、1920~1934 年、1946~1955 年、1966~1976 年、1988 年以来的 5 次地震活跃期。在第二个地震活跃期，中国大陆共发生 12 次 7 级以上的大地震，造成 25 万~ 30 万人死亡。在第四个活跃期的 10 年间，中国大陆共发生 14 次 7 级以上的大地震，造成 27 万人死亡和数百亿元的经济损失。

2008 年汶川特大地震标志中国大陆地区进入新的地震活跃期，2008 年新疆于田发生 7.3 级地震，2010 年 4 月 14 日青海省玉树藏族自治州玉树市发生 7.1 级地震，2013 年 4 月 20 日四川雅安芦山发生 7 级地震，2014 年 2 月 12 日新疆于田发生 7.3 级地震，2017 年 8 月 8 日四川九寨沟发生 7 级地震，至少说明四川省进入了一个宏观的强震活跃期。

中华人民共和国成立以来强震最活跃的年份并不是 2008 年而是 1976 年，1976 年 1 年时间里中国大陆地区共发生了 6 次 7 级或者 7 级以上的地震，以下为这 6 次 7 级或者 7 级以上的地震信息资料：

1976 年 5 月 29 日云南省龙陵县发生两次地震，第一次 7.3 级地震，震源深度为 24km 左右，震中烈度为Ⅸ度；第二次 7.4 级地震，震源深度为 20km 左右；震中烈度为Ⅸ度。

1976 年 7 月 28 日 3 时 42 分河北省唐山市路南区发生 7.8 级地震，震源深度为 11km 左右；震中烈度为Ⅺ度；7 月 28 日 18 时 45 分河北省唐山市滦县发生 7.1 级地震，震源深度为 10km；震中烈度为Ⅸ度。

1976 年 8 月 16 日 22 时 6 分四川省松潘县、平武县交界处发生 7.2 级地震，震源深度为 15km；震中烈度为Ⅸ度；8 月 23 日 11 时 30 分四川省松潘县、平武县交界发生 7.2 级地震，震源深度为 22km；震中烈度为Ⅸ度。

1976 年中国地区 7 级或者 7 级以上的地震那么活跃的原因是：第一，1976 年中国大陆地区发生的 6 次 7 级或者 7 级以上的地震主要发生在 3 个地方，而且均属于震群型地震，震群型地震是指由 2 次或者 2 次以上的主震，最大地震和第二大地震震级相差小于 1 级的地震。第二，1976 年比较特殊，西南地震区和华北地震区同时进入活跃期。

2. 地震的空间分布特征

地震震中分布集中的地带，称为地震带。从世界范围看，有些地区没有或很少有地震，有些地区则地震频繁而强烈，地震往往与活动性很强的地质构造带一致。

（1）世界地震带。

环太平洋地震带：环太平洋地震带是一个围绕太平洋经常发生地震和火山爆发的地区，分布于濒临太平洋的大陆边缘与岛屿，有一连串海沟、列岛和火山，板块移动剧烈。

它像一个巨大的环，围绕着太平洋分布，沿北美洲太平洋东岸的美国阿拉斯加向南，经加拿大本部、美国加利福尼亚和墨西哥西部地区，到达南美洲的哥伦比亚、秘鲁和智利，然后从智利转向西，穿过太平洋抵达大洋洲东边界附近，在新西兰东部海域折向北，再经斐济、印度尼西亚、菲律宾，琉球群岛、日本列岛、千岛群岛、堪察加半岛、阿留申群岛，回到美国的阿拉斯加，环绕太平洋一周，也把大陆和海洋分隔开来。

该地震带发生的地震约占全球地震总数的 80%，集中了全世界 80%以上的浅源地震（0~70km）、90%的中源地震（70~300km）和几乎全部的深源地震（300~700km）。全球特别是环太平洋地震带进入活跃期，已经成为科学界共识。2004 年 23 万人死亡的印度洋大海啸，2005 年 7.9 万人死亡的克什米尔大地震，2010 年智利发生 8.8 级特大地震，2010 年 22 万人死亡的海地 7.3 级地震，2011 年 15000 余人死亡的东日本大地震，2016 年新西兰南岛 8.0 级强震，这些地震均可位列 20 世纪以来遇难人数最多的 10 大地震之列。

欧亚地震带：欧亚地震带又称地中海—喜马拉雅地震带，横贯亚欧大陆南部、非洲西北部地震带，它是全球第二大地震活动带。欧亚地震带主要分布于欧亚大陆，从印度尼西亚开始，经中南半岛西部和中国的云、贵、川、青、藏地区，以及印度、巴基斯坦、尼泊尔、阿富汗、伊朗、土耳其到地中海北岸，一直伸到大西洋的亚速尔群岛。它横越欧、亚、非三大洲，全长超过 20000km，基本上与东西向火山带位置相同，但带状特征更加明显。欧亚地震带所释放的地震能量占全球地震总能量的 15%，主要是浅源地震和中源地震，缺乏深源地震。如 1755 年葡萄牙里斯本 8.7 级地震、1897 年印度阿萨姆 8.5 级地震、1950 年我国西藏察隅 8.5 级地震。

海岭地震带：海岭地震带又称大洋中脊地震带，分布在太平洋、大西洋、印度洋中的海岭（海底山脉），是从西伯利亚北岸靠近勒那河口开始，穿过北极经斯匹次卑根群岛和冰岛，再经过大西洋中部海岭到印度洋的一些狭长的海岭地带或海底隆起地带，并有一分支穿入红海和东非大裂谷区。此地震活动带蜿蜒于各大洋中间，几乎彼此相连。总长约 65000km，宽约 1000~7000km，其轴部宽 100km 左右。在这条地震带上，地震一般不超过 7 级。全球约 5%的地震能量的释放发生在这条地震带中。

（2）中国地震分布。

中国地处世界上两个最大地震集中发生地带——环太平洋地震带与欧亚地震带之间，受太平洋板块、印度板块和菲律宾海板块的挤压，地震断裂带十分发育。在中国发生的地震又多又强，其绝大多数发生在大陆的浅源地震，震源深度大都在 20km 以内。因此，中国是世界上多地震的国家，也是蒙受地震灾害最为深重的国家之一。影响中国的是环太平洋地震带和欧亚地震带，台湾地区是环太平洋地震带影响地区的主要代表，而四川、西藏、云南等中国西部地区受欧亚地震带影响较多，这些地区为地震频发区。

中国西南地区喜马拉雅山脉和横断山脉地区是欧亚地震带经过的区域，亚欧板块和印度洋板块在南北方向上碰撞挤压，形成一系列呈东西走向的地震断裂带，以及横断山脉地区南北走向的地震断裂带，与此有关的地震带包括喜马拉雅地震带、青藏高原地震带、西北地震带、南北地震带、腾冲-澜沧地震带、滇西地震带和滇东地震带。中国西部地区总体而言是地震相对高发的地区，包括西藏自治区、青海省、新疆维吾尔自治区、甘肃省、宁夏回族自治区、四川省和云南省等地都有较高的地震风险，其中越靠近欧亚地震带，地震风险越高。

中国东部地区处在环太平洋地震带通过的地区，亚欧板块和太平洋板块在东西方向上相互挤压，形成一系列东北西南走向的地震断裂带。与此有关的地震带包括环太平洋地震带、东南沿海地震带和华北地震带。相对而言，环太平洋地震带离中国的距离比欧亚地震带要远一些，因此，总体影响要小一些，但是某些地区地震活跃程度却非常高，比如中国的台湾地区刚好地处环太平洋地震带，所以是中国地震频率最高的省份。除此之外，广东省、福建省、安徽省、江苏省、山东省、河北省、河南省、山西省、陕西省、北京市、天津市、辽宁省、吉林省和黑龙江省都有地震带的分布。

中国的土地占世界7%，大陆强震占全球的33%，是世界上大陆强震最多的国家。中国地震活动频度高、强度大、震源浅、分布广。1900年以来，中国死于地震的人数达55万之多，占全球地震死亡人数的53%；1949年以来，100多次破坏性地震袭击了22个省（自治区、直辖市），其中涉及东部地区14个省份，造成27万余人丧生，占全国各类灾害死亡人数的54%，地震成灾面积达30多万平方千米，房屋倒塌达700万间。

中国地震带主要分布五大区域和23条地震带上。这五个地区是：1）西南地区，主要是西藏、四川西部和云南中西部；2）西北地区，主要在甘肃河西走廊、青海、宁夏、天山南北麓；3）华北地区，主要在太行山两侧、汾渭河谷、阴山—燕山一带、山东中部和渤海湾；4）东南沿海的广东、福建等地；5）台湾地区及其附近海域。中国地震带分布和震中分布是制定中国地震重点监视防御区的重要依据。我国重点监视防御的地震带如下：

青藏高原地震区。“青藏高原地震区”包括兴都库什山、西昆仑山、阿尔金山、祁连山、贺兰山—六盘山、龙门山、喜马拉雅山及横断山脉东翼诸山系所围成的广大高原地域。涉及青海、西藏、新疆、甘肃、宁夏、四川、云南全部或部分地区，以及苏联、阿富汗、巴基斯坦、印度、孟加拉国、缅甸、老挝等国的部分地区。青藏高原地震区是中国最大的一个地震区，也是地震活动最强烈、大地震频繁发生的地区。据统计，这里8级以上地震发生过9次；7~7.9级地震发生过78次，均居全国之首。

华北地震区。华北地震带是中国华北地区最大的地震带，东起渤海之滨的唐山地区，往西经华北北部燕山地区至五台山，然后转向西南往山西汾河流域、过黄河向西经渭河流域至宝鸡市附近，全长1500多千米，该地震带历史上发生过多次8级大地震。华北地震区包括河北、河南、山东、内蒙古、山西、陕西、宁夏、江苏、安徽等省的全部或部分地区。在5个地震区中，华北地震区的地震强度和频度仅次于“青藏高原地震区”，位居全国第二。历史上有据可查的8级地震曾发生过5次；7~7.9级地震曾发生过18次。华北地震区位于中国人口稠密、大城市集中、政治和经济、文化、交通都很发达的地区，地震灾害的威胁极为严重。华北地震区共分4个地震带：

1）郯城—营口地震带。包括从宿迁至铁岭的辽宁、河北、山东、江苏等省的大部或部分地区。是中国东部大陆区一条强烈地震活动带。1668年山东郯城8.5级地震、1969年渤海7.4级地震、1974年海城7.4级地震就发生在这个地震带上，据记载，本带共发生4.7级以上地震60余次。其中7~7.9级地震6次；8级以上地震1次。

2）华北平原地震带。南界大致位于新乡—蚌埠一线，北界位于燕山南侧，西界位于太行山东侧，东界位于下辽河—辽东湾凹陷的西缘，向南延到天津东南，经济南东边达宿州一带。是对京、津、唐地区威胁最大的地震带。1679 年河北三河 8.0 级地震、1976 年唐山 7.8 级地震就发生在这个带上。据统计，本带共发生 4.7 级以上地震 140 多次。其中 7~7.9 级地震 5 次；8 级以上地震 1 次。

3）汾渭地震带。北起河北宣化—怀安盆地、怀来—延庆盆地，向南经阳原盆地、蔚县盆地、大同盆地、忻定盆地、灵丘盆地、太原盆地、临汾盆地、运城盆地至渭河盆地，是中国东部又一个强烈地震活动带。1303 年山西洪洞 8.0 级地震、1556 年陕西华县 8.0 级地震都发生在这个带上。1998 年 1 月张北 6.2 级地震也在这个带的附近。有记载以来，本地震带内共发生 4.7 级以上地震 160 次左右。其中 7~7.9 级地震 7 次；8 级以上地震两次。

4）银川—河套地震带。位于河套地区西部和北部的银川、乌达、磴口至呼和浩特以西的部分地区。1739 年宁夏银川 8.0 级地震就发生在这个带上。1996 年 5 月 3 日内蒙古包头 6.4 级地震也发生在这个地震带上。本地震带内历史地震记载始于公元 849 年，由于历史记载缺失较多，据已有资料，本带共记载 4.7 级以上地震 40 次左右。其中 6~6.9 级地震 9 次；8 级地震 1 次。

东南沿海地震带。东南沿海地震带地理上主要包括福建、广东两省及江西、广西邻近的小部分。这条地震带受与海岸线大致平行的新华夏系北东向活动断裂控制，另外，一些北西向活动断裂在形成发震条件中也起一定作用。这组北东向活动断裂从东到西分别为：长乐—诏安断裂带，政和—海丰断裂带、邵武—河源断裂带。沿断裂带发生过多次破坏性地震，如沿长乐诏安断裂带曾发生过 1604 年泉州海外 8 级大震和南澳附近的一系列强震；沿邵武—河源断裂带曾发生过会昌 6.0 级（1806 年）地震、河源 6.1 级（1962 年）地震和寻乌 5.8 级（1987 年）地震，政和—海丰断裂带也曾发生过破坏性地震，但总的强度比较低。

南北地震带。从宁夏，经甘肃东部、四川西部直至云南，有一条纵贯中国大陆、大致南北方向的地震密集带，被称为南北地震带。该带向北可延伸至蒙古境内，向南可到缅甸。2008 年 5 月 12 日四川汶川 8.0 级的大地震就发生在这一地震带上。

其他震区。新疆地震区、台湾地震区也是中国两个曾发生过 8 级地震的地震区。由于新疆地震区地震经常发生在人烟稀少或者无人居住的区域，尽管强烈地震较多，但造成的人员伤亡和财产损失与中国东部几条地震带相比，要小许多。台湾地区位于地震带上其实并不令人奇怪，因为这座岛本身就是由板块的互相碰撞诞生的。台湾地区在地质上分属于 3 个不同的板块：以台湾地区东部的花东纵谷为界，纵谷东边的海岸山脉属菲律宾板块；东北部宜兰、龟山岛一带属于冲绳板块；西边的中央山脉、雪山山脉与玉山山脉则属于欧亚板块。这 3 个板块的相互碰撞、挤压，让这一地区蕴藏着巨大的地下能量。台湾地区以东北-西南/北-南走向的断层为主。这些断层与台湾地区主要山脉平行，和两大板块的相互作用力垂直，正是地震多发带。地处板块交界处也使台湾地区有许多容易引发地震的地体断层，1914~2014 年 100 年间中国共发生 3888 起 5 级及以上地震就有 35.9%发生在台湾地区，包括对台湾地区造成毁灭性打击的 1999 年 9 月 21 日地震就是在这种断层发生的。

（二）地震灾害的危害

1. 地震的直接危害

直接地震灾害，顾名思义就是指地震直接造成的灾害，如地震波引起的强烈震动、地震断层的错动和地面变形等造成的灾害，包括建筑物和构筑物的破坏或倒塌；地面破坏，如地裂缝、地基沉陷、喷水冒砂等；山体等自然物的破坏，如山崩、滑坡、泥石流等；水体的振荡，如海啸、湖震等。以上破坏是造成震后人员伤亡、生命线工程毁坏、社会经济受损等灾害后果最直接、最重要的原因。通常地震直接危害主要表现为建筑物破坏。一般情况下，发生强烈地震时，房屋等建（构）筑物因强烈震动或地震变形，会受到不同程度的破坏。极震区的人在感到大的晃动之前，有时首先感到上下跳动。因为地震波从地内向地面传来，纵波首先到达；横波接着产生大振幅的水平方向的晃动，是造成地震灾害的主要原因。1960 年智利大地震时，最大的晃动持续了 3min。地震造成的灾害首先是破坏房屋和构筑物，造成人畜的伤亡，如 1976 年中国河北唐山地震中，70%~80%的建筑物倒塌，人员伤亡惨重。1985 年 3 月 29 日发生在四川省自贡市的地震，虽然震级只有 4.8 级，但是也毁坏房屋 250 万平方米，其中倒塌房屋 1 万多平方米，导致 2 人死亡，23 人重伤。

2. 地震的次生灾害

地震次生灾害是直接灾害发生后，破坏了自然或社会原有的平衡或稳定状态，从而引发出的灾害。主要有火灾、水灾、毒气泄漏、瘟疫等。其中火灾是次生灾害中最常见、最严重的。

火灾：地震火灾多是因房屋倒塌后火源失控引起的。由于震后消防系统受损，社会秩序混乱，火势不易得到有效控制，因而往往酿成大灾。例如，1755 年的里斯本地震有感半径达 2500km，地震引起了大火，摧毁了这座海滨城市。1923 年 9 月 1 日的日本关东地震发生在中午人们做饭之时，加之城内民居多为木质构造，震后立即引燃大火；而震裂的煤气管道和油库开裂溢出大量燃油，更助长了火势蔓延；由于消防设施瘫痪，大火燃烧了数天之久，烧毁房屋 44 万多座，造成 10 多万人死于地震火灾。

海啸：地震时海底地层发生断裂，部分地层出现猛烈上升或下沉，造成从海底到海面的整个水层发生剧烈“抖动”，这就是地震海啸。通常在 6.5 级以上的地震，震源深度小于 20~50km 时，才能发生破坏性的地震海啸。毁灭性的地震海啸全世界大约每年发生一次，尤其是最近几年发生的地震海啸破坏性极大。2004 年 12 月 26 日印度尼西亚苏门答腊岛发生地震引发大规模海啸，到 2006 年末为止的统计数据显示，印度洋大地震和海啸以及所造成的瘟疫灾害已经造成近 30 万人死亡，这是世界上近 200 多年来死伤最惨重的海啸灾难。

水灾：地震引起水库、江湖决堤，或是由于山体崩塌堵塞河道造成水体溢出等，都可能造成地震水灾。1933 年 8 月 25 日四川省茂县叠溪地区发生 7.5 级地震，两岸高山大量崩塌、滑坡阻塞岷江，形成 4 个堰塞湖，45 天后（10 月 9 日）溃决，洪水掀起几十米高的大浪，翻腾汹涌而下，下游临江村寨被冲击一空，并于 10 月 10 日凌晨涌入灌县县城，摧毁都江堰渠首和防洪堤。地震使叠溪镇全部覆灭，死亡 6800 余人。堰塞湖冲击形成岷江洪水，又淹死 2500 多人，毁田 500 多公顷。

瘟疫：地震引发瘟疫是指地震发生后引发的烈性传染病，如鼠疫、霍乱、斑疹伤寒等，可以导致大量的人员死亡。大地震后容易造成瘟疫，这实际主要是水源污染，更直接地说就是雨水污染。这种污染会导致病毒与细菌变异，产生高致命性。地震后，遇难者众多，加之雨淋日晒，尸体迅速腐烂，会导致瘟疫的发生和蔓延。地震后常见的疾病有肠道传染病、虫媒传染病、人畜共患病和自然疫源性疾病及食源性疾病等。

滑坡和崩塌：这类地震的次生灾害主要发生在山区和塬区，由于地震的强烈振动，使得原已处于不稳定状态的山崖或塬坡发生崩塌或滑坡。这类次生灾害虽然是局部的，但往往是毁灭性的，使整村整户人财全被埋没。地震滑坡规模大、形成时间短，更具破坏性。地震滑坡和崩塌活动与地震震级、烈度具有明显的关系。一般地说，5 级左右的地震可以诱发滑坡，5 级地震诱发滑坡的区域可达 100 多平方千米。8 级以上的地震，诱发滑坡的区域可达几万平方千米。在相同条件下，地震震级越大，诱发滑坡的面积也越大。地震引起坡体晃动，破坏坡体平衡，从而诱发坡体崩塌，一般烈度大于Ⅶ度以上的地震都会诱发大量崩塌。2008 年汶川地震发生时以及震后一段时间内，灾区发生了大量的滑坡和崩塌。例如，北川县城一处大滑坡至少掩埋了 2000 余人；北川县陈家坝 3 处滑坡掩埋了村庄，至少造成 1200 人罹难。据统计，汶川地震共发生滑坡 3627 处、崩塌 2383 处、不稳定斜坡 1694 处，持续时间达数十天。这些滑坡和崩塌直接威胁着近 80 万群众的生命和财产安全。

地震引发核泄漏：地震对核电站的影响主要有两个方面：一是用于保护核反应堆的厂房建筑结构的完整性，二是反应堆芯的温度。当温度过高时，核反应堆堆芯就会开始熔毁。堆芯熔毁后，会向包裹它的外壳空间释放放射性的蒸汽和其他放射性物质。2011 年 3 月 11 日，由于日本东北部海域发生 9.0 级强震，引发特大海啸。最终导致福岛核电站 3 个反应堆发生氢气爆炸，大量放射性物质泄漏，约 30 万人被紧急疏散。按照国际核事件分级表，福岛核事故等级为最高的 7 级，是切尔诺贝利核电站爆炸与泄漏之后最严重的核事故。

四、地震灾害风险评估

地震灾害风险是指未来一段时间内，某地区由于地震发生导致灾害损失的可能程度。地震灾害风险评估是对某地区遭受不同强度地震灾害的可能性及其可能造成的后果进行的定量分析和估计，是地震风险管理中的重要内容，可为有效应对地震灾害、减少地震灾害造成的损失提供基础依据。2020 年中国实施地震灾害风险调查和重点隐患排查工程，开展风险普查试点，着力提高地震灾害风险防治水平。地震灾害风险由地震致灾力（D）、承灾体暴露性（E）、地震发生可能性（P）3 个因子组成，风险评估公式如下：

$$R = D \times E \times P$$

地震致灾力（D）是指灾害的物理损毁标准，应该由试验获得。鉴于目前此类试验不多且不够系统，所需数据只能从以往灾害后果中获得。承灾体暴露性（E），即全国或不同区域的社会经济、资源环境状况，从统计数据库、空间数据库、地图集、行业的研究等可以获取需要的数据。地震发生可能性（P），地震灾害发生虽然有其预报上的复杂性，但还是有其客观规律，这个因子的数据可以从历史灾害发生纪录和相关的专业研究成果中获取，如地震带分布图等。其中，$D \times E$ 为承灾体脆弱性的量化结果，可以看作自然灾害的理论损失。因此，自然灾害风险即为这一理论损失与灾害可能性的乘积。在现实中，承灾体理论损失与地震致灾力密切相关，是暴露性与地震破坏力的函数。

首先分别构建各项因子的计算模型：

（1）房屋损毁风险：

$$Rb = [\sum_{i=0}^{n}(Bhi \times Bhit)] \times P$$

式中，Rb 为房屋损毁风险；Bhi 为某类建筑物的损毁率；$Bhit$ 为县域某类建筑物的总量；n 为房屋建筑类型，分为钢混、砖混、砖木、土木四种结构。

（2）人员伤亡风险：

$$Rp = Ph \times Pt \times P$$

式中，Rp 为人员伤亡风险；Ph 为人员伤亡率；Pt 为人口总数。

（3）经济损失风险：

$$Re = Eh \times Et \times P$$

式中，Re 为经济损失风险；Eh 为经济损失率；Et 为经济总量。

三个因子首先按照微度、轻度、中度和重度地震的分别计算其各自损失，然后按照等概率发生对不同等级地震损失分别进行合成，获得地震灾害风险。

五、地震灾害防治措施

地震灾害具有高度的突发性和难以预测性，但并不表明我们人类在其面前就束手无策、坐以待毙，是可以通过加强预防减少其发生带来的伤害，使人民生命财产损失降到最低的。

（一）地震监测

地震监测是指在地震发生前后，对地震前兆异常和地震活动的监视与测量。地震学家通过各种仪器对地球存在的地磁场、地电场、重力场、温度场、形变场及水的化学成分含量等进行检测，然后依据这些检测获取的信息，判断地球内部某个地方是否存在能量积累，是否出现应力加剧，是否有发生强震的危险。好比我们每个人定期到医院检查身体时，医生通常要利用仪器进行血压测量、做心电图、X 光透视、化验血样、做 B 超等，然后依据通过这些检测手段获取的信息诊断一个人的身体是否健康。

为了对地震信息和与地震孕育、发生有关的地球物理场、地球化学场、地壳形变场等地震前兆信息进行监视与观测，以通过对地震孕育、发生的跟踪，进而实现地震预报，我国建立了包括测震台网、地震前兆观测台网、大面积流动观测网及群众性测报网组成的地震信息检测系统。与之配套的还有全国主干通信网、区域通信网、地震速报网组成的地震信息传递系统和以计算机网络为主体的地震信息储存、处理系统。通常把这三大系统称为地震监测系统。地震监测是地震预测预报的基础，也是采取各种震灾预防措施和地震应急措施的基础。地震监测资料的快速传递、汇总入网、及时分析处理是实现地震预报和快速应急响应的关键。

地震监测设施是指按照地震监测预报及其研究工作的需要，对地震波传播信息和地震前兆信息进行观测、储存、处理、传递的专用设备、附属设备及相关设施。如各类地震仪及配套设备设施，监测地球物理的重力场、地磁场、地电场、地应力场及地壳形变场、地球化学成分等前兆变化的仪器设备，以及相关配套设施等。地震监测设施大体可分为三类：

（1）地震台监测设施。每个地震台至少有一种或多种观测手段。就地震观测而言，就有多种地震仪器及其一定规模的场地和配套设施的观测系统。如各种记录近地震的短周期地震仪、记录远地震的中长周期地震仪和记录大地震的强震仪系统等。

（2）地震遥测台网设施。是指采用先进的遥测技术进行观测的地震台网所使用的仪器设备及附属装置。

（3）流动观测设施。是指通过定期野外观测方式，获取地震前兆信息的地形变、地磁、地电、重力等观测项目的野外观测标志，以及配套设备、设施、观测场地及专用道路等。

用于长期监测某一特定地区的地震活动情况，由若干个建立在固定地点的地震台和一个负责业务管理和资料处理职能的部门组成的地震台网称为固定台网；为了地震学和地震预报研究的需要，或在某处发生强震后，为监视震区及邻区的余震活动情况，临时架设了由若干个地震台和一个资料处理中心的地震台网称为流动台网。用于监测全球地震活动性的地震台网，其尺度几乎跨越全球。典型的是美国在 20 世纪 60 年代初建立的世界标准地震台网（WWSSN）。该台网由 100 余个分布在全球的地震台和设在美国本土的业务管理部门组成。

目前中国已建成由 24 个基准地震台组成的国家级地震台网，其尺度跨越全国。用于监测全国的基本地震活动情况。为了监测省内及邻省交界地区的地震活动性，中国绝大多数省份均已建成由十余个至数十个地震台组成的区域地震台网。跨度一般约为数百千米。有些省内的地区或一些大型的工矿企业，如大型水电站，为了监测本地区的地震活动性，建成由几个或十余个地震台组成的地方地震台网，跨度一般约在十余千米至几十千米间。

中国对地震监测台网的建设，实行统一规划，分级、分类管理，并确立了地震重点监视防御区制度、地震监测台网分级分类管理制度、地震监测设施和地震观测环境保护制度、地震预报统一发布制度、地震安全性评价制度、建设工程抗震设防制度、地震灾害保险制度、破坏性地震应急预案制定和备案制度、震情和灾情速报和公告制度、地震灾害损失调查评估制度、紧急应急措施制度、紧急征用制度、震后救灾制度、地震灾区重建统筹规划制度和典型地震遗址遗迹保护制度等。

地震重点监视防御区是指未来一定时间内，可能发生破坏性地震或可能受破坏性地震影响造成严重地震灾害损失，需要加强防震减灾工作的区域。自 20 世纪 70 年代初期开始，我国建立起年度全国地震会商会制度，对未来一年的地震趋势做出判断，并圈定若干个未来一年或稍长时间内的全国地震重点危险区。这些重点危险区作为进一步加强监视、开展震情工作的重点目标。多年实践表明，地震重点危险区大多集中在西部地区，而造成地震损失和潜在震害的却主要在大中城市集中、人口稠密的东部地区，尤其是经济发达的沿海地区。因此在确定防震减灾的重点目标时必须要兼顾震情和灾情。此外，根据年度震情动态，由年度会商会确定的危险区常不可避免地带有年度变动的特点，这给各级政府和社会公众需要相对稳定和连续性地部署综合防御工作带来困难。因此，中国地震局开始建立地震重点监视防御区制度，这既符合加强重点、兼顾一般的总的工作原则，更重要的是符合我国的国情。我国国土广阔，地震的分布范围很广泛，国家财力有限，在广阔的国土上普遍进行防御有一定难度，而划定重点地区、开展重点防御能够收到事半功倍的效果，所以，确定地震重点监视防御区不仅有其必要性，也有其现实性。

（二）地震预报与地震预警

地震预报是指在地震发生前，对未来地震发生的震级、时间和地点进行预测预报，并及时公布于众，让预测受灾区人们做好预防工作，以减少人员伤亡和财产损失的活动。在《地震预报管理条例》中，按照预报的时间尺度，地震预报分为长期、中期、短期、临震四种类型。

地震长期预报是指对未来10年年内可能发生破坏性地震的地域的预报；

地震中期预报是指对未来1、2年内可能发生破坏性地震的地域和强度的预报；

地震短期预报是指对3个月内将要发生地震的时间、地点、震级的预报；

临震预报是指对10日内将要发生地震的时间、地点、震级的预报。

预报地震的方法大体有三种：地震地质法、地震统计法、地震前兆法，但三者必须相互结合、相互补充，才能取得较好的效果。地震地质法是研究与发生地震有关的地质构造、构造运动和地壳的应力状态。研究地震地质的主要目的是查明发生地震的地质成因、地质条件和地质标志，对未来的地震危险区和地震强度做出预测，为地震区域划分提供依据。地震统计法是根据历史地震的统计，关于历史地震的记载很多，根据历史地震统计进行回归分析，发现地震的规律性，可以建立地震的活动周期。地震前兆指地震发生前出现的异常现象，岩体在地应力作用下，在应力应变逐渐积累、加强的过程中，会引起震源及附近物质发生如地震活动、地表明显变化以及地磁、地电、重力等地球物理异常，地下水位、水化学、动物的异常行为等。

地震发生时间、发生地点和未来地震的震级是地震预报三要素。地震预测三要素是一个整体，缺少其中任何一项，预测就没有意义。经过邢台地震（1966年）以来多年的地震预报实践，我国地震工作者已积累和总结了一些预测地震三要素的经验和方法。简述如下。

（1）震级预测：由于地震是震源体应力应变积累的结果，地震越大，应力应变积累的时间和强度往往也越大，震源区体积也就越大。这些特点反映在地震前兆上，则表现为震级大时，地震前兆异常（主要指趋势异常）的持续时间长，前兆异常的空间展布范围也大。国内外地震专家将其归纳为两个预测公式，即 $M=A+B\lg T$ 和 $M=C+D\lg R$。前者是震级 M 与异常持续时间 T 之间的关系式，后者是震级与异常分布半径 R（可根据异常范围勾画）之间的关系式。式中 A、B 和 C、D 为常数，这些常数往往随地区和观测手段的不同而不同。除了这2个基本经验公式外，还有一些其他判据和指标用以预测地震的大小。

（2）时间预测：时间预测主要是根据地震前兆的发展过程判断地震发生的日期。早期的前兆异常往往是慢速的、渐变的趋势性变化。越接近地震发生，异常变化越激烈，呈现为快速和突发的特点，同时还出现地下水、气、油和多种动物习性的宏观异常。据此可把发震时间判断为几月乃至几天之内。在临震时，还可能观测到地声、地光等前兆。所以根据异常发展的过程，可逐步分析并逼近地震的发生时间。此外，具体发震日期的预测还需要考虑触发因素，如朔望日、磁暴、节气日等。

（3）地点预测：从实践经验看，震中及其附近地区可由异常现象显露程度、异常幅度的大小，以及异常出现的先后来判断。一般来说，异常集中程度最高、幅度最大和发育最早的地区往往最接近震中。此外，地质构造分析和地震活动过程中出现的空区、条带等异常图像，都可为未来地震震中区的预测提供线索。

20 世纪 60 年代，苏联、日本、美国等相继应用现代科学技术有计划地开展了地震预报研究。我国自 1966 年邢台地震后开始了大规模地震预报的实践探索，基本上与上述主要地震研究国家同步。经过多年的努力，我国在观测仪器的研制、监测系统的建设、经验预报的积累等方面有了很大进展。然而，作为地球科学的前沿领域，地震预报至今仍是一个难于突破的世界性难题。与日本、美国相比，我国在地震观测技术、仪器设备、通信技术、数据处理技术等方面仍有差距。但我们在以下几个方面相比具有优势：（1）我国所取得的大震震例资料、观测到的前兆现象和累积的地震预报经验是其他国家无法比拟的。（2）在总结预报经验的基础上，我们进一步研究了地震预报的判据、指标和方法，建立了一套地震预报的震情跟踪技术程序，把地震预报向实用化方面推进了一大步。而其他国家只停留在研究，或在个别地区以实验场的方式进行实验。（3）自 1966 年以来，我国在政府与社会的共同配合下，对海城地震、松潘地震等取得了有减灾实效的较为成功的预报。但是，我们的预报水平仍然很低，能做出预报的地震还只占极少数，当前地震预报仍停留在有限的经验基础之上。

地震能不能预测预报，科学界一直有争论。1997 年 3 月，《Science》上发表了一篇论文《地震不能预报》，作者日本东京大学地球物理学家盖勒教授也立即成为一个“地震不能预报”的旗帜性人物。地震究竟能否准确预报、应不应该预报，在中国地震学界也争论不休，一方认为地震已经有多次成功预报的先例；另一方认为当前根本不可能预报成功，而应该加强抗震力度和做地震预警。从长远看，加强房屋抗震设计，是更有效的抗震自救之道。

地震预警是指在地震发生以后，根据纵波和横波之间的时间差，和地震波“赛跑”，来赢取提前预警的时间。地震预警技术系统一般包括地震检测、通信、控制与处置、警报发布等组成部分。

地震预警与地震预报二者的基本区别是：地震预报是对尚未发生但有可能发生的地震事件事先发出通告，而地震预警是灾害性地震已经发生，对即将到来的灾害抢先发出警告并紧急采取行动，防止地震次生灾害的发生。

实现地震预警有三种基本技术途径：一是利用地震波和电磁波传播的速度差异；二是利用地震波本身在近处传播时纵波（P 波）与横波（S 波）传播速度的差异；三是利用致灾地震动强度阈值。

电磁波的传播速度是 30 万千米/s，而地震波最快的传播速度约 6000m/s，地震波的传播速度显然慢得多。当强震发生后，在震中附近的地震台（如在天津）首先收到了地震波，这时立刻用电子信号向远处地区（如北京）发出告警，于是地震波还没有到达（北京距天津 120km，约 20s 后才能到达），北京就知道发生了大地震，可立即拉响警笛或采取切断电源、关闭气阀等措施，减轻人员伤亡和财产损失。

纵波与横波都是地震波，为什么要利用它们的传播速度差异进行预警呢？这是因为横波造成的地震灾害要比纵波大得多，而横波传播速度又比纵波慢，正好可以利用它们之间的时间差。地震发生时，首先出现的是上下震动的 P 波，震动幅度较小，要过大约 10s～1min 时间，水平运动的 S 波才会到来，造成严重破坏。地震预警就是利用地震发生后 P 波与 S 波之间的时间差。原理上，在距离震源 50km 内的地区，会在地震前 10s 收到预警信息；90～100km 内的地区，能提前 20 多秒收到预警信息。不过，纵波与横波传播速度的差异较小，纵波约 6km/s，横波约 3.3km/s，可利用的时间差很小，大约几秒到十几秒内。

离震中越近时间差越小，发出预警信息就更难。

如何利用致灾地震动强度阈值来实现预警呢？核电站通常采用这种方法，通过建立地震动监测系统，当地震动幅度超过给定的阈值时，监控器报警并采取紧急措施，安全停堆，防止核泄漏。

地震预报在全世界范围内仍是一大难题，但地震预警是完全可行的。地震预警因为求“快”，对地震大小、震源等信息的判断不一定完全准确，因此学界至今仍对地震预警持不同意见，支持方认为它能有效避免损失，反对方则认为它需要长期的人力物力投入，效果却有限。墨西哥城、中国台北、土耳其伊斯坦布尔等城市，我国核电站、日本铁路新干线、日本东京煤气系统等工程，均建立了地震预警及处置系统。

目前，我国减灾所于 2011 年开始向社会提供地震预警服务，于 2014 年联合建成了延伸至我国 31 省市自治区、覆盖面积 220 万平方千米、覆盖我国地震区人口 90%（6.6 亿人）的全球最大地震预警网——大陆地震预警网，服务重大工程、危化企业、中小学、社区等，已成功预警芦山 7 级地震、鲁甸 6.5 级地震、九寨沟 7.0 级地震、长宁 6.0 级地震等 56 次破坏性地震。减灾所持续 6 年多通过手机、广播电视、微博、专用终端等多方式安全服务人员密集场所，核电站、卫星发射中心等重大工程，使得我国成为继墨西哥、日本之后世界第三个具有地震预警能力的国家。

（三）地震前兆

地震前兆指地震发生前出现的异常现象。岩体在地应力作用下，在应力应变逐渐积累、加强的过程中，会引起震源及附近物质发生物理、化学、生物和气象等一系列异常变化。我们称这些与地震孕育、发生有关联的异常变化现象为地震前兆，也称地震异常。它包括地震微观异常和地震宏观异常两大类。

1. 地震的宏观异常

人的感官能直接觉察到的地震异常现象称为地震的宏观异常。地震宏观异常的表现形式多样且复杂，异常的种类多达几百种，异常的现象多达几千种，大体可分为地下水异常、生物异常、气象异常、地声异常、地光异常、地气异常、地动异常、电磁异常等。

生物异常。许多动物的某些器官感觉特别灵敏，能比人类提前知道一些灾害事件的发生，例如海洋中水母能预报风暴，老鼠能事先躲避矿井崩塌或有害气体的侵入等。伴随地震而产生的物理、化学变化（振动、电、磁、气象、水氡含量异常等），往往能使一些动物的某种感觉器官受到刺激而发生异常反应。地震生物异常现象表示为牛、马、驴、骡惊慌不安、不进厩、不进食、乱闹乱叫、打群架、挣断缰绳逃跑、蹬地、刨地、行走中突然惊跑等。1976 年 7 月 27 日，唐山地区滦南县王盖山的人们亲眼看见成群的老鼠在仓皇奔窜，大老鼠带着小老鼠跑，小老鼠们则相互咬着尾巴连成一串。动物反常的情形可以归纳如下：

震前动物有预兆，密切监视最重要。
牛羊骡马不进厩，猪不吃食狗乱咬。
鸭不下水岸上闹，鸡飞上树高声叫。
冰天雪地蛇出洞，大鼠叼着小鼠跑。
兔子竖耳蹦又撞，鱼跃水面惶惶跳。
蜜蜂群迁闹哄哄，鸽子惊飞不回巢。
家家户户都观察，发现异常快报告。

除此之外，有些植物在震前也有异常反应，如不适季节的发芽、开花、结果或大面积枯萎与异常繁茂等。

水异常。地下水包括井水、泉水等。主要异常有发浑、冒泡、翻花、升温、变色、变味、突升、突降、泉源突然枯竭或涌出等。人们总结了震前井水变化的谚语："井水是个宝，前兆来得早。""无雨水质浑，天旱井水冒。""水位变化大，翻花冒气泡。""有的变颜色，有的变味道。"

地光异常。地光异常指地震前来自地下的光亮，其颜色多种多样，可见到日常生活中罕见的混合色，如银蓝色、白紫色等，但以红色与白色为主；其形态也各异，有带状、球状、柱状、弥漫状等。一般地光出现的范围较大，多在震前几小时到几分钟内出现，持续几秒钟。唐山地震前多个地区出现了红色、蓝白色的地光，闪来闪去。

地气异常。地气异常指地震前来自地下的雾气，又称地气雾或地雾。这种雾气，具有白、黑、黄等多种颜色，有时无色，常在震前几天至几分钟内出现，常伴随怪味，有时伴有声响或带有高温。唐山地震前，在唐山林西矿区飘来一股淡黄色的烟雾，它障人眼目，令人迷惑。

地声异常。地声异常是指地震前来自地下的声音。其声有如炮响雷鸣，也有如重车行驶、大风鼓荡等。当地震发生时，有纵波从震源辐射，沿地面传播，使空气振动发声，由于纵波速度较大但势弱，人们只闻其声，而不觉地动，需横波到后才有动的感觉，所以，震中区往往有"每震之先，地内声响，似地气鼓荡，如鼎内沸水膨胀"的记载。如果在震中区，3 级地震往往可听到地声。地声是地下岩石的结构、构造及其所含的液体、气体运动变化的结果，有相当大部分地声是临震征兆。

2. 地震的微观异常

人的感官无法觉察，只有用专门的仪器才能测量到的地震异常称为地震的微观异常，主要包括以下几类：地震活动异常、地形变异常、地球物理变化（重力、地磁、地电）、地球化学异常和地下流体（水汽、油、气）的变化等。

一旦发现异常的自然现象，不要轻易做出马上要发生地震的结论，更不要惊慌失措，而应当弄清异常现象出现的时间、地点和有关情况，保护好现场，向政府或地震部门报告，让地震部门的专业人员调查核实，弄清事情真相。

（四）防震应急

1. 防震减灾

防震减灾是防御与减轻地震灾害的简称。经过几十年的实践，我国的防震减灾工作逐渐形成了符合我国国情和适合地震灾害特点的工作内容和思路，已经从单纯采取震后救灾的消极被动状态转变为综合开展震前、震时和震后主动防御和减轻地震灾害的多项活动。根据防震减灾的内涵，工作内容概括为地震监测预报、地震灾害预防、地震应急救援、地震灾后过渡性安置与恢复重建和地震科学技术研究等。

地震灾害预防是人类发挥自身主观能动性，自觉地采取预防措施，以求力所能及地避免或减轻地震灾害造成的损失，包括工程性预防与非工程性预防两大部分。工程性预防措施是指人们为了防止建（构）筑物在地震时遭受破坏而采取的预防措施，包括选择场地，采取适当的地基处理措施，合理的结构布局与抗震设计演算和构造措施，合适的材料，以及严格按抗震设计施工和维护保养措施；非工程性的预防措施主要指各级人民政府及其有关部门或者机构和社会公众依法开展的各项减灾活动，这些活动旨在提高抗御地震灾害能力，增强社会的防震减灾意识，包括建立健全有关的法律法规，编制防震减灾规划，制订地震应急预案，组织地震科普宣传，特别是各级人民政府依照法律的规定，协调全社会做好各方面的防震减灾准备。

地震所造成的经济损失和人员伤亡主要是由于建筑物和工程设施的破坏、倒塌，以及伴生次生的灾害的。保证各类建筑物具有相应的抗震能力是减轻地震灾害的有效措施。

首先，要在对地区和建设场地进行地震安全性评价的基础上，搞好国土开发规划和重要工程的建设，使城镇和工程建设避开易造成地震灾害的不利地段，选择安全有利的场地，并明确规定重大项目等工程的抗震设防标准。

其次，要使新建工程和建筑物依据抗震设防标准进行抗震设计和设防，尤其是重大工程和核电站、水库堤坝、供水、供电、通信交通等生命线工程更应如此。

对建筑物而言，抗震设防是加强建筑物抗震能力或水平的综合性工作。新建工程抗震设防工作应在场地、设计、施工 3 个方面严格把关，即由地震部门审定场地的抗震设防标准，设计部门按照抗震设防标准进行结构抗震设计，施工单位严格按设计要求施工，建设部门检查验收。已建工程可视工程的重要程度和风险水平进行抗震性能鉴定，并补做相应的抗震加固。抗震设防和加固是抗御地震灾害的有效措施，应尽量做到“小震不坏、中震可修、大震不倒”，达到减轻伤亡和财产损失的目的。

根据建（构）筑物遭受强震作用的经验教训和现有的理论认识水平，良好的抗震设计应该尽可能地考虑以下原则：

（1）场地选择合理：避免地震时可能发生地基失效的松软场地，选择坚硬场地。基岩、坚实的碎石类地基、硬黏土地基而且地形平坦的场地为坚硬场地；饱和松散粉细砂、人工填土与极软的黏土地基或不稳定的坡地及其影响可及的场地是危险地区。

（2）建筑结构体型均匀规整：无论是在平面上还是立面上，结构的布置都要力求使集合尺寸、质量、刚度、延性等均匀、对称、规整，避免突然变化。

（3）提高结构和构件的强度和延性：结构物的振动破坏来自地震动引起的结构振动，因此抗震设计要力求使从地基传入结构的振动能量为最小，并使结构具有适当的强度、刚性和延性，以防止不能容忍的破坏。在不增加重量、不改变刚度的前提下，提高总体强度和延性是两个有效的抗震途径。

（4）等安全度设计：理想的设计可以使结构中每个构件都具有近似相等的安全度，即不存在局部薄弱环节；更适当的要求可能是等破坏设计，即各个构件受损而引起结构物达到破坏的安全度相近。

（5）多道抗震防线：使结构具有多道支撑和抗水平力体系，避免倒塌。

大地震是一种巨大的自然灾害，它来势凶猛，事前没有明确的预兆，以致来不及逃避。对于这样的突发事件，应当怎样应对，怎样才能最大限度地减少伤亡和损失？这就是地震防治措施要解决的问题。地震防治措施是研究减轻地震灾害、获取最大社会经济效益的最佳战略和战术，包括震前的预测和预防工作，地震时和地震后的救灾、恢复重建工作及相关政策。地震灾害还不能完全避免，但只要制定妥善的措施并予以实施，则可以有效地减轻地震灾害损失。

地震防治措施要考虑两方面的问题，一是地震本身的特点和所能造成的破坏，二是人与社会对地震灾害的反应。前者是一个自然科学问题，许多环节需要继续进行长期的科学研究才能找到明确的答案，特别是地震活动，目前只能从地震危险性评估分析和地震活动趋势估计等两个方面获得一些定性的认识；后者更多的是属于地震社会学亟待深入研究的问题，它和一个地区的习俗传统、社会文化水平、经济发展程度以及地震活动历史都有关系，特别是在现代化的城市里，必须对交通、通信、供水、供电、医疗卫生等公用设施，在遭受地震突然袭击时可能造成的破坏等予以充分考虑，并事先做出统筹安排及有预见性的应对方案。

作为一项系统工程，地震防治措施主要包括：

（1）制定和完善防震减灾法律法规，加强法治，建立健全建（构）筑物抗震设防、震后重建的标准体系并在实践中付诸实施。

（2）制定防震减灾规划，开展区域性地震风险评估和合理规划使用国土。

（3）加强地震监测、预测预报和建（构）筑物抗震设防科学技术研究。

（4）健全地震应急预案体系，制定并完善各级人民政府以及各大型企业的地震应急预案，设立抗震救灾指挥系统，建立避险和临时安置场所，编制卫生防疫计划、伤病员救治转移方案、交通管制方案、应急通信方案、预防和处置地震次生灾害方案等。

（5）经常性地对社会公众开展地震和防震减灾知识普及教育，倡导科学防灾理念和减灾措施，特别要加强对中小学生的防灾避险安全教育，定期组织进行疏散和救护演练。

（6）开办地震灾害保险。

2. 应急响应

《国家地震应急预案》中将地震灾害分为特别重大、重大、较大、一般四级。

（1）特别重大地震灾害是指造成300人以上死亡（含失踪），或者直接经济损失占地震发生地省（区、自治市）上年国内生产总值1%以上的地震灾害。当人口较密集地区发生7.0级以上地震，人口密集地区发生6.0级以上地震，初判为特别重大地震灾害。

（2）重大地震灾害是指造成50人以上、300人以下死亡（含失踪）或者造成严重经济损失的地震灾害。当人口较密集地区发生6.0级以上、7.0级以下地震，人口密集地区发生5.0级以上、6.0级以下地震，初判为重大地震灾害。

（3）较大地震灾害是指造成10人以上、50人以下死亡（含失踪）或者造成较重经济损失的地震灾害。当人口较密集地区发生5.0级以上、6.0级以下地震，人口密集地区发生4.0级以上、5.0级以下地震，初判为较大地震灾害。

（4）一般地震灾害是指造成10人以下死亡（含失踪）或者造成一定经济损失的地震灾害。当人口较密集地区发生4.0级以上、5.0级以下地震，初判为一般地震灾害。

根据地震灾害分级情况，将地震灾害应急响应分为Ⅰ级、Ⅱ级、Ⅲ级和Ⅳ级。

应对特别重大地震灾害，启动Ⅰ级响应。由灾区所在省级抗震救灾指挥部领导灾区地震应急工作；国务院抗震救灾指挥机构负责统一领导、指挥和协调全国抗震救灾工作。

应对重大地震灾害，启动Ⅱ级响应。由灾区所在省级抗震救灾指挥部领导灾区地震应急工作；国务院抗震救灾指挥部根据情况，组织协调有关部门和单位开展国家地震应急工作。

应对较大地震灾害，启动Ⅲ级响应。在灾区所在省级抗震救灾指挥部的支持下，由灾区所在市级抗震救灾指挥部领导灾区地震应急工作。中国地震局等国家有关部门和单位根据灾区需求，协助做好抗震救灾工作。

应对一般地震灾害，启动Ⅳ级响应。在灾区所在省、市级抗震救灾指挥部的支持下，由灾区所在县级抗震救灾指挥部领导灾区地震应急工作。中国地震局等国家有关部门和单位根据灾区需求，协助做好抗震救灾工作。

特别指出的是，地震发生在边疆地区、少数民族聚居地区和其他特殊地区，可根据需要适当提高响应级别。地震应急响应启动后，可视灾情及其发展情况对响应级别及时进行相应调整，避免响应不足或响应过度。

3. 避震常识

大地震的预警现象、预警时间和避震空间是人们震时能够自救求生的客观基础，只要掌握一定的避震知识，震时又能利用预警现象，抓住预警时机，选择正确的避震方式和避震空间，就有生存的希望。

预警现象：主要包括地面颤动、建筑物晃动、强烈而怪异的地声、明亮而恐怖的地光等。

预警时间：可以逃生的时间。从感觉到地动到房屋倒塌，有大约十几秒时间，只要事先有准备，就可能利用这宝贵的十几秒钟逃离险境，转危为安。

避震空间：废墟中可以藏身的空间。不要以为房屋倒塌就是死路一条，室内有家具、物品等的支撑，废墟中总会留下一定生存空间。

大多数专家认为，震时就近躲避，震后迅速撤离到安全地方是应急避震较好的办法。这是因为震时预警现象很短，由于剧烈地动，人们行动往往无法自主；但若住在平房，发现预警现象较早，则应力争跑出室外到开阔、安全的地方避震。所谓就近避震，是根据不同情况采取不同措施。地震发生后第一位的事情是自救和互救，这样能赢得宝贵的时间，一般自救互救率为40%~80%。

应急避险原则：地震的时候应该采取“伏而待定”的姿势，即蹲下、坐下或趴下，尽量蜷曲身体，使身体重心降低；选择有利的避震空间，即结实、不易倾倒、能掩护身体的物体下、物体旁或有支撑的地方。同时，双手要牢牢抓住身边的牢固物体，以防摔倒或因身体失控移位，暴露在物体外而受伤。

保护身体重要部位：在躲避地震的过程中应该保护头颈部。低头，用手护住头部或后颈，有可能时，用身边物品如书包、被褥、沙发垫等顶在头上；保护眼睛：低头、闭眼，以防异物侵入；保护口、鼻：有可能时，用湿毛巾捂住口、鼻，以防灰尘、毒气吸入。

室内避震：室内安全避震地点为低矮、坚固的家具边；承重墙墙根、墙角；水管和暖气管道等处。迅速关闭电源、煤气。尽量远离炉具、燃气管道及易破损的物品。打开大门，防止地震造成门柱变形，影响逃生。不要靠近窗边或阳台，不要跳楼或乘坐电梯，应选择安全通道迅速撤离。如果住一层或平房，室外场地较为开阔，可尽快跑到室外开阔地避震。

公共场所避震：在影剧院、体育场馆，观众可趴在座椅旁、舞台脚下避险，震后在工作人员组织下有秩序地撤离；正在上课的学生，迅速在课桌下躲避，震后在教师指挥下迅速撤离教室，就近在开阔地带避震；在商场、饭店、书店、地铁等处，要选择结实的柜台、商品（如低矮家具等）或柱子边、内墙角等处就地蹲下，避开玻璃门窗、橱窗和柜台；避开高大不稳和摆放重物、易碎品的货架；避开广告牌、吊灯等高耸或悬挂物。避震时用双手、书包或其他物品保护头部。震后疏散要听从现场工作人员的指挥，不要慌乱拥挤，尽量避开人流；如被挤入人流，要防止摔倒；把双手交叉在胸前保护自己，用肩和背承受外部压力。

户外避震：优先选择户外开阔地。要避开高大建筑物，如楼房、立交桥、烟囱、水塔等。避开高空悬挂物，如变压器、电线杆、路灯、广告牌等。避开危险场所和危险物品，如窄道、危旧房、危墙，易燃、易爆品仓库等。避开山崖、山坡、山脚等地方。在野外遇到地震，应迅速向安全地带转移，避免地震次生灾害威胁。在海边遇到地震，应尽快向远离海岸线的高处转移，避免地震可能产生的海啸袭击。在河湖边遇到地震，应尽快往地势高的地方转移，避免地震可能产生的次生水灾的袭击。

行驶的汽（电）车内避震：司机应选择安全地点及时停车；乘客要抓牢扶手，降低重心，以免摔倒或碰伤；强震过后应迅速下车，到安全地方避震。

特殊情况下的求生方法：遇到火灾时，应设法阻断火源，用湿毛巾捂住口鼻，移动时尽量降低身体重心。遇到水灾时，应迅速离开桥面，远离岸边，向高处转移。遇到燃气或毒气泄漏时，不要使用明火，应用湿毛巾捂住口鼻，向逆风方向逃离。一旦震动停止，要迅速撤离到安全地点，警惕余震来袭，听从救援人员的指挥疏散。

六、中国典型地震灾害

（一）1920年海原地震

1920年12月16日20时6分，甘肃省固原县和海原县（今宁夏回族自治区固原市原州区和海原县）发生里氏8.5级特大地震，震中位于海原县县城以西哨马营和大沟门之间，北纬36.5°，东经105.7°，震中烈度Ⅻ度，震源深度17km，地震共造成28.82万人死亡，约30万人受伤，毁城4座，数十座县城遭受破坏。

海原地震是20世纪发生在中国最大的地震，也是世界历史上最大的地震之一。地震释放的能量相当于11.2个唐山大地震。强烈的震动持续了十余分钟，当时世界上有96个地震台都记录到了这场地震，被称为“环球大震”，余震维持3年时间。

据1949年以后调查，此次地震地表断裂带从固原硝河至海原县李俊堡开始向西北发展，经肖家湾、西安州和干盐池至景泰县，全长220km。此震为典型的板块内部大地震，重复期长。在海原发生的这次“环球大震”绝非偶然，这是由其处于特定的地质构造环境决定的。从地质构造看，海原地处阿拉善地块与鄂尔多斯地块的交接部位，其主要构造是乌鞘岭—六盘山弧形构造带。科学家给这个断裂带起名为“海原活动断裂带”。

海原地震的震中烈度所以被定为Ⅻ度，一个重要原因是在震中和极震区范围内出现了普遍而强烈的构造变形带和各种各样规模巨大的其他现象。银川以北接近蒙古沙漠的长城被地震切割，黄土高原地貌全改，高地断成沟地，连山裂开巨口，平地出现了小湖。在海原境内很多地方都有断裂带、沟壑，大多是地震所致。曾经很壮观的西安州古城就在大地震中摧毁，只留下3~8m的城基。

1922年第八、第九期《地学杂志》的资料表明这次地震共死亡人数234117人。海原和固原为其极震区，其中海原县死亡73064人，占全县人口的59%，占总死亡人数的31.2%；固原死亡39068人；通渭县死亡人数18208人；静宁县死亡人数15213人，震中所在地海原县，死亡人数占全县总人口的一半以上。地震还压死大量的牲口，造成大量房屋倒塌。

海原大地震在中国近代史上创造了多个“第一”：当时的北洋政府在震后立即决定建立中国第一个地震台；科学考察组第一次进行地震现场考察；提交了中国历史上第一份地震科学考察报告；绘制了中国第一份震区烈度等震线图；在比利时召开的世界万国地质大会上，中国学者第一次站到世界讲台上宣读与海原大地震有关的论文。尽管全球每年都要发生许多破坏性地震，但像海原大地震这样留下丰富地质遗迹的还极为少见，而具有重要科学考察价值的则更少。海原地震断裂带是当今世界范围内保存最完整、研究和利用价值最高的地震遗迹。

（二）1975 年海城地震

1975 年 2 月 4 日 19 点 36 分，辽宁省海城县（今海城市）、营口县（今大石桥市）一带（东经 122°50′，北纬 40°41′）发生 7.3 级地震，震源深度为 16~21km。

海城地震一般被认为是人类历史上迄今为止，在正确预测地震的基础上，由官方组织撤离民众，明显降低损失的唯一成功案例。这次地震发生在经济发达、人口稠密的辽东半岛中南部。在地震烈度 7 度区域范围内，有鞍山、营口、辽阳三座较大城市，人口 167.8 万人；还有海城、营口、盘山等 11 个县，人口 660 万人；合计人口 834.8 万人，人口平均密度为每平方千米 1000 人左右。海城地震发生在现代工业集中、人口稠密地区。该区绝大多数房屋未设防，抗震性能差，地震又发生在冬季的晚上，按照当地农村多数人的习惯，震时已都入睡。在这种情况下，如果事先没有预报和预防，人员伤亡将十分惨重。国内其他未实现预报的 7 级以上的大地震，如邢台地震、通海地震、唐山地震的人员伤亡率分别为 14%、13%、18.4%。按这 3 次地震的人员伤亡率平均值估算，海城地震人员伤亡将近 15 万人，死亡可达 5 万人以上。而由于发布了短临预报，震区各级政府组织群众预防，使全区人员伤亡共 18308 人，仅占 7 度区总人口数的 0.22%；其中，死亡 1328 人，占总人口数的 0.02%，重伤 4292 人，轻伤 12688 人，轻重伤占总人口数的 0.2%。

海城地震前，中国地震部门曾经做出中期预报和短临预报。早在 1970 年，全国第一次地震工作会议根据历史地震、现今地震活动及断裂带活动的新特点，曾确定辽宁省沈阳—营口地区为全国地震工作重点监视区之一。1974 年 6 月，国家地震局召开华北及渤海地区地震趋势会商会，提出渤海北部等地区一二年内有可能发生 5~6 级地震。1975 年 1 月下旬，辽宁省地震部门提出地震趋势意见，认为 1975 年上半年，或者 1~2 月，辽东半岛南端发生 6 级左右地震的可能性较大。与此同时，国家地震局也提出了辽宁南部可能孕育着一次较大地震。2 月 4 日 0 点 30 分，辽宁省地震办公室根据 2 月 1~3 日营口、海城两县交界处出现的小震活动特征及宏观异常增加的情况，向全省发出了带有临震预报性质的第 14 期地震简报，提出小震后面有较大地震，并于 2 月 4 日 6 点多向省政府提出了较明确的预报意见。4 日 10 时 30 分，省政府向全省发出电话通知，并发布临震预报。

由于震前做出了中期预测和短临预报，省政府和震区各市、县采取了一系列应急防震措施，因而大大减少了人员伤亡。比如，营口县政府在震前采取 4 条应急预防措施：（1）城乡停止一切会议；（2）工业停产，商店停业，城乡招待所、旅社要动员客人离开；

（3）城乡文化娱乐场所停止活动；（4）各级组织采取切实措施做到人离屋、畜离圈，重要农机具转移到安全地方。上述防震措施得到了很好的贯彻，各街道、乡一方面用广播喇叭，另一方面派干部挨家挨户动员群众撤离危险房屋，有的还在露天放映电影，因而最大限度地减少了伤亡。此外，由于震前广泛开展了防震减灾的宣传教育，使广大干部群众掌握了应急防震知识，也有效减轻了伤亡和损失。

由于类似成功案例在此后地震预报中极少重复，世界范围内持续发生的绝大部分地震又未能被准确预报，学界关于海城地震预报这一事件的争论延续至今。海城地震预报所遇到的幸运和这种幸运所导致的奇迹，使得后来一些国内外人士否认海城地震预报的科学价值。海城地震的成功预报的确不是地震预报成功的标志，这是事实；但是如何学习和借鉴海城地震成功预报的经验，则是当下一个重要的现实问题。海城地震用成功实践告诉我们，只有与相应的减灾措施相联系，地震预报才会有实际减灾效果。这也许是海城地震告诉我们最重要的事情。

（三）1976 年唐山地震

1976 年 7 月 28 日 3 时 42 分，河北省唐山丰南一带（东经 118.2°，北纬 39.6°）发生了强度里氏 7.8 级地震，震中烈度Ⅺ度，震源深度 12km，地震持续约 23s。地震的震中位置位于唐山市区。这是中国历史上一次罕见的城市地震灾害。顷刻之间，一个百万人口的城市化为一片瓦砾，人民生命财产及国家财产遭到惨重损失。北京市和天津市受到严重波及。地震破坏范围超过 3 万平方千米，有感范围广达 14 个省、市、自治区，相当于全国面积的 1/3。

地震共造成 24.2 万人死亡，16.4 万人受重伤，仅唐山市区终身残疾的就达 1700 多人，位列 20 世纪世界地震史死亡人数第二，仅次于海原地震；毁坏公产房屋 1479 万平方米，倒塌民房 530 万间；直接经济损失高达到 54 亿元。全市供水、供电、通信、交通等生命线工程全部破坏，所有工矿全部停产，所有医院和医疗设施全部破坏。

唐山地震在震后救援工作方面取得了宝贵经验，国际社会充分肯定了救援体制的形成对开展抗震救灾的重要性。这项工作在后来的工作中逐渐完善起来，它主要包括：实施国家级救灾措施，以部队为主体，专业队伍协助，现场救护和邻区支援的体制；十几万战士参加解救被压被困人员和清尸、防止污染的工作；2 万名医务人员、280 个医疗队、防疫队的工作，对抢救伤员和防止疫情起了关键作用；震后组织全国 14 省市 7 万多人的施工队伍和大量建筑材料，迅速解决居住和生活问题。

唐山人民在战胜灾难、重建家园中凝结成的抗震精神，其所包含的团结、坚韧、勇于克服一切困难的精神内核，不仅是唐山人民宝贵的精神财富，更是全人类所共同追求的；世界科学家们络绎不绝地来到唐山，依据这个天然“实验场”进行大量研究，使人类加深了对地球的认识，防御地震灾难也迈出了一大步；在唐山抗震实践中，中国诞生了“地震社会学”，为解决全球城市化进程中面临的日益严峻的灾害问题，奠定了理论基础，提供了成功的防灾减灾范例。

（四）2008 年汶川地震

四川汶川特大地震是 2008 年 5 月 12 日 14 时 28 分 4 秒（星期一，农历戊子鼠年四月大初八日）发生的 8.0 级地震，震中位于四川省汶川县映秀镇与漩口镇交界处，地震烈度达到Ⅺ度。此次地震的地震波已确认共环绕了地球 6 圈，地震波及大半个中国及亚洲多个国家和地区，北至辽宁，东至上海，南至香港、澳门，甚至于泰国、越南，西至巴基斯坦均有震感。

“5.12”汶川地震严重破坏地区超过10万平方千米，其中，极重灾区共10个县（市），较重灾区共41个县（市），一般灾区共186个县（市）。截至2008年9月18日12时，“5.12”汶川地震共造成69227人死亡，374643人受伤，17923人失踪，是中华人民共和国成立以来破坏力最大的地震。截至2008年9月4日，汶川地震造成直接经济损失8452亿元人民币。四川损失最严重，占总损失的91.3%，甘肃占总损失的5.8%，陕西占总损失的2.9%。国家统计局将损失指标分3类，第一类是人员伤亡问题，第二类是财产损失问题，第三类是对自然环境的破坏问题。在财产损失中，房屋的损失很大，民房和城市居民住房的损失占总损失的27.4%。包括学校、医院和其他非住宅用房的损失占总损失的20.4%。经国务院批准，自2009年起，每年5月12日为全国“防灾减灾日”。

由于印度洋板块以每年约15cm的速度向北移动，使得亚欧板块受到压力，并造成青藏高原快速隆升。又由于受重力影响，青藏高原东面沿龙门山在逐渐下沉，且面临着四川盆地的顽强阻挡，造成构造应力能量的长期积累，最终压力在龙门山北川至映秀地区突然释放，造成了逆冲、右旋、挤压型断层地震。四川特大地震发生在地壳脆韧性转换带，震源深度为10~20km，与地表近，持续时间较长（约2min），因此破坏性巨大，影响强烈。

汶川大地震是中国1949年以来破坏性最强、波及范围最大的一次地震，汶川地震重灾区的范围已经超过10万平方千米，地震的强度、烈度都超过了1976年的唐山大地震，具体表现为：

第一，汶川地震的规模较唐山地震大。汶川地震震级大小为8.0级，而唐山地震震级大小为7.8级。虽然两者的震级差仅为0.2，但汶川地震的实际释放能量约为唐山地震的3倍，地震震动强度远超唐山地震。

第二，汶川地震的断层破裂时间较唐山地震长，地震波及的面积也越大。主震持续时间受控于主要活动断层的破裂时间，断层破裂的时间越长，主震持续的时间也就越长，造成的破坏也就越严重。汶川地震释放的能量更大，其地震受灾面积也更大，灾情分布也更广。据统计，极重灾区共10个县（市），较重灾区共41个县（市），一般灾区共186个县（市）。

第三，汶川地震导致的次生灾害较唐山地震大得多。唐山地震位于平原，汶川地震主要发生在山区，其次生灾害、地质灾害的种类与前者有所差异，引发了较多的破坏性比较强的崩塌、滚石及山体滑坡等地质灾害；同时，如山体滑坡这些次生灾害往往会进一步引发其他灾害，如震后山体滑坡，阻塞河道形成的北川灾区面积最大，最危险的唐家山堰塞湖。

第四，与破坏程度相反的是，相比唐山大地震，汶川地震死亡人数相对较少，这主要是因为唐山地震发震时间是夜间，而汶川地震发生在白天，大多数人口处于工作状态，能够及时反应进行紧急避难。另外，唐山地震震中位于唐山市开平区，震区与城市圈重叠，人口稠密、建筑密集，因而产生了大量的人员伤亡及建筑物倒塌；而汶川地震震区主要在人口密度相对较小的山区和农村，因而其造成的人员伤亡小于唐山地震。

第二节　崩塌灾害

一、崩塌灾害定义及分类

（一）崩塌灾害定义

广义：崩塌是较陡斜坡上的岩土体在重力作用下突然脱离母体崩落、滚动、堆积在坡脚（或沟谷）的地质现象，俗称崩落、垮塌或塌方。

狭义：崩塌是指陡峻山坡上岩块、土体在重力作用下，发生突然急剧的倾落运动。多发生在大于60°~70°的斜坡上。崩塌的物质，称为崩塌体。崩塌体为土质者，称为土崩；崩塌体为岩质者，称为岩崩；大规模的岩崩，称为山崩。崩塌可以发生在任何地带，山崩限于高山峡谷区内。崩塌体与坡体的分离界面称为崩塌面，崩塌面往往就是倾角很大的界面，如节理、片理、劈理、层面、破碎带等。崩塌体的运动方式为倾倒、崩落。崩塌体碎块在运动过程中滚动或跳跃，最后在坡脚处形成堆积地貌——崩塌倒石锥。崩塌倒石锥结构松散、杂乱、无层理、多孔隙；由于崩塌所产生的气浪作用，使细小颗粒的运动距离更远一些，因而在水平方向上有一定的分选性。

崩塌灾害是指由崩塌作用造成的生命财产、工程设施损失及生态环境的破坏。

（二）崩塌分类

1. 根据崩塌体大小划分

（1）巨型崩塌（>100万立方米）。

（2）大型崩塌（10万~100万立方米）。

（3）中型崩塌（1万~10万立方米）。

（4）小型崩塌（<1万立方米）。

中国崩塌灾害总体上以小型为主，小型崩塌所占比例极高。但相比较而言，西北、西南和黄土高原区相对中型崩塌比例较高。青藏高原区大型和巨型崩塌所占比例相对较高。在巨型崩塌中，土质崩塌和岩质崩塌所占比例相当，在大型崩塌和中型崩塌中，以岩质崩塌为主，而在小型崩塌中，以土质崩塌为主。

2. 根据坡地物质组成划分

（1）崩积物崩塌：山坡上已有的崩塌岩屑和沙土等物质，由于它们的质地很松散，当有雨水浸湿或受地震震动时，可再一次形成崩塌。

（2）表层风化物崩塌：在地下水沿风化层下部的基岩面流动时，引起风化层沿基岩面崩塌。

（3）沉积物崩塌：有些由厚层的冰积物、冲击物或火山碎屑物组成的陡坡，由于结构舒散，形成崩塌。

（4）基岩崩塌：在基岩山坡面上，常沿节理面、地层面或断层面等发生崩塌。

3. 根据移动形式和速度划分

（1）散落型崩塌：在节理或断层发育的陡坡，或是软硬岩层相间的陡坡，或是由松散沉积物组成的陡坡，常形成散落型崩塌。

（2）滑动型崩塌：沿某一滑动面发生崩塌，有时崩塌体保持了整体形态，和滑坡很相似，但垂直移动距离往往大于水平移动距离。

（3）流动型崩塌：松散岩屑、砂、黏土受水浸湿后产生流动崩塌。这种类型的崩塌和泥石流很相似，称为崩塌型泥石流。

4. 根据崩塌形成原因划分

（1）倾倒式崩塌。在河流的峡谷区、黄土冲沟地段、岩溶区以及在其他陡坡上，常见有巨大而直立的岩体，以垂直节理或裂缝与稳定岩体分开，这种岩体在断面图上的特点是高而长，横向稳定性差。如果坡脚遭受不断冲刷掏蚀，在重力长期作用下，岩体将逐渐倾斜，最后产生倒塌。或者当有较大水平力作用时，岩体也可倾倒，产生突然崩塌。如兰州市附近长湾滑坡，后壁是高约 20m 直立黄土壁，1978 年 8 月 8 日一场大雨后，产生倾倒性崩塌。

这种崩塌模式的产生有多种途径。在重力作用下，长期冲刷掏蚀直立岩体的坡脚，由于偏压，使直立岩体产生倾倒蠕变，最后导致倾倒式崩塌；当附加特殊的水平力（地震力、静水压力、动水压力以及冻胀力等）时，岩体可倾倒破坏；当坡脚由软岩层组成时，雨水软化坡，坡脚产生偏压，可引起这类崩塌；直立岩体在长期重力作用下，产生弯折，也能导致这种崩塌。

（2）滑移式崩塌。在某些陡坡上，不稳定岩体下部有向坡下倾斜的光滑结构面或软弱面。这种崩塌能否产生，关键在于开始时的滑移，岩体重心一经滑出陡坡，突然的崩塌就会产生。这类崩塌产生的原因，除重力之外，连续大雨渗入岩体的裂缝中产生的静水压力和动水压力，以及雨水软化软弱面，都是岩体滑移的主要诱因。在某些条件下，地震也可引起这类崩塌。

（3）鼓胀式崩塌。当陡坡上不稳定岩体之下有较厚的软弱岩层，或不稳定岩体本身就是松软岩层，而且有长大的垂直节理，把不稳定岩体和稳定岩体分开时，在有连续大雨，或有地下水补给的情况下，下部较厚的软弱层或松软岩层被软化；在上部岩体的重力作用下，当压应力超过软岩天然状态下的无侧限抗压强度时，软岩将被挤出，发生向外鼓胀，随着鼓胀的不断发展，不稳定岩体将不断地下沉和外移，同时发生倾斜，一旦重心移出坡外，崩塌即会产生。因此，下部较厚的软弱岩层能否向外鼓胀，是这类崩塌能否产生的关键。

（4）拉裂式崩塌。当陡坡是由软硬相间的岩层组成时，由于风化作用或河流的冲刷掏蚀作用，上部坚硬岩层在断面上常以悬扮梁形式突出来。铁路路堑边坡上也有类似突出的不稳定岩体。在突出来的岩体上，通常发育有构造节理、风化节理。在长期重力作用下，节理会逐渐扩大和发展，因此，拉力会进一步集中在尚未产生节理裂隙的部位，一旦拉应力大于这部分岩石的抗拉强度，拉裂缝就会迅速向下发展，突出的岩体就会突然向下崩落。除重力长期作用之外，震动、各种风化作用，特别是寒冷地区的冰劈作用等，都会促进这类崩塌的发展。

（5）错断式崩塌。陡坡上的长柱状的和板状的不稳定岩体，当无倾向坡外的不连续面，并且下部无较厚的软弱岩层时，一般不会发生滑移崩塌，也不会发生鼓胀崩塌。但是，当有强烈震动，或有较大的水平力作用时，可能发生如前所述的倾倒崩塌。此外在某些因素作用下，或因不稳定岩体的重量增加，或因其下部断面减小，都可能使长柱状或板状不稳定岩体的下部被剪断，从而发生错断崩塌。这种崩塌在于岩体下部因自重所产生的剪应力是否超过岩石的抗剪强度，一旦超过，崩塌将迅速产生。

二、崩塌灾害成因及特征

（一）崩塌形成条件

崩塌的形成既有内在条件，又有外在因素的影响。

1. 地质地貌条件

（1）岩土类型。岩土是产生崩塌的物质条件。不同类型形成的崩塌的规模大小不同，通常岩性坚硬的各类岩浆岩（又称为火成岩）、变质岩及沉积岩（又称为水成岩）的碳酸盐岩（如石灰岩、白云岩等）、石英砂岩、砂砾岩、初具成岩性的石质黄土、结构密实的黄土等会形成规模较大的岩崩，页岩、泥灰岩等互层岩石及松散土层等往往以坠落和剥落为主。

（2）地质构造。各种构造面（如节理、裂隙、层面、断层等）对坡体的切割、分离为崩塌的形成提供了脱离体（山体）的边界条件。坡体中的裂隙越发育越易产生崩塌，与坡体延伸方向近乎平行的陡倾角构造面，最有利于崩塌的形成。

（3）地形地貌。江、河、湖（岸）、沟的岸坡及各种山坡、铁路、公路边坡，工程建筑物的边坡及各类人工边坡都是有利于崩塌产生的地貌部位，坡度大于45°的高陡边坡，孤立山嘴或凹形陡坡均为崩塌形成的有利地形。

岩土类型、地质构造、地形地貌三个条件，是形成崩塌的基本条件。

2. 自然诱发因素

（1）地震。地震引起坡体晃动，破坏坡体平衡，从而诱发坡体崩塌，一般烈度大于Ⅶ度以上的地震都会诱发大量崩塌。

（2）融雪、降雨。特别是大暴雨，暴雨和长时间的连续降雨，使地表水渗入坡体，软化岩土及其中软弱面，产生孔隙水压力等从而诱发崩塌。

（3）地表冲刷、浸泡。河流等地表水体不断地冲刷边脚，也能诱发崩塌。

崩塌主要的自然诱发因素是暴雨，暴雨诱发的崩塌占崩塌总数的81%，且在各种规模崩塌中均为主要的崩塌诱发类型；地震诱发的崩塌仅占崩塌总数的1%，一般发生在巨型崩塌中。还有一些其他因素，如冻胀、昼夜温度变化等也会诱发崩塌。

3. 人为诱发因素

人为诱发因素作用的时间和强度都与崩塌有关，其中人类工程经济活动是诱发崩塌的一个重要原因。人类工程活动诱发的崩塌占崩塌总数的18%，以中小型崩塌为主。从区域分布上看，西北地区工程活动诱发的崩塌相对比例较高。

（1）采掘矿产资源。中国在采掘矿产资源活动中出现崩塌的例子很多，有露天采矿场边坡崩塌，也有地下采矿形成采空区引发地表崩塌。较常见的，如煤矿、铁矿、磷矿、石膏矿、黏土矿等。

（2）道路工程开挖边坡。修筑铁路、公路时，开挖边坡切割了外倾的或缓倾的软弱地层，大爆破时对边坡强烈震动，有时削坡过陡都可以引起崩塌，此类实例很多。

（3）水库蓄水与渠道渗漏。这里主要是水的浸润和软化作用，以及水在岩（土）体中的静水压力、动水压力可能导致崩塌发生。

（4）堆（弃）渣填土。加载、不适当的堆渣、弃渣、填土，如果处于可能产生崩塌的地段，等于给可能的崩塌体增加了荷载，破坏了坡体稳定，可能诱发坡体崩塌。

（5）强烈的机械震动。如火车、机车行进中的震动，工厂锻轧机械的震动，均可引起诱发作用。

（二）崩塌灾害特征

1. 突发性强和速度快

由于岩体裂隙的出现发展常不被人们所注意，崩塌的前兆不明显，因而其突发性较强，经常给人类社会带来危害。崩塌速度一般为5~200m/s，因此其速度很快，可达到自由落体的速度。

2. 崩塌发生规模差异大

从小于1万立方米到大于100万立方米的崩塌都有发生。虽然大多数崩塌规模比较小，但是也有大规模的崩塌灾害。例如，1980年6月3日，湖北省远安县盐池河磷矿突然发生了一场巨大岩石崩塌，标高839m的鹰嘴崖部分山体从700m标高处俯冲到500m标高的谷地。在山谷中乱石块覆盖面积南北长560m，东西宽400m，石块加泥土厚度30m，崩塌堆积体积共100万立方米，最大岩块有2700多吨重。乱石块把磷矿的5层大楼掀倒、掩埋，死亡307人，还毁坏了该矿的设备和财产，损失十分惨重。

3. 倒石堆形态规模不等

崩塌下落后，崩塌体各部分相对位置完全打乱、大小混杂，形成较大石块翻滚较远的倒石堆。结构松散、杂乱、多孔隙、大小混杂无层理；倒石堆的形态和规模视崩塌陡崖的高度、陡度、坡麓基坡坡度的大小；与倒石堆的发育程度而不同。基坡陡，在崩塌陡崖下多堆积成锥形倒石堆；基坡缓，多呈较开阔的扇形倒石堆。在深切峡谷区或大断层下，由于崩塌普遍分布，很多倒石堆彼此相接，沿陡崖坡麓形成带状倒石堆。由于倒石堆是一种倾卸式的急剧堆积，所以它的结构呈松散、杂乱、多孔隙、大小混杂无层理。

三、崩塌灾害分布及危害

（一）崩塌灾害分布

1. 崩塌发生的时间规律

崩塌发生的时间大致有以下规律：

（1）降雨过程之中或稍微滞后，主要指特大暴雨、大暴雨、较长时间连续降雨，这是出现崩塌最多的时间阶段。

（2）强烈地震过程之中，主要指在震级6级以上的强震震中区常有崩塌集中出现。

（3）开挖坡脚过程之中或滞后一段时间。因工程施工开挖坡脚，破坏了上部岩体的稳定性，常常发生崩塌。有的崩塌就在施工中，以小型崩塌居多，较多崩塌发生在施工之后一段时间里。

（4）水库蓄水初期及河流洪峰期。水库蓄水初期或库水位的第一个高峰期，库岸岩土体首次浸没，上部岩土体容易失稳产生崩塌。

（5）强烈的机械震动及大爆破之后。

2. 崩塌的空间分布特征

崩塌主要分布在：

（1）新构造活动的频度和强度大的地区（含强震区）；

（2）中新生代陆相沉积厚度大或其他易形成滑坡的岩土体的地区；

（3）地表水侵蚀切割强烈的高中山地区；

（4）人类活动强度大，对自然环境破坏严重的地区；

（5）暴雨集中且具有形成滑坡、崩塌地质背景的地区。

中国疆域辽阔、地形复杂、气候多样、环境地质条件独特，是崩塌灾害多发的国家之一。三大地势阶梯决定中国许多地区地形切割深、高差大，尤其是在各级阶梯结合部位的祁连山—六盘山—横断山一线以及大兴安岭—太行山—巫山—雪峰山一线附近山区，为崩塌的发生提供了极为有利的重力条件。

地形地貌、地质、气候等条件大致决定了崩塌的分布格局。中国崩塌主要分布在第二地势阶梯及其附近地区，即西南、西北地区，其次在中南及东南地区。四川、云南、陕西等省份受灾最重，其次为重庆、贵州、甘肃、山西、湖南、湖北、广东、福建等。

人类工程活动引起的崩塌，主要分布在 24 个省、市、自治区，其中云南省、四川省和陕西省是工程活动引发崩塌发生频次最高的省份。总体上看，自然崩塌灾害发生的主要区域基本一致，均为西南、西北地区，它们受灾频次发生的特点完全受控于我国地质、地理格局所构成的成灾背景特征；而工程崩塌主要分布的地区，不仅有西北、西南地质环境比较脆弱的地区，还有华中、华南地质环境比较优良的地区，如湖北、广东、湖南、海南等省。

（二）崩塌灾害的危害

1. 崩塌的直接危害

对城镇乡村的危害：山体崩塌冲进乡村、城镇，摧毁房屋、工厂、企事业单位及其他场所、设施，淹没人畜，毁坏土地，甚至造成村毁人亡的灾难。例如，2004 年 12 月 3 日 3 时 40 分，贵州省纳雍县鬃岭镇左家营村岩脚寨后山发生危岩体崩塌，崩塌体冲击了山下土坡和岩脚寨（组）部分住户，形成特大型地质灾害。据统计，共有 19 户村民受灾，12 栋房屋被毁，死亡 39 人，失踪 5 人，另有 13 人受伤。

对公路铁路设施的危害：崩塌可直接埋没车站、铁路、公路、摧毁路基、桥涵等设施，致使交通中断，还可引起正在运行的火车、汽车颠覆，造成重大人身伤亡事故。2007 年 11 月 20 日 8 时 40 分左右，湖北宜万铁路恩施巴东段高阳寨隧道口发生特大岩体崩塌事故，约 3000m^3 石块等坍塌物瞬间从高处坠落，造成一长途客车被埋，车上 30 余人无一生还。

对水利水电工程的危害：主要是冲毁水电站、引水渠道及过沟建筑物，淤埋水电站尾水渠，并淤积水库、磨蚀坝面等。三峡库区蓄水后，整个库区共有各类崩塌、滑坡体 4719 处，其中 627 处受水库蓄水影响，崩塌滑坡隐患处有 4000 多处。

对矿山建设的危害：主要是摧毁矿山及其设施，淤埋矿山坑道，伤害矿山人员，造成停工停产，甚至使矿山报废。我国几乎所有矿山都不同程度地遭受崩塌、滑坡、泥石流等灾害威胁，这些地质灾害在某种程度上已经成为影响矿山建设的“公害”，特别是对于露天矿山威胁更大。

2. 崩塌的次生灾害

崩塌除直接成灾外，还常常造成一些次生灾害。主要有以下几类。

（1）地裂缝。这类地裂缝发育状况受主体灾害控制，其分布范围通常局限在主体灾害影响区内。地裂缝性质和形态比较复杂，以拉张地裂缝为主，平面上多呈线状、波浪状、辐射状。有不同幅度的垂向错动和水平错动。

（2）泥石流。泥石流累积固体物质源，促使泥石流灾害的发生；或者在滑、崩过程中在雨水或流水的参与下直接转化成泥石流。例如，1989年7月9日，四川省南充地区华蓥市溪口镇发生100万立方米的滑坡，滑体在滑动过程中破碎解体，在大量暴雨和地表径流的掺混下旋即转化为泥石流。泥石流顺坡奔腾而下，流动达1km，途经之处的农田、村庄全部被摧毁。

（3）水灾。堵河断流形成天然坝，引起上游回水使江河溢流，造成水灾，或堵河成库，一旦库水溃决，便形成泥石流或洪水灾害。例如，1967年6月，四川雅江县唐古栋一带发生大型滑坡，滑体落入雅砻江，形成一座高175～355m、长200m的天然拦河大坝，堵江断流并造成长达53km的回水区。9天之后，大坝决口溢流，造成洪水泛滥事故。

（4）其他。崩塌体落入江河之中，可形成巨大涌浪，击毁对岸建筑设施和农田、道路；推翻或击沉水中船只，造成人身伤亡和经济损失。落入水中的土石有时形成激流险滩，威胁过往船只，影响或中断航运；落入水库中的崩塌、滑坡体可产生巨大涌浪，不时涌浪翻越大坝冲向下游形成水害；有时，巨大的滑坡、崩塌可引起轻微的地震（实际上是地表发生的轻微震动，与地震有区别）。

四、崩塌灾害风险评估

崩塌灾害风险是由不同种类的潜在损失构成的，通常情况下难以被量化。崩塌灾害风险是以物质承灾体、人和社会环境承灾体为研究对象，以货币形式来反应灾害造成的期望损失值。崩塌灾害风险评估的特点是范围小，承灾体的目标明确、直接，风险的可预见度集中，因此采用点评估的方法。单纯考虑灾害的危险性和承灾体的易损性这两个方面，不考虑灾害造成损失时的风险，称为风险度。通常可采用以下模式：

$$R=H\times E\times V$$

式中，R为崩塌风险，指崩塌灾害造成的所有生命财产损失期望值，主要指道路、桥梁、房屋建筑、生命和社会环境；E为崩塌威胁范围内承灾体价值；H为危险性，是指在特定时期和地区内，潜在崩塌灾害现象发生的可能性，由两部分组成，即崩塌灾害发生可能性和致灾可能性；V为脆弱性，是指一定强度崩塌灾害发生而造成损失的程度，是一个介于0和1之间的数值。

五、崩塌灾害防治措施

（一）崩塌灾害的监测和预警

崩塌监测以裂缝监测和雨量监测为主。一般情况下，应把变形显著的裂缝作为监测对象。可以在裂缝两侧设置固定标杆，在裂缝壁上安装标尺或裂缝伸缩仪，定期观测，做好记录；同时，应观测雨量，特别是雨季时应每天甚至是每时记录降雨量和观察裂缝，分析裂缝变化与雨量的关系，掌握崩塌的发展趋势，为防灾减灾提供依据。

（二）崩塌灾害的前兆与预防

1. 崩塌的前兆

陡山有岩石掉块和小崩小塌不时发生时预示可能有崩塌发生。若陡山根部出现新的痕迹，嗅到异常气味，不时听到撕裂摩擦错碎声，或观察到地下水水质、水量异常时，都要警惕崩塌可能就要来临。

2. 崩塌的预防与避让

（1）预防与避让崩塌灾害的具体措施主要包括以下几点：1）掌握崩塌活动分布规律，居民点和重要工程设施要尽可能避开崩塌危险区及可能的危害区。2）加强对危岩体的监测、预测、预报工作，临崩前及时疏散人员和重要财产。

（2）大雨后、连续阴雨天不要在山谷陡崖下停留。雨季时，如遇到陡崖往下掉土块或石块，或看到大石块摇摇欲坠，不要从危岩下边通过，更不要在陡崖地下避雨，应绕行避让。

（3）当崩塌发生时，应该迅速向安全地带逃生。如果位于崩塌体的底部，应该迅速向崩塌体两侧逃生；如果位于崩塌体的顶部，应该迅速向崩塌体后方或两侧逃生。

（4）行车时如果遭遇崩塌，不要惊慌，应保持冷静，注意观察险情，如前方发生崩塌，应该在安全地带停车等待；如果身处斜坡或陡崖等危险地带，应迅速离开。因崩塌造成交通堵塞时，应听从指挥，及时疏散。

（三）崩塌灾害的治理

崩塌的治理应以根治为原则，当不能清除或根治时，可采取下列综合措施。

（1）排水：在有水活动的地段，布置排水构筑物，以进行拦截与疏导，包括排出边坡地下水和防止地表水进入。

（2）锚固：1）遮挡。即遮挡斜坡上部的崩塌物。这种措施常用于中、小型崩塌或人工边坡崩塌的防治中，通常采用修建明硐、棚硐等工程进行，在铁路工程中较为常用。2）拦截。对于仅在雨后才有坠石、剥落和小型崩塌的地段，可在坡脚或半坡上设置拦截构筑物。如设置落石平台和落石槽以停积崩塌物质，修建挡石墙以拦坠石；利用废钢轨、钢钎及钢丝等编制钢轨或钢钎棚栏来拦截这些措施，也常用于铁路工程。3）支挡。在岩石突出或不稳定的大孤石下面修建支柱、支挡墙或用废钢轨支撑。4）打桩。固定边坡。5）护坡。在易风化剥落的边坡地段，修建护墙，对缓坡进行水泥护坡等。一般边坡均可采用。

（3）刷坡、削坡。在危石孤石突出的山嘴以及坡体风化破碎的地段，采用刷坡技术放缓边坡。

（4）镶补勾缝。对坡体中的裂隙、缝、空洞，可用片石填补空洞，水泥砂浆勾缝等以防止裂隙、缝、洞的进一步发展。

（5）其他：灌浆（充填硅酸盐水泥）等。

六、中国典型崩塌灾害

（一）2005年陕西省陇县东兴峪崩塌

该崩塌位于陇县东南镇东兴峪村三组。2005年6月30日因降雨形成崩塌。危岩体东西长约6m，南北宽约30m，厚约15m，总体方量约2700m³。坡脚崩积物呈锥状，为黄土及土块，最大块体直径达1m，体积约500m³。崩塌的方向为130°。崩塌体将陡坎底部的房屋摧毁3间，未造成人员伤亡。崩塌陡坎为人工建房切坡形成的，底部有废弃的窑洞，顶部有自来水管埋于乡村土道之下，在土路处形成洼槽。崩塌主要由自来水管引起。地表水龙头的长期渗水，在土路上的汇集处形成黄土湿陷或陷穴，进而形成贯通的裂缝。当出现强降雨江流渗入地下后，水渗流到古土壤层顺层向陡坎方向流动，并使古土壤和泥岩膨胀软化，力学强度降低，随着边坡底部岩土体的冲蚀而造成开裂的黄土向外倾倒形成崩塌。崩塌发生后，后缘坡顶形成了拉裂缝，宽0.7~1.2m，最宽达2m。地裂缝距陡坎顶部房屋最近约5m，威胁房屋及居民安全。

（二）2008年四川省北川县曲山镇崩塌

四川省北川县曲山镇东侧为灰岩分布区，2008年汶川8.0级地震诱发了大量崩塌，块石最大直径可达十余米，崩塌体将道路堵断，崩落的巨大的块石将新北川中学的教学楼等建筑砸坏。崩塌地质灾害危害严重，因此，应采取必要的工程防治措施。但由于北川县城已规划搬迁到其他地点重建，北川老县城要建为地震遗址公园，不应进行更多的人为改变。该崩塌可采取长期的植树造林等生物工程措施进行防治。

（三）2008年四川省汶川县映秀—耿达的渔子溪两岸崩塌

渔子溪两岸地层主要为闪长花岗岩、花岗闪长岩和闪长岩，岩石块状结构，节理发育，河谷大都呈V字形，局部呈U形。2008年汶川地震在该区段诱发了大量的崩塌和滑坡，致使刚刚修好的映秀—耿达—卧龙公路淤埋堵断多处，车辆不能通行，形成呈串珠状发育的堰塞湖。仅在映秀—耿达段就形成了十几个堰塞湖，规模大小不等，经开挖泄流后，堰塞坝处的流水依然湍急。

（四）2009年山西省吕梁市中阳县张子山乡张家嘴村崩塌

2009年11月16日10：40，山西省吕梁市中阳县张子山乡张家嘴村茅火梁一带发生黄土崩塌地质灾害，共造成23人死亡。崩塌体底部宽度约80m，崩塌壁高度约50m，平均厚度约为10m，崩塌体积约为2.5万立方米。崩塌地点处于吕梁山脉西坡，属于黄土侵蚀地貌，植被覆盖差，地质环境脆弱。发生的主要原因是：（1）黄土体结构松散，节理发育，利于水流渗入；（2）崩塌体底部的沙砾石层存在侵蚀掏空现象，对黄土陡倾斜坡的支撑作用降低；（3）11月10~12日，该地先雨后雪，累计降水量达53.7mm，雨水与后期持续融雪入渗作用不但增加了坡体重量，也软化了黄土坡体物质，降低了黄土强度，影响了其整体稳定性；（4）崩塌体前缘的季节性河流本是干涸的，因此次崩塌堆积出现冰雪融水壅积现象。因此，综合分析认为，此次地质灾害为雨雪渗入和风化卸荷累积作用等自然因素形成的。

第三节 滑坡灾害

一、滑坡灾害定义及分类

（一）滑坡灾害定义

在自然地质作用和人类活动等因素的影响下，斜坡上的岩土体在重力作用下沿一定的软弱面整体或局部保持岩土体结构而向下滑动的过程和现象及其形成的地貌形态，称为滑坡，俗称“地滑、走山、跨山”等。滑坡的一个重要特征是在其运动过程中保持相对的完整性，往往表现出其特定的形态外貌。在滑坡工程地质研究中，人们可以从形态要素来认识它。

滑坡的定义分为广义和狭义。欧美国家过去多采用广义定义，将滑坡定义为：形成斜坡的物质——天然的岩石、土、人工填土，或这些物质的混合体向下或向外移动。中国、苏联、日本等国家采用狭义定义，即沿特定的面或组合面产生剪切破坏的斜坡移动，或斜坡上岩土体沿坡内一定的软弱带（面）作整体地向前向下移动的现象。

滑坡灾害是指岩土体在重力作用下沿一定的软弱面整体或局部保持岩土体结构而向下滑动造成的灾害。当滑坡向下滑动的速度较快，滑坡体上或滑坡下滑沿途有城镇、村庄分布时，常常由于人们猝不及防而造成巨大生命和财产损失。

（二）滑坡分类

1. 按滑动面特征划分

（1）顺层滑坡：沿已有层面或层间软弱带等发生滑动而形成的滑坡，又如岩层层面、不整合面、节理或裂隙面、松散层与基岩的界面等。

（2）切层滑坡：指滑动面与岩土体中的沉积结构面相交切的滑坡。

2. 按滑动性质划分

（1）牵引式滑坡：斜坡下部首先失稳发生滑动，继而牵动上部岩土体向下滑动的滑坡。

（2）推动式滑坡：滑坡上部首先失去平衡发生滑动，并挤压下部岩土体，使其失稳而滑动的滑坡。

（3）混合式滑坡：属于牵引式滑坡和推动式滑坡的混合形式。

3. 按滑坡组成物质划分

按组成滑坡物质的成分，可将其分为土质滑坡和岩层滑坡两大类，其中土质滑坡可进一步分为堆积层滑坡、黄土滑坡、黏性土滑坡。

4. 按滑坡形成机制划分

孙广忠等从滑坡形成机制的角度对中国的滑坡进行了详细分类，归纳为9种类型，即楔形体滑坡、圆弧面滑坡、顺层滑动滑坡、复合型滑坡、堆积层滑坡、崩坍碎屑流型滑坡、岸坡或斜坡开裂变形体、倾倒变形边坡和溃屈破坏边坡。其中岸坡或斜坡开裂变形体属潜在危岩体，尚未形成滑坡，倾倒变形边坡和溃屈破坏边坡更接近于崩塌。

楔形体滑坡的主要特点是滑动面及切割面均为较大的断层或软弱结构面，常出现于人工开挖的边坡，其规模一般比较小。

圆弧滑面滑坡常见于具有半胶结特征的土质滑坡中，规模一般较大，发育演化过程表现为坡脚蠕动变形、滑坡后缘张裂扩张和滑坡中部滑床剪断贯通三个阶段。

顺层面滑动的滑坡可进一步分为沿单一层面滑动的滑坡及坐落式平推滑移型滑坡两类。

具有复合形态滑面的滑坡多为深层滑坡，上部第四系松散堆积层形成近似圆弧形滑面，下部基岩则多沿软弱结构面发育，构成复合形态的滑动面。

堆积层滑坡常发生在第四系松散堆积层中。

崩坍碎屑流滑坡一般具有较高的滑动速度，多发生在两岸斜坡较陡的峡谷地区，高速运动的滑体在抵达对岸受阻后缓冲回弹而顺峡谷向下游流动，形成碎屑流堆积体。

应该指出，上述各种分类虽然自成系统，但彼此间也具有内在的联系。根据不同目的和需要，可以对滑坡进行单要素命名或综合要素命名。

5.《工程地质学》中分类

张忠苗在2011年出版的《工程地质学》中总结的滑坡的分类方法见表6-3。

表6-3　张忠苗的滑坡分类方法

划分依据	名称类型	滑坡的特征
按滑坡物质组成分类	堆积层滑坡	发生于斜坡或坡脚处的堆积体，物质成分多为崩积、破积土及碎块石，因堆积物成分、结构、厚度不同，滑坡的形状、大小不一，滑坡结构以土石混杂为主
	岩层滑坡	发育在两种地区，一种是在软弱岩层或具有软弱夹层的岩层，另一种是在硬质岩层的陡倾面或结构面上
	黄土滑坡	发生于黄土地区，多属崩塌性滑坡，滑动速度快，变形急剧，规模及动能巨大，具有群发性特点
	黏土滑坡	发生于第四系与第三系地层中未成岩或成岩不良，有不同风化程度，且以黏土为主的地层中，滑坡地貌明显，滑床坡度较缓，规模较小，滑速较慢，多成群出现
按滑坡力学特征分类	推移式滑坡	滑体上部局部破坏，上部滑动面局部贯通，向下挤压下部滑体，最后整个滑体滑动。多是由于滑体上部增加荷载，或地表水沿拉张裂隙渗入滑体等原因引起
	平移式滑坡	始滑部分分布在滑动面的许多点处，同时局部滑坡，然后逐步发展成整体滑动
	牵引式滑坡	滑体下部先失去平衡发生滑动，逐渐向上发展，使上部滑体受到牵引而跟随滑动，大多是因坡脚遭受冲刷和开挖而引起
按滑面与岩层面关系的分类	无层（均质）滑坡	发生在均质、无明显层理的岩土体中，滑坡面一般呈圆弧形，在黏土层和土体中常见
	顺层滑坡	沿岩层面发生。在岩层倾向和斜坡倾向一致，且其倾角小于坡角的条件下，往往顺层间软弱结构面滑动形成滑坡
	切层滑坡	滑动面可以是平直的，也可以是弧形或折线形的
按滑坡规模大小划分	小型滑坡	滑坡体体积小于3万立方米
	中型滑坡	滑坡体体积3万~50万立方米
	大型滑坡	滑坡体体积50万~300万立方米
	巨型滑坡	滑坡体体积超过300万立方米
按滑坡体厚度划分	浅层滑坡	滑坡体厚度小于6m
	中层滑坡	滑坡体厚度6~20m
	深层滑坡	滑坡体厚度20~30m
	超深层滑坡	滑坡体厚度超过30m

（三）滑坡与崩塌的区别

1. 滑坡与崩塌的差异

(1) 滑坡沿滑动面滑动，整体较好，有一定外部形态；滑坡过程中滑坡体很少完全脱离母岩岩体，沿滑坡面下滑的滑坡体停滞后总有一部分残留在滑床上面而不会完全脱离；

而崩塌则无滑动面，堆积物结构零乱，多呈锥形。

（2）崩塌以垂直运动为主，滑坡多以水平运动为主，除滑动体边缘体存在为数较少的崩离碎块和翻转现象外，滑体上各部分的相对位置在滑动前后变化不大，保持原有结构和相关完整。

（3）崩塌的破坏作用都是急剧的、短促的和强烈的；滑坡作用多数也很急剧、短促、猛烈，少数相对较缓慢。

（4）崩塌一般都发生在地形坡度大于 50°，高度大于 30m 以上的高陡边坡上，滑坡多出现在坡度 50°以下的斜坡上。

2. 滑坡与崩塌的共性

（1）崩塌、滑坡均为斜坡上的岩土体遭受破坏而失稳向坡脚方向的运动。

（2）常在相同的或近似的地质环境条件下伴生。

（3）崩塌、滑坡可以相互包含或转化，如大滑坡体前缘的崩塌和崩塌堆载而成的滑坡。

二、滑坡灾害成因及特征

（一）滑坡形成条件

1. 地形地貌

斜坡的高度、坡度、形态和成因与斜坡稳定性有着密切关系。高陡斜坡通常比低缓斜坡更容易失稳而发生滑坡。斜坡成因、形态反映了斜坡形成历史、稳定程度和发展趋势，斜坡稳定性也会产生重要的影响。如山地缓坡地段，由于地表水流动缓慢，易于渗入地下，因而有利于滑坡形成和发展。山区河流凹岸易被流水冲刷和淘蚀，当黄土地区高阶地前缘坡脚被地表水侵蚀和地下水浸润后，这些地段也易发生滑坡。

2. 地层岩性

地层岩性是滑坡产生的物质基础。虽然不同地质时代、不同岩性地层中都可能形成滑坡，但滑坡数量和规模与岩性有密切关系。容易发生滑动的地层和岩层组合有第四纪黏性土、黄土与三趾马红土及各种成因的细粒沉积物，第三系、白垩系及侏罗系的砂岩与页岩、泥岩的互层，煤系地层，石炭系的石灰岩与页岩、泥岩互层，泥质岩的变质岩系，质软或易风化的凝灰岩等。这些地层岩性软弱，在水和其他外营力作用下因强度降低易形成滑动带，从而具备了产生滑坡的基本条件。

3. 地质构造

地质构造与滑坡形成和发展的关系，主要表现在两个方面：

（1）滑坡沿断裂破碎带往往成群成带分布。

（2）各种软弱结构面控制了滑动面的面空间展布及滑坡的范围。如常见的顺层滑坡的滑动面绝大部分是由岩层层面或泥化夹层等软弱结构面构成的。

4. 水文地质条件

各种软弱层、强风化带因组成物质中黏土成分多，容易阻隔、汇聚地下水，如果山坡上方或侧方有丰富的地下水补给，这些软弱层或风化带就可能成为滑动带而诱发滑坡。地下水在滑坡的形成和发展中所起的作用表现为：

（1）地下水进入滑坡体增加了滑体的重量，滑带土在地下水的浸润下抗剪强度降低。

（2）地下水位上升产生的静水压力对上覆不透水岩层产生浮托力，降低了有效正应力和摩擦阻力。

（3）地下水与周围岩体长期作用改变岩土的性质和强度，从而引发滑坡。

（4）地下水运动产生的动水压力对滑坡的形成和发展起促进作用。

5. 人类活动

人工开挖边坡或在斜坡上部加载，改变了斜坡的外形和应力状态，增大了滑体的下滑力，减小了滑坡的支撑力，从而引发滑坡。铁路、公路沿线发生的滑坡多与人工开挖边坡有关。人为破坏斜坡表面的植被和覆盖层等人类活动均可诱发滑坡或加剧已有滑坡的发展。

（二）滑坡灾害特征

1. 同时性

滑坡的活动时间主要与诱发滑坡的各种外界因素有关，如地震、降雨、冻融、海啸、风暴潮及人类活动等。有些滑坡受诱发因素的作用后，滑动过程可以在瞬间完成。如强地震、降雨、冻融、海啸、风暴潮发生时和不合理的人类活动，如坡脚开挖、爆破等，会导致大量滑坡的出现。

2. 滞后性

有些滑坡发生时间稍晚于诱发因素的作用时间。可能持续几年或更长时间，规模较大的“整体”滑动一般为缓慢、长期或间歇的滑动。这种滞后性规律在降雨诱发型滑坡中表现得最为明显，该类滑坡多发生在暴雨、大雨和长时间的连续降雨之后，滞后时间的长短与滑坡体的岩性、结构及降雨量的大小有关。一般来说，滑坡体越松散、裂隙越发育、降雨量越大，则滞后时间越短。此外，人工开挖坡脚之后、水库蓄水泄水之后发生的滑坡也属于这类。人为因素诱发的滑坡的滞后时间的长短与人类活动的强度大小及滑坡体的原先稳定程度有关。人类活动强度越大，滑坡体的稳定程度越低，则滞后时间越短。

3. 季节性

降雨通常是崩塌、滑坡等地质灾害发育程度的主控因素，绝大多数自然地质灾害发生在汛期，每年雨季都是滑坡灾害的高发期。其活动变化主要受连续降雨、暴雨尤其是特大暴雨等集中降雨的激发，发生的时间规律与集中降雨时间规律相一致，具有明显的季节性。每年6~10月的降雨高峰期是地质灾害发生的频发期，7~8月是高发期。

4. 夜发性

根据对四川地区暴发的规模较大、灾情较重的滑坡灾害统计发现滑坡多具有夜发性，如西昌县（今西昌市）者波祖滑坡、汶川县龙溪乡滑坡等，暴发时间都在夜晚或凌晨。

三、滑坡灾害分布及危害

（一）滑坡灾害分布

1. 滑坡灾害易发地的分布

通常下列地带是滑坡的易发和多发地区：

（1）江、河、湖、海、沟的岸坡地带，地形高差大的峡谷地区，山区、铁路、公路、工程建筑物的边坡地段等。这些地带为滑坡形成提供了有利的地形地貌条件。

（2）地质构造带之中，如断裂带、地震带等。通常地震烈度大于Ⅶ度的地区，坡度大于25°的坡体，在地震中极易发生滑坡；断裂带中的岩体破碎、裂隙发育，非常有利于滑坡的形成。

（3）易滑的岩、土分布区。如松散覆盖层、黄土、泥岩、页岩、煤系地层、凝灰岩、片岩、板岩、千枚岩等岩、土的存在，为滑坡的形成提供了良好的物质基础。

（4）暴雨多发区或异常强降雨地区，降雨为滑坡发生提供了有利诱发因素。

上述地带的叠加区域，就形成了滑坡的密集发育区。如中国从太行山到秦岭，经鄂西、四川、云南到藏东一带就是这种典型地区，滑坡发生密度极大，危害非常严重。

2. 我国滑坡灾害的分布规律

滑坡在我国分布非常广泛。据统计，自1949年以来，我国东起辽宁、浙江、福建，西至西藏、新疆，北起内蒙古，南到广东、海南，至少有22个省、市、自治区不同程度地遭受过滑坡的侵扰和危害。我国地域辽阔，山地占国土总面积的65%以上，滑坡绝大部分集中在山地。四川是我国发生滑坡次数最多的省，约占全国滑坡总数的1/4。其次是陕西、云南、甘肃、青海、贵州、湖北等省，它们是我国滑坡的主要分布区域。总的看来，我国滑坡的分布受气候和地貌控制。全国气候以大兴安岭—吕梁山—六盘山—青藏高原东缘一线为界，东部为半湿润和湿润地区，年降雨量多在500mm以上；西部多为干旱地区，年降雨量在500mm以下，其中西北地区只有100～200mm。东部丰沛的降水尤其是大雨、暴雨极易造成坡体软弱面的剪切破坏，形成滑坡。中国地层发育齐全，各种泥质、粉质、泥灰质、凝灰质及其变质岩系地层广泛分布，尤其是在地势第二阶梯上，广大的高原、山地和丘陵地区分布着黄土、黏土、铝土岩、砂页岩、泥灰岩等易滑岩土。这些易滑地层遇水极易软化，造成岩土强度锐减、坡体岩土滑动、崩落等。此外，在国内许多地区地震和人类活动强度大，容易破坏坡体结构，降低其稳定性，甚至直接诱发滑坡等突发性灾害。如果以秦岭—淮河一线为界，南方多于北方，差异性明显；以大兴安岭—太行山—云贵高原东缘一线为界，西部多于东部，差异性也是很明显的。上述川、陕、滇、甘、青、黔、鄂诸省是这两条界线共同划分的重叠区，也是我国滑坡主要发育分布区。

按滑坡发育数量的多少，中国滑坡发生地区又可分为：

（1）极密集区：川滇南北带，该地区滑坡类型多、规模大、频繁发生、分布广泛、危害严重。

（2）密集区：1）黄土高原地区，面积达60余万平方千米，连续覆盖陕、甘、晋、宁、青五省（区）。以黄土滑坡广泛分布为其显著特征。2）秦岭—大巴山地区也是我国主要滑坡分布地区之一，主要发育大量的堆积层滑坡。3）东南、中南等省山地和丘陵地区滑坡也较多，但规模较小，以堆积层滑坡、风化带破碎岩石滑坡及岩质滑坡为主。这些地区滑坡的形成与人类工程经济活动密切相关。

（3）中等发育区：在西藏、青海、黑龙江省北部的冻土地区，分布与冻融有关。滑坡主要为规模较小的冻融堆积层滑坡。

（二）滑坡灾害的危害

1. 滑坡的直接危害

滑坡灾害是地质地震灾害中的主要灾害之一，滑坡灾害的广泛发育和频繁发生，使城镇建设、工矿企业、农村农业、交通运输、河运航道及工程设施等受到严重危害，造成人民生命财产损失。

（1）滑坡对城镇建设的危害：城镇是一个地区的经济、政治、文化中心，人口、财富相对集中，建筑密集、工商业发达。因此，城镇遭受滑坡灾害，不仅会造成巨大的人员伤亡和直接经济损失，而且会给所在地区带来一定的社会影响。2006 年 5 月 17 日，广东省梅州市接二连三地遭受到了强台风“珍珠”“碧利斯”“格美”的严重影响，出现了连续强降水的灾害性天气，特大暴雨引发了大量山体滑坡和民房倒塌。据不完全统计，从 5 月 17 日至 7 月 30 日，全市已发生导致房屋倒塌的山体滑坡地质灾害 948 宗，死亡 30 人，伤 23 人，因房屋倒塌直接造成的经济损失达 3500 多万元。

（2）滑坡对交通运输的危害：

1）铁路：滑坡是最为严重的一种山区铁路灾害。规模较小的滑坡可造成铁路路基上拱、下沉或平移，大型滑坡则掩埋、摧毁路基或线路，以致破坏铁路桥梁、隧道等工程。铁路施工阶段发生滑坡，常常延误工期；在运营中发生滑坡，则经常中断行车，甚至造成生命财产的重大损失。2010 年 5 月 23 日凌晨 2 时 10 分在沪昆铁路上江西省余江县与东乡县之间发生一起铁路事故，该事故造成 K859 次列车（现 T77/78 次列车）乘客死亡 19 人，伤 71 人，其中重伤 11 人。事故发生前，该地点发生山体滑坡，塌方的土石经公路下落，掩埋沪昆铁路线路，随后 K859 次旅客列车经过，撞上塌方土石，造成事故，塌方土石约有 8000m^3。

2）公路：山区、公路在不同程度上遭受着滑坡的危害，极大影响了交通运输安全。中国西部地区的川藏、滇藏、川滇西、川陕东、甘川、成兰、成阿、滇黔、天山国防公路等十余条国家级公路频繁遭受滑坡严重灾害。受灾最重的川藏公路每年因滑坡等地质灾害影响，全线通车日数不足半年。2014 年 1 月 4 日 15 时 40 分许，蓉（成都）遵（义）高速公路贵州习水县境内发生一起山体滑坡，经现场初步踏勘已发现 3 人被掩埋死亡，1 车被埋。

3）河道航运：由于特殊的地形地貌，河流沿岸特别是峡谷地段多为滑坡的密集发生段，对河流航运的危害和影响很大。长江是遭受滑坡灾害最严重的河道航运。2018 年 10 月 11 凌晨 4 时许，江达县波罗乡波公村境内与四川省白玉县金沙镇日西乡交界处的金沙江两岸发生山体滑坡，11 日 7 时许，山体滑坡导致金沙江断流并形成堰塞湖。

（3）滑坡对工厂矿山的危害：滑坡是影响和破坏山区工厂、矿山正常生产的主要地质灾害之一，许多工矿企业甚至因此而被迫搬迁。在露天矿山，滑坡灾害几乎影响着矿山生产的整个过程。

（4）滑坡对农村农业的危害：滑坡还对农田造成危害，使耕地面积减少，严重阻碍受灾地区农业生产发展和农民生活水平提高。

（5）滑坡对工程设施的危害：滑坡对工程设施尤其是水利水电工程的危害也是极为严重的，它不仅可以使水库淤积加剧，降低水库综合效益，缩短水库寿命，而且还可能毁坏电站，甚至威胁大坝及下游的安全。

（6）对海洋工程的危害：表现为海底地基发生滑坡，引起海上钻井平台的下沉、滑移和倾倒事故，造成严重经济损失。1982 年 9 月在墨西哥海湾，飓风触发海底滑坡，使 2 座当时世界上工作水深最大的采油平台翻倒，仅在设备上造成的经济损失就达 1 亿多美元。我国渤海湾二号钻井平台，1973~1979 年曾因海底滑坡发生 1 次倾斜下沉、9 次滑体，造成了巨大的经济损失。

2. 滑坡的次生灾害

滑坡可能引起的次生灾害有人员伤亡，交通堵塞，水库、水电站堤坝破坏，阻断河道形成堰塞湖，水灾，以及恢复通电时可能引起火灾，造成危险化学品、军工科研生产重点设施、输油气管道等受损。

四、滑坡灾害风险评估

（一）理论和技术框架

滑坡灾害风险的基本计算公式可由下式表示：

$$R=H\times E\times V$$

式中，R 为滑坡风险，指滑坡灾害造成的所有生命财产损失期望值，主要指道路、桥梁、房屋建筑、生命和社会环境；E 为滑坡威胁范围内承灾体价值；H 为危险性，是指在特定时期和地区内，潜在滑坡灾害现象发生的可能性，由两部分组成，即滑坡灾害发生可能性和致灾可能性；V 为脆弱性，是指一定强度滑坡灾害发生而造成损失的程度，是一个介于 0 和 1 之间的数值。

滑坡灾害风险计算公式与崩塌灾害风险计算相同。滑坡灾害风险评估看似简单，实则十分复杂，每一项的展开都涉及滑坡研究的众多方面。国内外众多学者从不同角度提出滑坡风险评价的理论框架和技术流程，其中 Westen 提出的滑坡风险评价技术框架（见图 6-4），完整地表达了滑坡风险评价层次结构和技术环节，应用比较广泛。

（二）滑坡灾害评估层次和精度

滑坡灾害风险评估一般分为易发性评价、危险性评价和风险评价 3 个层次。

易发性评价相当于敏感性评价（susceptibility assessment），重点分析一个地区滑坡已经发生的程度，强调基础地质环境条件和灾害空间分布统计分析，是进行危险性和风险评价的基础。其核心内容包括滑坡发育特征、空间密度、易发条件和潜在易发区预测评价。

危险性评价（hazard assessment）是在易发性评价的基础上，对某一地区特定时间内现有或潜在滑坡的扩展和影响范围、发生的时间概率和强度进行评价。

风险评价（risk assessment）主要评价滑坡对人口、物质财产、社会经济活动以及生态环境等产生的危害，分析这种危害的严重程度和概率大小，是评价体系的最终结果。主要包括承灾体分布特征、时空概率和易损性评价。

滑坡灾害风险评价是易发性评价、危险性评价和风险评价的综合，是层层递进的分析决策过程。各阶段具有不同的评价目标和应用范围。在实际评价实践中，应结合评价对象和目的，综合考虑研究区的研究程度和基础数据的可获取性，合理选择评价模型。

（三）滑坡灾害风险分区

滑坡风险分区是一种多学科交叉的实践活动，深入认识滑坡的形成及演化机制是进行滑坡编录和易发性、危险性、风险分区的必要前提，需要获取的信息包括滑坡的地质、地

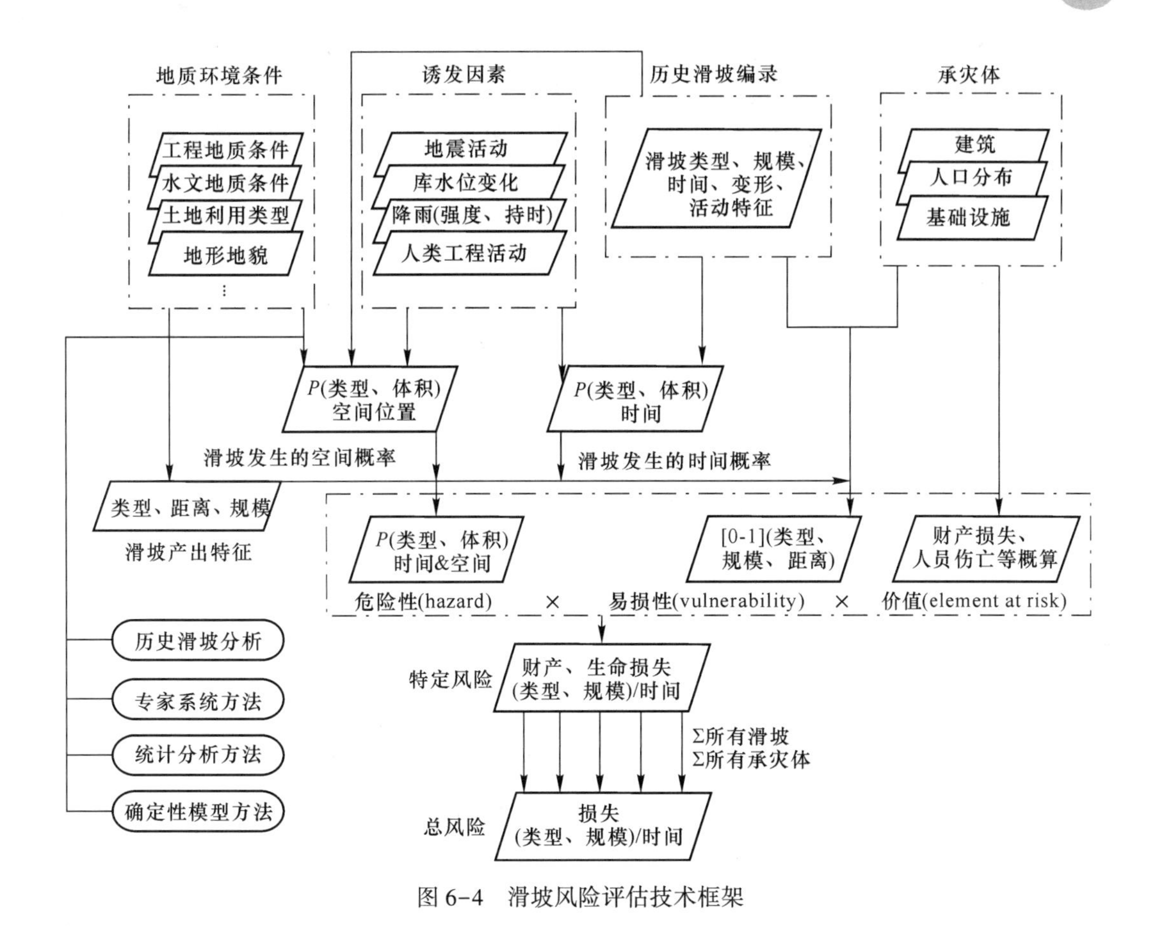

图 6-4　滑坡风险评估技术框架

貌、水文、岩土力学性质等特征。此外，还需要掌握足够的斜坡岩土工程信息，以便理解边坡破坏的力学机制，如果缺乏这些信息，很可能导致分区结果不准确，甚至错误。目前，GIS 系统已成为滑坡风险分区最为有力的技术手段之一，建议在土地利用规划中广泛应用。

1. GIS 技术的应用

只要有理想的数据作为基础，就可以利用多种方法建立数据之间的相互关系，并最终确定易发性和危险性分区的水平。其中，滑坡分区需要的关键矢量数据包括滑坡边界多边形、地质、地形地貌单元、地籍、公路、铁路及设施、土地利用、植被等；其他必要的空间数据还包括钻孔信息、土的强度参数、孔隙水压力、降雨等；此外，主要的网格或栅格数据是数字高程模型（DEM），GIS 软件可以从中提取大量数据集，例如坡度、坡向、累积流量、土壤湿度指数、与河流的距离等。GIS 模型可以对多组输入地图或要素进行融合，并利用定性或定量模拟及分析功能编制输出地图，其中所应用的分析方法主要包括：

（1）专家系统分析。专家系统分析方法通常根据专家的判断评估滑坡的易发性和危险性，具体操作是将滑坡及其地貌环境作为主要输入参数进行综合制图，制图方法包括地貌分析和定性的图层叠加。在地貌分析中，专家基于自身实践经验，通过类比推断方式直接确定滑坡的易发性和危险性，相应的判断规则往往具有地域性差别，难以用公式的形式明确表达。定性图层叠加分析是通用的方法，具体指专家根据经验对一系列输入参数进行赋值，并通过求和获得易发性和危险性的级别，难点在于如何确定输入参数的权值。

（2）数据挖掘分析。探索式数据挖掘是一种对学习过程进行计算机模拟的科学，可以用来从滑坡数据库中进行模式提取，根据输入数据图层中与已知滑坡属性特征匹配的像素进行滑坡易发性或危险性级别划分，可用分区中滑坡的百分率分布状态来对分区成果进行校验。

（3）统计分析方法。统计或概率分析方法建立在对各种影响因素与滑坡分布的关系分析之上，通常包括现有滑坡制图、斜坡稳定性影响因素制图，以及确定影响因素与斜坡失稳关系的统计分析。这种对影响因素与滑坡相互关系进行统计分析的评价方式，可在很大程度上保证易发性或危险性分区的客观性。现有的统计方法很多，主要包括双变量分析、多变量分析，尤其是判别分析、利用逻辑回归的布尔数学方法，以及利用证据权和神经网络的贝叶斯方法等。此类方法的局限性在于受数据质量的制约，例如制图中的错误、编录不完整、数据精度不够等。此外，这些方法取得的成果在不同地区之间不易借鉴。

2. 滑坡灾害编录

滑坡灾害编录是进行所有层次风险分区的基础，因此进行完善的编录工作非常重要。对于突发的岩崩、切坡、填方和挡土墙滑动，编录数据通常需要跨越10~20年，甚至更多年的记录，以提取一系列重要的降雨事件，为滑坡发生频率评估建立基础。在很多情况下，基于历史记录的滑坡编录具有局限性；如果能够建立起用于数据积累的长效系统，并将数据整合融入后期的分区研究中去，这种局限性可以随时间的推移得到克服。

3. 滑坡易发性分区

相对客观的滑坡易发性分区，要根据滑坡编录对影响因素与斜坡失稳进行相关的统计分析，评价各因素对斜坡失稳的相对贡献程度，进而将地表按照易发性等级划分为不同的区域。最后，分区结果可以通过分析现有的滑坡是否分布在较高易发性区域内进行校验。

4. 滑坡危险性分区

（1）滑坡发生频率评价。根据美国地质调查局（USGS）的建议，采用3种形式表达滑坡发生的频率。

1）在研究区给定的时间段内（通常指每年，也可根据需要修改时间期限）具有某些特征的滑坡累积数量。

2）在给定的时间段内特定边坡的滑动概率。

3）根据特定量级的触发因素，例如临界孔隙水压力（或临界水平和垂向地振动峰值加速度等）的年超越概率确定滑坡发生概率。

滑坡发生频率通常根据相同量级的滑坡事件的重现周期确定，常用方法包括下列7种。

1）历史记录法：基于未来滑坡的发生与过去的滑坡事件相似的假设，通过分析完整的历史滑坡事件系列，即可获得滑坡发生的重现周期。但至少需要对数十年的滑坡事件进行编录，从而保证滑坡频率估算结果的有效性，并且检验所得滑坡频率在时间序列上的稳定性。

2）航空照片和卫星影像序列法：通过对比分析多年的影像数据，确定每年新生滑坡的数量或者某悬崖被侵蚀后退的距离，进而确定平均的滑坡发生频率。

3）静态证据法：滑坡事件通常会导致一些直接后果，例如滑坡堆积物埋藏形成有机质土，通过对这些静态证据进行年代测定，即可获得具有一定精度的滑坡发生年代。

4）滑坡与触发事件的相关分析法：降雨和地震是最为常见的滑坡触发因素，如果能够确定区域内诱发特定滑坡的临界降雨量或者地震能量量级，即可假设滑坡发生与其诱发事件的重现周期一致。

5）间接信息法：在无法获取直接信息时，可利用间接信息研究滑坡。例如滑坡发生后沉积在其表面的花粉、堆积物上的苔藓或者堰塞湖中的生物群落等，可以通过多种技术手段确定这些要素的形成年代，进而反推滑坡的发生时间。

6）根据滑坡地貌特征，如地表裂缝、新鲜滑壁、变形的建筑结构等，推断滑坡活动期次。

7）主观评估法：在缺乏甚至没有研究区的滑坡历史数据时，基于特定触发事件一定会诱发滑坡的假设，评估斜坡对系列触发事件（例如累积超越概率分别为100%、10%和1%的降雨事件）的响应，进而通过经验对滑坡发生频率进行估计。

不同类型滑坡重现周期的评估方法不尽相同，小规模滑坡的发生频率通过对历史记录进行统计处理即可获得；大规模滑坡的重现周期较长，需要通过对古老滑坡堆积物测年等方法确定。不同规模滑坡的发生频率也迥异，小型滑坡通常比大型滑坡发生更为频繁。不同滑坡的类型和滑动机制具有不同的诱发因素，滑坡发生的重现周期也不同。

（2）滑坡强度评价。滑坡强度通常包括一组描述滑坡破坏性的空间分布参数，其中，最大滑动速度是最为公认的指标，还可以选择使用滑坡总位移、差异位移、活动滑体及滑坡堆积物的厚度等参数。滑坡运动形式既可以是不易觉察的蠕动变形，也可能是大规模的高速岩质崩塌，因此相应的结构损坏和人员伤亡的可能性也随之改变。强度是滑坡破坏能力的量度指标，对于缓慢变形的滑坡，人员通常不会因此处于险境，但是有时建筑物和基础设施会遭受较大的损害，而且往往很久之后才会显现；与此相反，规模无论大小的高速滑坡对人员和结构都可能造成灾难性的后果。鉴于此，在滑坡分区研究中对滑坡强度进行描述是十分必要的。另外，同一滑坡的强度值往往沿运动路径而变化，例如岩崩的动能随运动轨迹呈连续变化的形式。因此，对滑坡强度的定义和表征并不唯一，实践中采用哪种描述方式最为恰当需要根据实际情况确定。

5. 滑坡风险分区

滑坡风险分区图是在危险性分区图的基础上，考虑承灾体的时空分布概率和易损性编制而成的。因此，首先应当明确承灾体所包含的要素，包括滑坡潜在影响范围内的人口、建筑物及工程、经济活动、公共服务设施、基础设施、环境要素等。

五、滑坡灾害防治措施

（一）滑坡灾害的监测和预警

1. 监视滑坡动态

通过简易监测，密切监视斜坡变形的发展情况。一般情况下，应把变形显著的地面裂缝、墙体裂缝作为主要监测对象。通过在地面裂缝两侧设置固定标桩，在墙壁裂缝上贴水泥砂浆片、纸片等方法，定期观测、记录裂缝拉开宽度，分析裂缝变化与有关影响因素（如降雨）的关系，掌握斜坡变形的发展趋势，为防灾避灾提供依据。

2. 滑坡裂缝的观测周期应根据季节和裂缝发展速度灵活确定

当裂缝拉开速率逐渐加快时，监测周期也应随之加密，甚至进行 24 小时专人值守；当裂缝拉开速率变化不大时（如每月不超过 1cm），可数天至 1 个月监测 1 次；当裂缝拉开速率逐渐变小时，监测周期也可以逐步延长。监测周期调整的基本原则是：雨季监测周期适当加密，旱季监测周期适当延长；变形加快时监测周期适当加密，变形减缓时监测周期适当延长。一般来说，雨季时应每天进行观测，遇暴雨应全天 24 小时观测；旱季时可每月观测一次。目前，国内外滑坡监测技术方法已发展到较高水平。由过去的人工用皮尺地表量测等简易监测，发展到仪器仪表监测，现正逐步实现自动化、高精度的遥测系统。监测技术方法的发展，很大程度上取决于监测仪器的发展，随着电子摄像激光技术、GPS 技术、遥感遥测技术、自动化技术和计算机技术的发展，监测手段和精度的提高，可为滑坡灾害预测预警提供更为快速准确的第一手资料。

（二）滑坡灾害的前兆

滑坡地质灾害在发生前数天、数小时，甚至数分钟，往往有明确的前兆。

（1）滑坡前缘土体突然强烈上胀鼓裂。这是滑坡向前推挤的明显迹象，表明即将发生较为深层的整体滑动，滑坡规模也较大，具有整体滑动的迹象，通常伴随前缘建筑物的强烈挤压变形，甚至错断。

（2）滑坡前缘突然出现局部滑塌。这种情况可能会使滑坡失去支撑而即将发生整体滑动，但是，也可能是局部的失稳，应该立即报告国土主管部门，立即查看滑坡前后缘和两侧的变形情况，进行综合判断。

（3）地下水异常前兆信息。在滑坡前数天或数小时，滑体斜坡突然被挤（推）压，地下水沿挤压裂缝溢出形成湿地。新泉或泉流量剧增、变浑，或水温上升变为温泉，或喷射出地表数米，形成高压射流和泥气（浪）流等异常现象表明大滑坡已逼近。

（4）滑坡地表池塘和水田突然下降或干涸。滑坡表层修建的池塘或水田突然干枯，井水位突然变化等异常现象，说明滑坡体上出现了深度较大的拉张裂缝，并且水体渗入滑坡体后加剧了变形滑动，可能发生整体滑动。

（5）滑坡前缘突然出现规律排列的裂缝。滑坡前部，甚至中部出现多条横向及纵向放射状裂缝时，表明滑坡体向前推挤受到阻碍，已经进入临滑状态。

（6）滑坡后缘突然出现明显的弧形裂缝。地面裂缝的出现，说明山坡已经处于不稳定状态，裂缝圈闭的范围就是可能发生滑坡的范围。

（7）简易观测数据突然变化。滑坡体裂缝或变形观测数据突然增大或减小，说明出现了坡体加速变化的趋势，这是明显的临滑迹象。

（8）动物出现异常现象。猪、牛、鸡、狗等惊恐不宁，不入睡；老鼠乱窜不进洞；坡体上及周围动物整体出现迁移现象，这些都预示着可能有滑坡即将来临。

各种前兆的相互印证：前兆出现的多少、明显程度及其延续时间的长短，对于不同环境下的滑坡有着很大差异，有些前兆可能是非滑坡因素所引起。因此，在判定滑坡发生可能性时，要注意多种现象相互印证，尽量排除其他因素的干扰，这样做出的判断才会更准确。在无法判定是否会发生滑坡时，宁可信其有，不可信其无，先采取妥善的避灾措施，再请专业人员来判断。

（三）滑坡灾害的治理

常用的滑坡治理方法有以下几种：

（1）绕避滑坡。工程建设中，在选择场址时应通过工程地质勘查查明建设场地内是否有滑坡存在，并对场址的稳定性做出判断。如有滑坡，则以绕避为主，以免对拟建工程造成危害。

（2）排截水工程。据统计，国内外有 90%的滑坡与水有关，可见水对滑坡的影响是非常大的。常用的截排水工程有外围截水沟、内部排水沟、排水盲沟、排水钻孔、排水廊道、灌浆阻水等。消除和减轻水对边坡的危害尤其重要，其目的是降低孔隙水压力和动水压力，防止岩土体的软化及溶蚀分解，消除或减小水的冲刷和浪击作用。具体做法有：防止外围地表水进入滑坡区，可在滑坡边界修截水沟；在滑坡区内，可在坡面修筑排水沟。在覆盖层上可用浆砌片石或人造植被铺盖，防止地表水下渗。对于岩质边坡还可用喷混凝土护面或挂钢筋网喷混凝土。排除地下水的措施很多，应根据边坡的地质结构特征和水文地质条件加以选择。

（3）削坡减载工程。这是一种简便易行的方法。滑坡减重能减少滑体下滑力，增加滑坡体稳定性。可在滑坡体上部进行削坡处理以减轻坡体荷载，并在坡脚处堆置沙袋等进行堆载预压。削坡设计应尽量削减不稳定岩土体的高度，而阻滑部分岩土体不应削减。此法并不总是最经济、最有效的措施，要在施工前作经济技术比较。

（4）边坡人工加固工程。常用的方法有：修筑挡土墙、护墙等支挡不稳定岩体，支挡工程是治理滑坡经常采用的有效措施之一；钢筋混凝土抗滑桩或钢筋桩作为阻滑支撑工程，主要目的是防止水对坡面和坡脚的冲刷，增加坡体的抗滑力；预应力锚杆或锚索适用于加固有裂隙或软弱结构面的岩质边坡；采用固结灌浆或电化学加固法加强边坡岩体或土体的强度；采用 SNS 边坡柔性防护技术等；镶补勾缝，对坡体中的裂隙、缝、空洞，可用片石填补空洞，水泥砂浆勾缝等以防止其进一步发展。

（5）抑制滑坡发展。当发现滑坡前兆后，应及时向政府有关部门或地质灾害防治负责人（如果有的话）报告，及时填埋地面裂缝，把地表水和地下水引出可能发生滑坡的区域。

（四）滑坡灾害的应急措施

1. 滑坡灾害预防减灾措施

在山地环境下，滑坡现象虽然不可避免，但通过采取积极防御措施，滑坡危害是可以减轻的。具体防御措施分为以下几点。

（1）选择安全场地修建房屋。选择安全稳定地段建设村庄、构筑房舍，是防止滑坡危害的重要措施。村庄的选址是否安全，应通过专门的地质灾害危险性评估确定。在村庄规划建设过程中合理利用土地，居民住宅和学校等重要建筑物必须避开地质灾害危险性评估指出的可能遭受滑坡危害的地段。

（2）不要随意开挖坡脚。在建房、修路、整地、挖砂采石、取土过程中，不能随意开挖坡脚，特别是不要在房前屋后随意开挖坡脚。如果必须开挖，应事先向专业技术人员咨询并得到同意，或在技术人员现场指导下，方能开挖。坡脚开挖后，应根据需要砌筑维持边坡稳定的挡墙，墙体上要留足排水孔；当坡体为黏性土时，还应在排水孔内侧设置反滤层，以保证排水孔不被阻塞，充分发挥排水功效。

（3）不随意在斜坡上堆弃土石。对采矿、采石、修路、挖塘过程中形成的废石、废土，不能随意顺坡堆放，特别是不能在房屋的上方斜坡地段堆弃废土。当废弃土石量较大时，必须设置专门的堆弃场地。较理想的处理方法是把废土堆放与整地造田结合起来，使废土、废石得到合理利用。

（4）管理好引水和排水沟渠。水对滑坡的影响十分显著。日常生产、生活中，要防止农田灌溉，乡镇企业生产、居民生活引水渠道的渗漏，尤其是渠道经过土质山坡时更要避免渠水渗漏。一旦发现渠道渗漏，应立即停水修复。对生产、生活中产生的废水要合理排放，不要让废水四处漫流或在低洼处积水成塘。面对村庄的山坡上方最好不要修建水塘，降雨形成的积水应及时排干。

（5）反应及时，措施得当。当发现有滑坡发生的前兆时，应立即报告当地政府或有关部门，同时通知其他受威胁的人群。要提高警惕，密切注意观察，做好撤离准备。

历史经验表明，滑坡灾害绝大多数发生在雨季，夜晚发生滑坡较白天发生滑坡的损失更大。因此，雨季特别是雨季的夜晚最好不要在滑坡危险区逗留。

滑坡应急防治措施大多数是接到当地报灾后，进行应急调查和采取应急防治措施，并做到以下几点：

（1）视险情将人员物资及时撤离危险区。当滑坡由加速变形阶段进入临滑阶段时，滑坡灾害在所难免，应及时将情况上报当地政府部门，由政府部门组织将险区内居民、财产及时撤离危险区，确保人民生命财产的安全。

（2）及时制止致灾的动力破坏作用，争取抢险救灾时间，延缓滑坡大规模破坏，及时制止致灾的动力破坏作用。如因采矿诱发的，应立即停止采矿活动；如因渠道渗漏而诱发的，应立即停止对渠道进行放水。

（3）对于事先有预兆的滑坡，应尽早制订好滑坡危险区居民的撤离计划。滑坡在大规模滑动前往往有前兆。在此情况下，当地政府部门应尽早制订好险区人民疏散撤离计划，以防造成混乱而发生不必要的人员伤亡事故。

2. 滑坡灾害避险常识

遇到滑坡发生时，应选择以下几种逃跑方式：

（1）行人与车辆不要进入或通过有警示标志的滑坡、崩塌危险区。

（2）当处于滑坡体上，感到地面有变动时，要用最快的速度向山坡两侧稳定地区逃离。向滑坡体上方或下方跑都是危险的。

（3）当处于滑坡体中部无法逃离时，尽量找一块坡度较缓的开阔地停留，但一定不要和房屋、围墙、电线杆等靠得太近。

（4）当处于滑坡体前沿或崩塌体下方时，只能迅速向两边逃生，别无选择。

六、中国典型滑坡灾害

（一）甘肃省东乡县洒勒山滑坡

洒勒山滑坡位于甘肃省东乡自治县原果园乡宗罗大队洒勒村旁的洒勒山南麓，为一高速、远程滑动的大型滑坡。滑坡体南北长约1600m，东西宽约1700m，面积约1.4km^2，体积约5000万立方米。1983年3月7日17时46分，滑坡体突然发生快速滑动，全部滑动过程历时仅55s，最大滑速达19.8m/s。滑坡将洒勒、苦顺、新庄3个自然村摧毁，造成

237 人死亡、27 人重伤，400 余头牲畜被淤埋，直接财产损失 40 多万元。此外，还毁坏耕地 $2km^2$，九二水库被填埋，王家水库进水渠道被淤，巴谢河被堵，1.3km 长的公路和高压输电线遭到破坏。洒勒山滑坡位于洒勒山南麓、洮河次一级支流巴谢河北岸。该地区滑坡发育非常多，大型滑坡有那勒寺滑坡、赵家山滑坡、前五家滑坡、八凤山滑坡等。导致滑坡活动的主要原因包括 4 个方面。

第一，斜坡高差大、坡度陡，积蓄了巨大的势能。

第二，斜坡基底形成软弱结构面。上覆第四系黄土，垂直节理发育，形成大量与斜坡走向平行的拉张裂隙，并与斜坡后缘的高角度拉张断面以及下部的近于水平的软弱结构面贯通相连，形成滑动带或滑动面。

第三，降水融雪促进了滑坡发展，1983 年春季冰雪融水大量下渗，促使滑坡剧烈活动。

第四，人为因素——主要是人为改造河道，修建水库、水渠，改变了地下水的径流、排泄条件，使大量地下水滞留在上第三系软弱岩石中；与此同时，水库浸泡坡脚和渠水渗漏也促进了斜坡失稳变形。

（二）四川省北川县曲山镇滑坡

四川省北川县城附近是“5.12”汶川大地震次生灾害最严重的地区之一，县城周围几乎被滑坡体和崩塌体所包围。北川县城西侧为变质岩，片理构造比较发育，县城东侧为厚层灰岩，发育层理和节理。受岩性控制，县城西侧形成了许多滑坡，多个大型滑坡形成堵江或堰塞湖，著名的唐家山堰塞湖就位于北川县城的西北部，东侧灰岩区以崩塌为主，块石最大直径可达十余米，崩塌体将道路堵断，崩落的巨大块石将楼房等建筑砸坏。地质灾害造成人员伤亡相当严重，仅曲山镇的王家岩滑坡就造成了 1600 人死亡。王家岩滑坡后缘陡坎高约 80m，岩性为变质岩，主要为砂质板岩和泥质板岩，主滑方向为北东 80°，滑动距离约 500m，滑坡体长约 300m，宽约 500m，厚 15~20m，滑动方量约 1000 万立方米。该滑坡为一逆向切层滑坡，位于映秀—北川断裂带上，岩体比较破碎，滑体两侧边坡仍存在滑动的可能性。因此，应采取必要的工程防治措施。但由于北川县城已规划搬迁到其他地点重建，北川老县城要建为地震遗址公园，不应进行更多的人为改变。

（三）甘肃省舟曲县安子坪村泄流坡滑坡

泄流坡滑坡位于甘肃省舟曲县城下游约 4km 处的安子坪，1963 年和 1981 年曾两次活动。1961 年，滑坡堵塞白龙江，造成舟曲县城发生洪水，经济损失约 100 万元。1981 年 4 月 8~14 日，舟曲县泄流坡发生滑坡。滑坡体长约 1700m，宽约 350m，总体积 3000 万~4000 万立方米。前后缘高差 500m，水平位移量 600~700m，平均位移速度 16~17m/d。滑坡体壅塞白龙江，形成深 22m、蓄水 $1300m^3$、回水长度 4.5km 的天然水库，对上游的舟曲县城和下游的武都县造成威胁。直接经济损失 256.5 万元。该滑坡自 1907 年以来共形成灾害 9 次。

（四）陕西省陇县杨家寺村李家下滑坡

李家下滑坡位于陇县河北乡杨家寺村李家下组，为一滑坡群，距离县城大约 11km。地貌为黄土梁地区基岩边坡，大地构造位置处于六盘山构造带千河断陷盆地北缘。地表出露的岩性下部为白垩纪砾岩、砂岩、粉砂岩及泥岩；上部为早更新世河湖相砂砾石、粉土，中晚更新世黄土夹古土壤。

该滑坡东西长约 600m，南北宽约 900m，厚为 20~40m，总体方量约 1500 万立方米，属特大型滑坡。该滑坡整体滑向为120°。滑坡威胁41户居民199人、210间房屋、470头牲畜、110亩耕地，潜在威胁资产71万元。李家下等滑坡的形成，是内动力地质作用与外动力地质作用共同作用的结果。河流下切侵蚀在斜坡前缘形成临空面，在地震力和重力的作用下，斜坡变形逐渐加剧，降水沿李家下后山的北北东向的裂隙贯入，斜坡中的软弱夹层逐渐软化，强度急剧降低，在重力的作用下，坡体向临空方向滑动，在前缘形成剪出口，由于前缘土体运动的滞后作用，形成前缘地层反翘及后部地层的旋转。

（五）安县肖家桥地震滑坡

该滑坡位于安县晓坝镇肖家桥—安昌河的右岸，处于映秀—北川断裂带上。原始斜坡较陡，由灰色中厚层状灰岩组成，岩层走向北东，倾向320°，倾角40°~60°。岩体中发育两组裂隙，其与层面共同构成了滑坡的边界。该滑坡体东西长约300m，南北宽230m，厚20~65m，体积约为350万立方米，为一大型基岩地震滑坡。主滑方向310°，为顺层—切层滑坡，水平最大滑距100m，垂直滑距40~80m。该滑坡形成滑坡坝，滑坡坝宽30~60m，长约300m，厚约60m，将安昌河上游河道堵塞，形成大型堰塞湖，危及下游的生命财产安全。该滑坡形成的堰塞湖调查时已对堰塞坝体进行了开槽泄水，对下游形成溃坝的威胁性减小；但其北侧岩体仍存在崩塌落石的可能，且滑坡体两侧也存在发生滑坡的可能性。由于该滑坡母岩岩性主要为灰岩，因此，其工程防治措施应以削坡卸载为主要手段，确保边坡的稳定性；其次可以采用在岩体内进行锚索拉杆，结合岩体表面铺设防护铁丝网等，确保车辆和行人的安全。

第四节 泥石流灾害

一、泥石流灾害定义及分类

（一）泥石流灾害定义

泥石流是发生在山区沟谷的一种不良地质现象，是在暴雨、冰雪融水或库塘溃坝等水源激发作用下形成的含有大量泥砾、石块等固体物质的特殊洪流，是高浓度固体和液体的混合物。泥石流灾害是指在山区沟谷中，由暴雨、大量冰雪融水或江湖、水库溃决后的急速地表径流激发的含有大量泥沙、石块等固体碎屑物质，并具有强大冲击力和破坏作用的特殊洪流造成的灾害。西北地区称为“流泥、流石”或“山洪急流”，华北和东北山区称为“龙扒”“水泡”“石洪”或“啸山”，云南山区称为“走龙”或“走蛟”，西藏地区则称为“冰川暴发”，台湾、香港地区称之为“土石流”。

（二）泥石流分类

1. 按物质成分分类

（1）由大量黏性土和粒径不等的砂粒、石块组成的叫泥石流；

（2）以黏性土为主，含少量砂粒、石块、黏度大、呈稠泥状的叫泥流；

（3）由水和大小不等的砂粒、石块组成的称为水石流。

2. 按流域形态划分

（1）标准型泥石流。为典型泥石流，流域呈扇形、面积较大，能明显地划分出形成区、流通区和堆积区。

（2）河谷型泥石流。流域呈有狭长条形，其形成区多为河流上游的沟谷，固体物质来源较分散，沟谷中有时常年有水，故水源较丰富，流通区与堆积区往往不能明显分出。

（3）山坡型泥石流。流域呈斗状，其面积一般小于 1000m^2，无明显流通区，形成区与堆积区直接相连。

3. 按物质状态划分

（1）黏性泥石流：含大量黏性土的泥石流或泥流。其特征是：黏性大，固体物质占 40%～60%，最高达 80%。其中水不是搬运介质，而是组成物质，稠度大，石块呈悬浮状态，暴发突然，持续时间也短，破坏力大。

（2）稀性泥石流：以水为主要成分，黏性土含量少，固体物质占 10%～40%，有很大分散性。水为搬运介质，石块以滚动或跃移方式前进，具有强烈的下切作用。其堆积物在堆积区呈扇状散流，停积后似“石海”。

4. 按灾害规模划分

（1）特大型泥石流。多为黏性泥石流，其流域面积大于 10km^2，最大泥石流流量为 2000m^3/s，一次或每年多次冲出的土石方量总和超过 50 万立方米。发育地沟谷地表裸露、岩石破碎，风化作用强烈，不良地质现象极为发育，沟谷纵坡坡度大河床中有大量巨石，河道内阻塞严重，破坏作用巨大。

（2）大型泥石流。大型泥石流流域面积大约 5～10km^2，最大泥石流流量约为 500～2000m^3/s，一次或每年多次冲出的土石方量大约为 10 万～50 万立方米。发育地地表侵蚀和风化作用强烈，沟谷狭窄，纵坡坡度大，有较多的松散物质堵塞沟道，破坏作用严重。

（3）中型泥石流。中型泥石流流域面积大约为 2～5km^2，最大泥石流流量为 100～500m^3/s，一次或每年多次冲出的土石方量大约为 1 万～10 万立方米。发育地地表侵蚀和风化作用较强烈，沟谷中淤积现象，破坏作用较强烈。

（4）小型泥石流。小型泥石流流域面积小于 2km^2，最大泥石流流量小于 100m^3/s，一次或每年多次冲出的土石方量小于 1 万立方米。发育地地表侵蚀和风化作用较弱，不良地质现象零星发育，规模较小，以沟坡坍塌和土溜为主，破坏作用不大。

二、泥石流灾害成因及特征

（一）泥石流成因

泥石流的形成是多种自然因素相互影响综合作用的产物。丰富的固体松散物质、充沛的水源和陡峻的沟谷地形是形成泥石流的三大基本条件，反映了泥石流形成中的物质、能量关系。由于地理环境局部条件的变化，使三者呈现差别，也会引起泥石流活动在时、空分布上的差别。地质、地貌、气候、水文、植被、土壤和人为因素等，各种因素对其影响的尺度不同。有的在大区域范围内对泥石流的形成起控制作用，有的则在局部地区影响泥石流的发生发展。泥石流在中国各大山地均有分布，究其原因，区域地质背景、大尺度地貌组合和气候系统对泥石流形成发育起控制作用。

1. 气候条件对泥石流的影响

泥石流的发育与一个地区的气候条件密切相关，尤其是与一个地区的降水量紧密相连。受气候条件影响，中国年降水量分布具有区域性和地带性特点。中国东部、东南、西南等湿润地区大多为季风气候，每年降雨量多集中在7、8、9三个月，是泥石流高发的季节。众多泥石流发生的区域降水资料表明，年降水量小于200mm的地区一般无泥石流发生，年降水量200~600mm的地区有泥石流发生，年降水量大于600mm的地区为泥石流多发区。

此外，降雨强度（雨强）是影响泥石流发生的一个重要指标，泥石流必须在一定的强降雨激发条件下才能启动发生，因而泥石流的发育与暴雨分布十分密切。中国东南沿海地区一般要达到特大暴雨才发生泥石流，而西北干旱、半干旱地区日降雨量在大雨以上就能发生泥石流。从众多泥石流发生的小时雨强资料可以发现，东部地区大于50mm/h、西部地区大于20~25mm/h、西南地区大于30~40mm/h，就能激发泥石流。

2. 地形地貌对泥石流的影响

泥石流的形成必须在一定的地形坡度条件下才能发生。只有地形坡度达到一定条件时才能使一定流速的水流具有冲刷、搬运能力。根据中国泥石流发生的实际资料分析表明，地形相对高差小于100~200m的地区一般无泥石流分布，相对高差大于200m的地区有泥石流分布，而相对高差大于1000m的地区由于沟谷深切则为泥石流高频率发生地区。

泥石流形成与山脉分布往往具有对应关系，这是因为只有山脉地区才具有形成泥石流的地形坡度；同样只有沟谷斜坡的坡度达到一定值时才有利于泥石流固体物质的补给。地貌单元不同，同样对泥石流形成有重要影响。中国第一级地貌阶梯（青藏高原≥4000m）与第二级地貌阶梯（云贵高原、黄土高原、陇南山区：海拔1000~2000m，四川盆地：海拔300~700m）的过渡地带，即横断山区、川西、陇南山区发育有暴雨型和冰川型两类泥石流。

泥石流形成的地貌条件主要是泥石流沟沟床比降、沟坡坡度、坡向、集水区面积和沟谷形态等。典型的泥石流流域可划分为形成区、流通区和堆积区三个区段，如图6-5所示。形成区多为三面环山、一面出口的宽阔地段，周围山坡陡峻，地形坡度多为30°~60°，沟床纵坡降可达30°以上。流通区是泥石流搬运通过的地段，多系狭窄而深切的峡谷或冲沟，谷壁陡峻而纵坡降较大，且多陡坎和跌水。堆积区一般位于出山口或山间盆地边缘，地形坡度通常小于5°；由于地形豁然开阔平坦，泥石流动能急剧降低，最终停积下来，形成扇形、锥形或带形堆积滩。

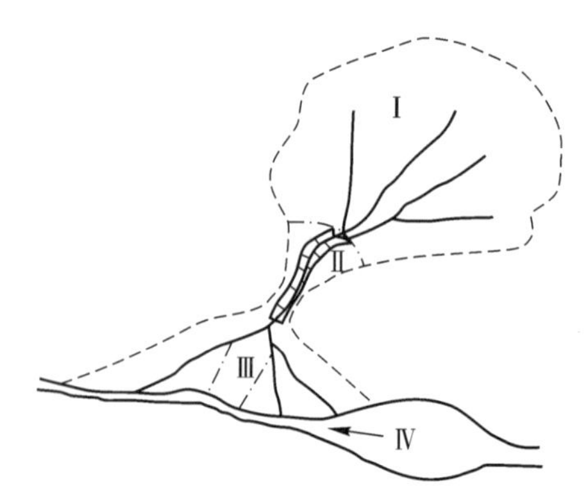

图6-5 典型的泥石流流域示意图

Ⅰ—泥石流形成区；Ⅱ—泥石流流通区；Ⅲ—泥石流堆积区；Ⅳ—泥石流堵塞河流形成的湖泊

3. 断裂构造对泥石流的影响

大的断裂构造（岩石圈断裂、地壳断裂、基底断裂）不仅构成大陆地壳和大洋地壳的边界，而且也是地壳中断块的边界。这些深大断裂是中国大陆地形地貌形成的重要因素和边界，也是第四纪以来主要活动断裂和地震活动发震断裂，同时，深大断裂带的岩层又极其破碎。它们对泥石流的分布起到了区域性的控制作用。中国泥石流多发区与这些大的断裂带关系密切。大断裂构造的破碎带可长达几千米至数十千米，沿断裂带上发育软弱构造面，岩石破碎，形成了糜棱岩、破裂岩和角砾岩等动力变质岩，成为滋生泥石流的温床，是泥石流发生发展的控制性因素。我国活动断裂带，诸如安宁河断裂带、绿汁江断裂带、小江断裂带和波密—易贡断裂带以及白龙江断裂带等，是我国泥石流最发育地区（数量、规模、活动强度）。特别需要指出的是，活动断裂构造有利于泥石流的发育和形成，但不是所有断裂构造都能发育和形成泥石流。

4. 地震活动对泥石流的影响

强烈地震活动破坏了岩石完整性，引起崩塌、滑坡的发育，成为泥石流的重要物质来源。当崩塌、滑坡造成堵江形成天然堆石坝后，随着江水的漫顶引起天然堆石坝溃决，造成山洪泥石流。2008 年“5. 12”汶川地震导致震后泥石流活动强度急剧增大，使得泥石流成为对地震区影响最严重的自然灾害。“5. 12”汶川地震后灾区崩塌、滑坡等产生的松散固体物质达 $28\times10^8m^3$，为该区泥石流长期活动提供了丰富的物质基础；流域微地貌突变特别是严重的沟道堵塞，有利于泥石流规模的增大；强烈地表扰动和毁灭性、大面积毁坏植被，改变了地表水入渗、产流和汇流条件，利于侵蚀和洪峰形成。这些流域状态的巨变，构成了有利于泥石流形成的条件组合，从而导致震后泥石流活动强度急剧增大。

5. 地层岩性对泥石流的影响

地层岩性是泥石流形成的物质基础。由于风化速度的差异，岩性软弱的岩层或软硬相间的岩层比岩性均一的坚硬岩层易遭破坏，提供松散物质也就越容易，对于形成泥石流就越有利。千枚岩、板岩、片岩、泥岩、页岩等软岩和花岗岩、片麻岩，易风化形成坡积物，易于孕育大的滑坡，是泥石流物质来源的重要岩石类型。高山地区由于地壳上升速率快、河流切割深、岩石风化强烈，不仅坡积物厚度大，而且强、全风化带的厚度也较大，暴雨时易形成表层滑坡，为泥石流的形成提供物源。

（二）泥石流灾害特征

1. 突发性

泥石流活动的突发性表现在暴发突然，一场泥石流过程从发生到结束历时短暂，一般仅几分钟到几十分钟，在流通区的流速可高达 30~100m/s。泥石流突发常给山地环境带来灾变，这种灾变包括泥石流的强烈侵蚀和淤积，强大搬运能力和严重的堵塞，以及由泥石流强烈侵蚀与滑坡活动相互促进造成的灾变性和毁灭性。这种突发性不仅使灾情加重，而且难于准确预报和有效预防。2010 年 8 月 7 日 22 时左右，甘南藏族自治州舟曲县城东北部山区突降特大暴雨，降雨量达 97mm，持续 40 多分钟，引发三眼峪、罗家峪等四条沟系特大山洪地质灾害，泥石流长约 5km，平均宽度 300m，平均厚度 5m，总体积 750 万立方米，流经区域被夷为平地。甘肃舟曲特大山洪泥石流造成 1481 人遇难，1824 人受伤，284 人失踪，成为中国近几十年来伤亡最大的泥石流灾害。

2. 周期性

中国山区泥石流活动时强时弱，具有明显的活动期和平静期。泥石流的发生主要受暴雨、洪水、地震的影响，而暴雨、洪水、地震总是准周期性地出现，因此泥石流地发生也有一定的周期性，且其活动周期与暴雨、洪水、地震的活动周期大体一致。当暴雨、洪水两者的活动周期相叠加时，常常形成泥石流活动的一个高潮。

3. 群发性

泥石流群发性是一种在极端天气条件下，在特定区域内同时暴发多处泥石流的地貌过程，具有极强的危险性，往往对区域内泥石流沟口的城镇、村庄及基础设施造成严重破坏，并造成重大人员伤亡和财产损失。群发性泥石流在国内外山区都极为常见，2010 年 8 月 13 日和 8 月 18 日，在局地暴雨诱发作用下，四川省绵竹市绵远河上游的清平乡和天池乡境内 24 条沟谷同时暴发了泥石流，冲出的固体物质高达 $1.08\times10^7m^3$，其中仅清平乡附近泥石流堆积扇规模就达到 $7.62\times10^6m^3$，泥石流淤满河道形成 $1.5km^2$ 的堰塞体，致使 14 人死亡和失踪，清平乡内大量震后重建的民房遭淤埋，泥石流多次中断九环线的重要支线——绵（竹）茂（县）公路汉旺—清平段，直接经济损失高达 4.3 亿元。

4. 季节性

泥石流类型不同，年内活动期也不同，具有季节性特点。我国泥石流类型多样，依其水源补给条件划分为雨水类、冰川类和过度类等泥石流类别。雨水类泥石流发生的时间早，结束时间晚，大多出现在 4~10 月。中国泥石流的暴发主要是受连续降雨，尤其是特大暴雨集中降雨的激发。西南地区受西南季风影响，4 月就进入雨季，10 月还受到孟加拉国风暴侵袭而带来充沛的降水，故降水特点呈双峰型，总的来说西南地区的泥石流多发生在 6~9 月；而西北地区降雨多集中在 6、7、8 三个月，尤其是 7、8 两个月降雨集中，暴雨强度大，因此西北地区的泥石流多发生在 7、8 两个月。冰川消融型泥石流则出现在 5~9 月，正是西南季风旺盛的季节，也是泥石流活动最频繁的季节。冰湖溃决型泥石流多出现在 7~9 月，各类泥石流发生频率以 5~8 月为最高。

5. 夜发性

中国泥石流发生时间多在夏秋季节或夜间，具有明显的夜发性。根据对云南省泥石流的暴发时间统计，有 80%发生在夜间，这也增加了泥石流的灾害性。通过对西藏加马其美沟（雨水型泥石流沟）1970~1977 年期间、古乡沟（冰川消融型泥石流沟）1954~1964 年期间和唐不郎沟（冰湖溃决型泥石流沟）1940~1977 年期间泥石流发生的统计表明，多年来夜间发生的各类泥石流占总数的 52%以上，其中雨水消融型泥石流夜发率最高，占雨水型的 66%；冰川消融型占 46%；而冰湖溃决型泥石流都在午后至夜晚发生。

三、泥石流灾害分布及危害

（一）泥石流灾害分布

1. 泥石流灾害的时间分布特征

泥石流的发生时间具有季节性和周期性。泥石流发生的时间通常与集中降雨时间一致，表现出明显的季节性。一般发生在多雨的夏秋季节。我国西南地区为 6~9 月，西北地区为 6~8 月。泥石流的活动周期与暴雨、洪水、地震的活动周期大体一致，当暴雨、洪水两者的活动周期叠加时常形成泥石流活动的高潮。

2. 泥石流灾害的空间分布特征

从世界范围来看，泥石流经常发生在峡谷地区、地震与火山多发区。它瞬间暴发，是山区最严重的自然灾害之一。世界泥石流多发地带为环太平洋褶皱带、阿尔卑斯—喜马拉雅褶皱带、欧亚大陆内部的一些褶皱山区。据统计，近 50 多个国家存在泥石流的潜在威胁，其中比较严重的有哥伦比亚、秘鲁、瑞士、中国、日本等。其中日本的泥石流沟有 62000 条之多，春夏两季经常暴发泥石流。进入 21 世纪，全球泥石流暴发频率急剧增加。仅 2011 年，就先后在乌干达、秘鲁、加拿大等多个国家发生严重的泥石流灾害。

中国有泥石流沟 1 万多条，泥石流的分布，大体上以辽西山地、冀北山地、华北太行山、陕西华山、四川龙门山和云南乌蒙山一线为界。该线以西的华北山地、黄土高原、川滇山地和西藏高原东南部山地，是我国泥石流的主要发育地区，泥石流呈带状或片状分布；此线以东的辽东、华东、中南山地以及台湾和海南岛等山地，泥石流呈零星分布。根据泥石流形成的自然环境，物质组成和活动特点，可把我国泥石流概括为 4 个典型分布区：

（1）青藏高原东南部山地泥石流分布区——中国冰川类泥石流最发育地区，冰川泥石流规模巨大，暴发频繁而猛烈。

（2）川滇山地泥石流分布区——中国降雨类泥石流最发育地区，并发育有少量冰川类泥石流，泥石流暴发较频繁，与人类经济活动密切相关。

（3）黄土高原泥石流分布区——以暴雨激发而成的黄土泥流为特色，但其暴发频率、规模和破坏强度均不及上述山区泥石流。

（4）华北和东北山地泥石流分布区——以暴雨或台风雨所引起的泥石流为特色，其暴发频率虽较低，但规模较大而来势迅猛。

此外，西北山区泥石流分布零星，暴发频率低，十几年至几十年才发生一次。秦岭、大别山以南，云贵高原以东的中国南方山地，降水丰沛，暴雨或台风雨来势猛烈，特别是江西、广东、福建、台湾和海南岛一带山地，历史上均曾发生过灾害性泥石流。近年来，由于人类生产活动的加剧，泥石流灾害有加重之势。

（二）泥石流灾害的影响

1. 泥石流的直接危害

（1）危害人类生命。泥石流是最常见的自然灾害之一，往往冲进乡村、城镇，摧毁房屋、工厂、企事业单位及其他场所设施，淹没人畜，毁坏土地，甚至造成村毁人亡的灾难。1999 年 12 月 15~16 日，委内瑞拉北部阿维拉山区加勒比海沿岸的 8 个州连降特大暴雨，造成山体大面积滑塌，数十条沟谷同时暴发大规模的泥石流，大量房屋被冲毁，多处公路被毁，大片农田被淹。据估计，全国有 33.7 万人受灾，14 万人无家可归，死亡人数超过 3 万人，经济损失高达 100 亿美元，成为 20 世纪最严重的泥石流灾害。

（2）危害工厂矿山。中国是多山国家，而山体周围资源丰富，很多工厂、矿场依山而建，一旦发生泥石流，这些设施都是首当其冲。泥石流会淤埋矿山坑道，掩埋车间，造成大量设备毁坏，致使停工停产，甚至矿山、工厂就此报废，对当地经济产生长的影响。

（3）危害交通干线。

1）对铁路的危害。中国有 32000km 铁路在山区，这些线路都极易受到泥石流的破坏，受泥石流灾害影响最频繁的是成昆铁路。成昆铁路自建成通车以来几乎每年都有泥石流发生，据不完全统计，泥石流灾害淤埋车站和线路、堵塞桥、涵120多处，冲毁大桥2座，颠覆旅客列车1列，中断行车达1700多小时，特别是利子依达沟1981年7月9日凌晨暴发的特大泥石流，冲毁了铁路大桥，颠覆了旅客列车，造成200余人死亡，给国家和人民生命财产造成了很大损失。

2）对公路的危害。泥石流对公路也有着严重的破坏作用，因为泥石流破坏而中断的公路交通时间占公路可通行时间的30%～40%。中国公路每年因泥石流造成的经济损失达数亿元甚至数十亿元。国家近年来加大对西部的开发，建成了川藏、滇藏、川滇、甘川、川陕等公路，而这些公路都穿越泥石流发生的山区，常常会因泥石流中断交通。

3）对航道的危害。泥石流的发生常常携带着大量的泥沙石块，这些泥沙石块会使航道堵塞，严重的会形成堰塞湖，对航道下游的人民安全产生危险。

（4）危害水利工程。泥石流对水利工程的危害主要是冲毁水电站、引水渠道及过沟建筑物，淤埋水电站尾水渠，并淤积水库、磨蚀坝面等。长江上游的水能资源达1.7亿千瓦，约占中国总水能资源的45%，但在长江上的各种水利水电工程都受到泥石流的危害。

（5）危害旅游景区。中国著名的自然风景旅游区80%以上分布在山区，多半也是泥石流危害地区。四川九寨沟、江西庐山、安徽黄山、陕西华山、山西五台山和山东泰山等风景区，都发生过泥石流灾害。泥石流灾害，不仅破坏自然风景，阻断交通，甚至危及游客生命安全。1982年陕西华山峪发生泥石流，造成9名游客丧生。

2. 泥石流的次生灾害

泥石流可能引起的次生灾害包括以下几类：

（1）泥石流具有强大的刨蚀和侵蚀能力，其发生过程中可能引起河岸坍塌或诱发新的滑坡、崩塌灾害。

（2）泥石流发生过程中会造成人员、牲畜、家禽等死亡，或将人或动物埋在泥石流堆积物中，引发小范围内的瘟疫流行。

（3）泥石流可能造成水利工程毁坏或溃决，诱发新的泥石流灾害。

（4）泥石流可能造成交通中断、输电线路毁坏，造成救灾能力下降，增大其破坏损失的可能性。

四、泥石流灾害风险评估

（一）泥石流风险定义

泥石流风险定义为：在一定区域和给定时段内，由于泥石流灾害而引起的人们生命财产和经济活动的期望损失，泥石流风险度表达为泥石流危险度和易损度的乘积，并建立了单沟和区域泥石流危险度的多因子综合评价模型。1988年刘希林发表的《泥石流危险度判定的研究》一文首次提出了多因子综合评判模型，并在以后的研究中不断深入和完善，推进了泥石流危险性研究。在自然灾害易损度研究上，针对泥石流灾害特点，刘希林提出泥石流易损性是指在一定区域和给定时段内，由于泥石流灾害而可能导致的该区域内所存在的一切人、财、物的潜在最大损失，用0～1或0～100%的方式对易损度进行计量。这一定义及其相应的模型被很多学者加以引用。

（二）泥石流风险度评价模型

从 1988 年开始，刘希林就对泥石流危险度、易损度和风险度进行了研究，提出了泥石流风险评价模型：

$$R = H \times V$$

式中，R 为泥石流风险度；H 为泥石流危险度；V 为泥石流易损度。

在泥石流风险评价中，危险度是前提，易损度是基础，风险度是结果。根据研究对象不同，泥石流风险评价包括单沟泥石流和区域泥石流风险评价。其中单沟泥石流危险度评价采用 7 个评价因子：泥石流规模和发生频率、流域面积、主沟长度、流域相对高差、流域切割密度和不稳定沟床比例，并将评价因子的转换值由原来的分级逻辑赋值化改为公式赋值化（见表 6-4），使每一项评价因子的转换值连续变化于 0~1。这 7 个评价因子的含义如下：

（1）泥石流规模（m，$10^3\,m^3$）：一次泥石流输沙量（一次泥石流冲出物的最大方量），为主要因子。泥石流冲出的固体物质方量越大，遭受泥石流损害的可能性就越大，是影响泥石流危险度最直接的因素之一。

（2）暴发频率（f,%）：单位时间内泥石流发生的次数，为主要因子，通常以 100 年为单位时间。这里的泥石流发生频率不同于通常意义上的水文频率、物理频率或统计频率。泥石流发生频率越高，遭受泥石流损害的可能性就越大，也是影响泥石流危险度最直接的因素之一。

（3）流域面积（s_1，km^2）：反映沟谷流域产沙和汇流情况，为次要因子。流域面积与流域产沙量成正相关，产沙量多少影响流域内松散固体物质储量，松散固体物质储量又影响一次泥石流冲出方量。

（4）主沟长度（s_2，km）：决定了泥石流的流程和沿途接纳松散固体物质的多少，为次要因子。泥石流流程越远，接纳的松散固体物质越多，其能量和破坏力越大。

（5）流域相对高差（s_3，km）：反映流域的势能和泥石流携带固体物质的能力，为次要因子。流域相对高差越大，发生泥石流的物质条件和动力条件越充分。

（6）流域切割密度（s_6，km^{-1}）：综合反映流域地质地理环境，为次要因子。流域切割密度越大，支沟侵蚀越发育，固体和液体径流越大，泥石流潜在破坏力就越大。

（7）不稳定沟床比例（s_9,%）：泥沙沿程补给段长度比，也就是泥沙沿程补给累计长度占主沟长度的百分比，为次要因子。该比例越大，表明流域内泥沙补给条件越好。

最新的单沟泥石流危险度计算公式如下：

$$H_{单} = 0.29M + 0.29F + 0.14S_1 + 0.09S_2 + 0.06S_3 + 0.11S_6 + 0.03S_9$$

式中，M、F、S_1、S_2、S_3、S_6、S_9 分别为 m、f、s_1、s_2、s_3、s_6、s_9 的转化值。

表 6-4　单沟泥石流危险度评价因子的转换函数

转换值（0~1）	转换函数（m，f，s_1，s_2，s_3，s_6，s_9 为实际值）
M	$M=0$（当 $m \leq 1$ 时）
	$M=\log m/3$（当 $1<m \leq 1000$ 时）
	$M=1$（当 $m>1000$ 时）

续表 6-4

转换值（0~1）	转换函数（m，f，s_1，s_2，s_3，s_6，s_9 为实际值）
F	$F=0$（当 $f\leqslant 1$ 时）
	$F=\log f/2$（当 $1<f\leqslant 100$ 时）
	$F=1$（当 $f>100$ 时）
S_1	$S_1=0.2458s_1^{0.3459}$（当 $0\leqslant s_1\leqslant 50$ 时）
	$S_1=1$（当 $s_1>50$ 时）
S_2	$S_2=0.2903s_2^{0.5372}$（当 $0\leqslant s_2\leqslant 10$ 时）
	$S_2=1$（当 $s_2>10$ 时）
S_3	$S_3=2s_3/3$（当 $0\leqslant s_3\leqslant 1.5$ 时）
	$S_3=1$（当 $s_3>1.5$ 时）
S_6	$S_6=0.05s_6$（当 $0\leqslant s_6\leqslant 20$ 时）
	$S_6=1$（当 $s_6>20$ 时）
S_9	$S_9=s_9/60$（当 $0\leqslant s_9\leqslant 60$ 时）
	$S_9=1$（当 $s_9>60$ 时）

泥石流易损度表达为财产和人口的潜在最大损失的总和，包括了物质易损度、经济易损度、环境易损度和社会易损度。最新的单沟泥石流易损度计算公式如下：

$$
\begin{cases}
V_{单} = \sqrt{(FV_{1单} + FV_{2单})/2} \\
FV_{1单} = \dfrac{1}{1 + \exp\left[-1.25(\log V_{1单} - 2)\right]} \\
FV_{2单} = 1 - \exp(-0.035V_{2单}) \\
V_{1单} = I + E + L_{单} \\
V_{2单} = \dfrac{(a + b + r) \times D}{3} \\
I = I_1 + I_2 + I_3 \\
E = (E_1 + E_2 + E_3) \times N \\
L_{单} = \sum_{i=1}^{4} B_i \times A_i \times 100
\end{cases}
$$

式中：$V_{单}$ 为单沟泥石流易损度；$FV_{1单}$为财产指标 $V_{1单}$（万元）的转换函数赋值（0~1）；$FV_{2单}$为人口指标 $V_{2单}$（人/平方千米）的转换函数赋值（0~1）；I 为物质易损度指标，万元；I_1、I_2、I_3 分别为建筑资产（万元）、交通设施资产（万元）以及生命线资产（万元）；E 为经济易损度指标，万元；E_1、E_2、E_3 分别为人均年收入（万元/年）、人均储蓄存款余额（万元/人）、人均拥有的固定资产（万元/人）；N 为总人口数；$L_{单}$ 为环境易损度指标中的土地资源价值，万元；B_i 为各类土地资源基价，元/平方米；A_i 为各类土地资源的面积，km^2；i 为土地类型，由于灾害大部分土地能够得到恢复因此只需按恢复土地所需的费用来表示即可，这里取该土地类型基价的1%来计算；a 为 65 岁（含）以上老人和 15 岁以下少年儿童的比例；b 为只接受过初等教育（小学）及以下人口的比例；r 为人口自然增长率,‰；D 为人口密度，人/平方千米。

五、泥石流灾害防治措施

（一）泥石流的监测和预警

泥石流的监测预警方法主要有：

（1）在有条件的泥石流沟谷中安装雨量监测器，随时预报降雨情况。当降雨发生时，应派专人值班，观测雨情，一旦发现险情，及时发出警报，组织人员撤离。

（2）在无条件安装雨量监测器的沟谷中居民，应注意收听当地的气象预报。暴雨时尽可能不要进入山谷中。

（3）在泥石流频发的沟谷中，应在沟口设置警示牌，提醒人们注意安全。

（二）泥石流灾害的前兆

发生泥石流的前兆有：

（1）连续降雨时间较长，发生暴雨并在沟谷中形成洪水时。

（2）河水突然断流或洪水突然增大并夹杂着较多的岸边柴草或树木。这是由于上游崩塌或滑坡堵塞了河流，或山坡已发生滑坡或沟谷形成了坍岸。

（3）沟谷深处变昏暗并伴随轰隆隆的巨响，或感受到了地表的轻微振动等。这可能是上游已发生滑坡，泥石流很可能马上就发生。

（三）泥石流灾害的治理

在几十年的泥石流防治实践中，中国泥石流科技人员逐步形成和发展了岩土工程措施与生态工程措施相结合、上下游统筹考虑、沟坡兼治的泥石流综合治理技术，对泥石流流域进行全面整治以逐步控制泥石流的发生发展，达到除害兴利的目的。泥石流综合治理措施主要有 3 种：山坡整治、沟谷整治和堆积区整治。

（1）山坡整治。主要布置在泥石流流域水土流失严重的上游形成区，包括：1）生态修复措施，主要是在上游清水区营建水源涵养林、在裸露坡面进行生态修复，在侵蚀性沟道种植沟道防护林，起到调节汇流、保护坡面、控制沟道侵蚀、稳定山坡的作用；2）截流措施，是适宜修建在泥石流形成区和清水区的小型截流引水工程，可以汇集暴雨径流，然后导入稳定的沟谷，以减轻形成区的侵蚀作用；3）谷坊工程，是主要修建在泥石流形成区内支毛小沟中的小型拦沙坝群（1~3m 高），起到抬高侵蚀基准、保护坡脚免受冲刷、稳定沟坡的作用。

（2）沟谷整治。主要是指修建在泥石流流通段的各种类型的拦沙坝，其作用是防止下切，稳定沟床和岸坡，对防治边岸滑坡崩塌的继续发展有明显效果；同时可以起到拦蓄部分泥沙、平缓纵坡、减小泥石流规模的作用。在个别重要地段，为了保护边岸崩塌，也可专门修建护岸工程，如护坡和挡土墙等。

（3）堆积区整治。这是改造和利用冲积扇的重要工程措施，修建在泥石流下游的堆积区，其目的是将泥石流按照人为的意愿进行排泄、导流和停淤，防止对下游居民区、厂矿企业、道路交通等的危害。主要工程措施有：

1）排导槽，是控制泥石流流路的重要工程，可防止泥石流在冲积扇上漫流泛滥成灾；

2）导流堤，是把泥石流导向一定的地段，保护需要利用和开发地段的工程措施，一般为单堤结构；

3）停淤场，是在冲积扇上修建的停淤泥石流物质的场所，可以减轻泥石流对下游工程的压力和负担，有助于保护受灾对象。

泥石流流域上、中、下3个区段的治理措施，既可以针对具体泥石流形成条件、活动特征和保护对象，仅采取其中一部分措施，进行局部治理；也可在一个流域全面布设，进行综合治理。

(四) 泥石流灾害的应急措施

1. 泥石流灾害预防减灾措施

预防泥石流的措施有：

(1) 选择房屋建筑场地时，应在地势较高的地方（应在历史最高洪水位以上），尽可能不要建在沟谷中或沟口。

(2) 在山坡或沟谷中种植树木或花草，固水保土，减少发生崩塌、滑坡等可能形成的泥石流物源。

(3) 在山坡上修建引水渠等水利工程时，应尽可能做好防水层，避免渗漏。

(4) 在沟谷中进行采矿或工程建筑活动时，弃渣应规划放置而不是直接堆弃在沟谷中。

(5) 修建泄洪道，保护人们居住的场地。

2. 泥石流灾害避险常识

发生泥石流后的应急措施有：

(1) 选择高处的平整地块作为营地或指挥部。

(2) 在组织营救人员或救灾抢险时，应时刻注意安全，躲避可能再次发生的泥石流。

(3) 营地不宜选在沟谷较低平的地方。特别是沟谷内有大量弃碴或弃土不宜作为营地。

(4) 营地不宜选择在沟谷内堆弃的矿渣山、工程建筑垃圾的堆放场地。

当遇到泥石流发生时，应选择以下几种逃跑方式：

(1) 应向着泥石流沟谷的两侧山坡上跑，或向着与泥石流成垂直方向跑，而不能顺着沟谷或泥石流的流动方向跑；

(2) 应站在山坡上相对稳定的岩石上而不能站在松散的堆积物上；

(3) 不能停留在土层较厚的陡坎或陡坡下，也不能停留在大石块的后边；

(4) 不能躲在树上或发育大量松散堆积物和滚石的下方；

(5) 一旦发生泥石流，应立即向当地政府部门报告，以便政府部门及时组织营救。

六、中国典型泥石流灾害

(一) 云南省昆明市东川区泥石流

东川区位于云南省东北部的小江流域，小江流域面积1430km^2，市内流程长86km。流域具有显著的亚热带山地气候特点，海拔高程为1100~3300m，年降水量为700~1000mm，集中在6~8月（降水量占全年总降水量的50%以上）。雨季常发生暴雨，最大暴雨强度为106mm/h。小江流域是我国活动最强烈的地区之一，其特点是泥石流沟谷数量多、密度大、活动频繁、破坏损失严重、防治困难。小江流域地层自中元古界至第四系均有发育（缺失白垩系），主要岩性为板岩、砂岩、页岩、泥岩、灰岩、玄武岩和松散堆积物。大部分岩石强度低、结构破碎、风化严重，为泥石流提供了丰富的物质基础。

据调查资料，小江流域有泥石流沟 107 条。其中规模较大、活动频繁、成灾严重的有 61 条沟谷，主要包括蒋家沟、大桥河、黑水河、大白泥沟、老干沟、石羊沟等。据不完全统计，到 2009 年，该区共发生泥石流灾害 30 余次，至少造成 163 人死亡，冲毁房屋、道路、电站等工程设施，造成的经济损失超过 1 亿元，冲毁大量农田，使铁路工程的使用寿命由 100 年降为 30 年。近年来铁路累计中断运输 1405 天，累计抢修费用 1700 万元，改用汽车运输后增加运费 4215 万元。

（二）甘肃省舟曲县泥石流

舟曲县位于甘肃省东南部的白龙江中上游，地理坐标为东经 103°51′~104°45′，北纬 33°13′~34°01′，西秦岭、岷山山脉呈东南至西北走向贯穿全境，地势西北高、东南低。境内多高山深谷，气候垂直变化十分明显，半山河川地带温暖湿润。海拔在 1173~4505m，年均气温 12. 7°C，年降水量 400~900mm。2010 年 8 月 7 日 22 时左右，舟曲县城东北部山区突降特大暴雨，降雨量达 97mm，持续 40 多分钟，引发三眼峪、罗家峪等四条沟系特大山洪地质灾害，泥石流长约 5km，平均宽度 300m，平均厚度 5m，总体积 750 万立方米，流经区域被夷为平地。泥石流造成舟曲县城月圆村、椿均村两个村被毁，三眼村、北门村、罗家峪村、瓦场村和县城部分被毁，泥石流堵塞白龙江形成的堰塞湖使城区三分之一被淹，造成严重的人员伤亡和财产损失。截至 2010 年 9 月 7 日，舟曲特大泥石流灾害中遇难 1557 人，失踪 284 人，是中华人民共和国成立以来破坏性最强、死亡人数最多、财产损失最大的一次泥石流灾害。

（三）四川省绵竹市文家沟泥石流

2010 年 8 月 12~13 日，四川省绵竹市清平乡出现大暴雨，引发特大山洪泥石流灾害。初步统计，共造成 9 人死亡、3 人失踪。其中，文家沟泥石流造成 5 人死亡、1 人失踪；烂泥沟泥石流造成 3 人死亡、2 人失踪；娃娃沟造成 1 人死亡，379 户农房被掩埋，绵竹至茂县公路全面中断，桥梁被毁、学校被淹，直接经济损失约 4. 3 亿元。清平乡位于绵竹市西北部龙门山中高山山区，地处汶川特大地震极震区。区域构造上属四川盆地西北部的龙门山推覆构造带前缘。清平—白云山活动断裂通过该区，地质构造作用强烈，断裂发育。岩层多陡倾、直立乃至倒转，裂隙发育，岩体破碎。受特殊地形、地质条件影响，清平乡在汶川地震前地质灾害就极为发育，共查明地质灾害隐患 44 处。汶川特大地震影响极为显著，地震后新增地质灾害隐患 71 处。该次特大山洪泥石流灾害共有 11 条沟发生山洪泥石流，其中，以清平乡场镇北（绵远河上游）的文家沟、走马岭沟、罗家沟和娃娃沟 4 条山洪泥石流沟最为严重。

文家沟泥石流。由主沟和 2 条支沟组成，整个沟谷汇水面积 7. 81km^2，主沟长 3. 25km，纵坡降 80‰~460‰，沟内固体物质丰富。8 月 13 日，泥石流冲出量高达 450 万立方米；8 月 18~19 日，再次遭受特大暴雨，泥石流冲出 30 万立方米，堵塞河道，形成堰塞湖。

走马岭沟泥石流。由主沟和 3 条支沟组成。整个沟谷汇水面积 7. 44km^2，主沟长 3. 93km，平均纵坡降 132‰，本次泥石流冲出量高达 100 万立方米。

罗家沟泥石流。沟谷汇水面积 1. 6km^2，主沟长 1. 6km，平均纵坡降 290‰，本次泥石流冲出量高达 10 万立方米。

娃娃沟泥石流。为新发泥石流，汇水面积 0. 64km^2，沟长 1. 63km，纵坡降 374‰，本次泥石流冲出量高达 2 万立方米。

以上山洪泥石流在清平乡附近形成 600 万立方米堆积，其最大厚度达 13m 多，覆盖面积 120 万平方米左右。2010 年 8 月 12 日下午 6：00 左右，清平乡开始降雨。下午 7：00~晚 10：00，雨量较小，然后逐渐增大；晚 10：30~13 日凌晨 1：30 左右，雨量非常大。山洪泥石流大约在 12 日晚 11：45 开始暴发；至 13 日凌晨 1：00，规模达到最大；13 日凌晨 2：30 左右，老大桥被堵塞，造成山洪泥石流改道漫流，形成次生灾害，淹没清平乡场镇上的学校、加油站及安置房。

（四）甘肃省兰州市泥石流

甘肃省兰州市区处于黄河上游的一个狭长谷地之中。其东起桑园峡，西至八盘峡，东西长约 80km，南北两侧均为丘陵、山地，宽几千米到十几千米。市区面积 1632km^2，建成区面积 163km^2（1995 年）。兰州市区泥石流特别发育。据调查有泥石流沟 55 条，其中黄河南岸 24 条、北岸 31 条。泥石流沟一般长 5~15km，流域面积一般为 3~30km^2。规模较大的泥石流沟主要有寺儿沟、大金沟、黄峪沟、罗锅沟等。新构造运动的差异性和间歇性升降运动，导致兰州市区河流两岸明显不对称。南岸山坡坡度 40°~50°，相对高差 400~500m；北岸山坡坡度 40°~60°，相对高差 400~800m。山坡上侵蚀切割剧烈、沟谷密集，为泥石流活动提供了有利的地形地貌条件。

黄河两岸山坡主要为黄土、半成岩的第三系泥岩及花岗片麻岩、砂岩、页岩，岩土结构松散，抗侵蚀能力差。外动力地质作用强烈，滑坡以及崩塌、土溜等十分发育，为泥石流提供了比较充分的固体碎屑物质。兰州市属中温带亚湿润气候。年平均降水量 476mm，降水分配不均，年内降水主要集中在 6~9 月，其降水量占全年的 72%，并多以暴雨的形式发生；每次暴雨降水量 20~60mm。暴雨洪水是兰州市泥石流活动的主要激发因素。据最近 20 多年来发生的几次较大规模泥石流的监测统计资料，泥石流活动的降雨强度为：一次短历程（2 小时左右）的降雨量 30mm，雨强达 20mm/h 的降雨即可引起泥石流；一次历程降水（2~3 小时）超过 60mm，或降雨强度达到 50mm/h 的暴雨可引起较大规模的群发性泥石流。

除上述自然条件外，人为活动也具有不可忽视的重要作用。影响最严重的是山坡上沿沟谷开辟了许多采石场，不仅加剧了水力侵蚀活动，而且大量废石弃渣成为泥石流固体碎屑物的物源；此外，建房、修路等工程建设活动也对山坡和岩土结构产生一定影响。

第七章　海洋灾害

第一节　海洋灾害概述

海洋灾害是指海洋自然环境发生异常或激烈变化，导致在海上或海岸发生的灾害。海洋灾害主要包括风暴潮灾害、海浪灾害、海冰灾害、海雾灾害、海啸灾害及赤潮、海水入侵、溢油灾害等突发性的自然灾害。我国海洋灾害中，发生最频繁、造成影响最严重的是风暴潮、赤潮和海浪灾害。全球热带海洋每年大约有 80 多个台风，其中对我国有影响的有 20 多个，登陆台风 7 个左右，约为美国的 4 倍、日本的 2 倍、菲律宾的 1. 5 倍。根据 1966~1990 年资料统计，我国海区大于 3m 以上的海浪分布频率分别是：渤海 6. 7%、黄海 26%、东海 58. 3%、南海 46. 8%。其中 6m 以上的狂浪区平均每年发生 28 次，9m 以上的狂涛区平均每年出现 5. 8 次。我国赤潮灾害呈现出发生频率增加、暴发规模扩大、持续时间加长、有毒藻类增多的发展趋势。近 5 年的监测结果显示，我国沿海赤潮主要发生在东海区，其中，浙江近岸海域赤潮发生次数和面积占全海域 5 年来赤潮发生总次数的 38%，占总面积的 61%。

海洋灾害具有种类多、分布范围广，频率高、破坏性大，海洋灾害损失急剧增长的特点。引发海洋灾害的原因主要有大气的强烈扰动，如热带气旋、温带气旋等；海洋水体本身的扰动或状态骤变；海底地震、火山爆发及其伴生之海底滑坡、地裂缝等。海洋自然灾害不仅威胁海上及海岸，有些还危及沿岸城乡经济和人民生命财产的安全。

2019 年，我国海洋灾害以风暴潮、海浪和赤潮等灾害为主，海冰、绿潮等灾害也有不同程度发生。各类海洋灾害给我国沿海经济社会发展和海洋生态带来了诸多不利影响，共造成直接经济损失 117. 03 亿元，死亡（含失踪）22 人。其中，风暴潮灾害造成直接经济损失 116. 38 亿元；海浪灾害造成直接经济损失 0. 34 亿元，死亡（含失踪）22 人；赤潮灾害造成直接经济损失 0. 31 亿元。与近 10 年（2010~2019 年）平均状况相比，2019 年海洋灾害直接经济损失高于平均值，死亡（含失踪）人数低于平均值（见图 7-1）。2019 年，海洋灾害直接经济损失最严重的省（自治区、直辖市）是浙江省，直接经济损失 87. 35 亿元；其次是山东省，直接经济损失 21. 63 亿元。

由于我国海岸线漫长，跨越几个不同的气候带，可能发生的海洋灾害种类也较多。中国海区大体分为 3 个海洋灾害区：渤海和黄海区域、东海区域和南海区域。其中，东海区域灾害最严重，风暴潮、赤潮、海浪、海啸灾害占全海区的 54%；渤海和黄海区域海洋灾害种类最多，除台风风暴潮、赤潮、海浪、海啸外，还有温带风暴潮和海冰灾害，各种灾害约占全部海区的 18%；南海区域最辽阔，各种海洋灾害约占全部海区的 28%，主要分布在 12°N 以北的海区，以南地区较少。

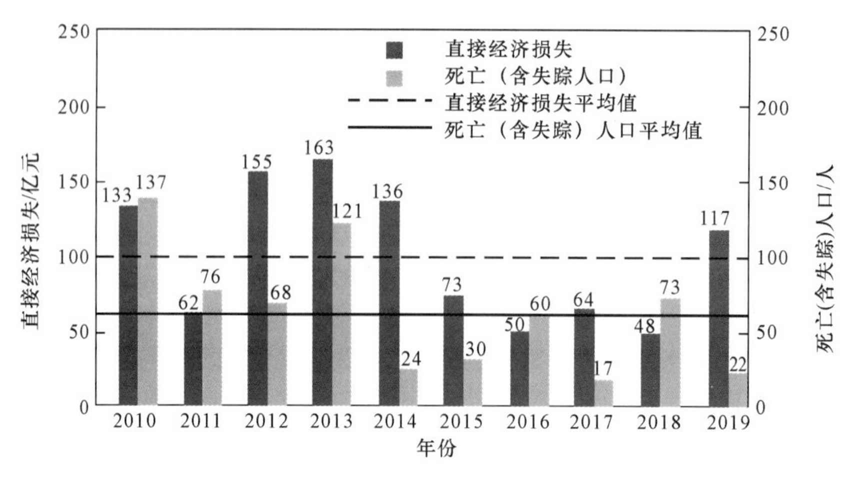

图 7-1　2010~2019 年海洋灾害直接经济损失和死亡（含失踪）人数

第二节　风暴潮灾害

一、风暴潮定义及分类

（一）风暴潮定义

风暴潮是指由强烈大气扰动，如热带气旋、温带气旋等引起的海面异常升高现象。风暴潮的空间范围一般由几千米至几十千米，周期约为 10^3 ~ 10^5s 或者为 1 ~ 10^2h，介于地震海啸和天文潮之间。风暴潮是由强风作用和气压骤变引起的沿岸涨水现象，其影响区域随大气扰动因子的移动而移动，有时一次风暴潮过程往往影响 1000 ~ 2000km 的海岸区域，影响时间可多达数天之久。

风暴潮引起的沿岸涨水造成的人员伤亡、财产损失，称为风暴潮灾害。在我国历史文献中，风暴潮多被称为“海溢”“海侵”及“大海潮”等，因而将风暴潮灾害称为“潮灾”。相反，如果海平面大幅度异常性下降，使海滩裸露，形成“负风暴潮”灾害，也可称为“风暴减水”。如果风暴潮恰好与天文高潮相叠（尤其是与天文大潮期间的高潮相叠），加之风暴潮往往夹狂风恶浪而至，溯江河洪水而上，则常常使其影响所及的滨海区域潮水暴涨，甚者冲毁海堤海塘，吞噬码头、工厂、城镇和村庄，使物资不得转移，人畜不得逃生，从而酿成巨大灾难。

风暴潮一般以诱发它的天气系统来命名，如由 1980 年第 7 号强台风（Joe 台风）引起的风暴潮，称为 8007 台风风暴潮或 Joe 台风风暴潮。其为中国近百年间罕见的最严重风暴潮，广东省因潮灾死亡 296 人，失踪 137 人，造成经济损失约 5 亿元。温带风暴潮大多以发生日期命名，如 2003 年 10 月 11 日发生的温带风暴潮被称为“03. 10. 11”温带风暴潮，2007 年 3 月 3 日发生的温带风暴潮称为“07. 03. 03”温带风暴潮。

（二）风暴潮分类

国内外学者多按诱发风暴潮的大气扰动特性，将风暴潮分为由台风引起的台风风暴潮和由温带天气系统引起的温带风暴潮两大类。台风风暴潮，多见于夏秋季节，其特点是来势猛、速度快、强度大、破坏力强，凡是受台风影响的沿海地区均有台风风暴潮发生；温带风暴潮，多发生在春秋季节，夏季也有时发生，我国的温带风暴潮大多发生在长江口以北地区。

1. 台风风暴潮

热带气旋在其所路经的沿岸带都可能引起台风风暴潮这种类型的风暴潮，以夏秋季为常见。热带气旋的影响地域包括北太平洋西部、中国南海、中国东海、北大西洋西部、墨西哥湾、孟加拉湾、阿拉伯海、南印度洋西部以及南太平洋西部诸沿海和岛屿等。日本沿海因受太平洋西部台风的侵袭，遭受风暴潮灾害颇多，特别是面向太平洋及中国东海的诸岛。我国东南沿海也频频遭受台风风暴潮的侵袭。同样，在墨西哥湾沿岸及美国东岸主要遭受由加勒比海附近飓风的侵袭而酿成飓风潮。印度洋孟加拉湾的风暴潮是举世罕见的。

台风风暴潮是导致潮水漫溢、冲毁海塘的主要因素，破坏力极大。其原因首先是由于台风中心是一个空气高速旋转的低涡，台风中心周围的空气结束旋转，气压极低形成对海水向上的抽引力，造成台风中心的海水高出周围海面。台风强度越强，其中心的上抽力也越大，风暴潮也越严重。当强台风登陆时，在台风中心登陆地段引起海水倒灌，严重的可以引发台风海啸；其次是台风登陆时若恰遇天文大潮，加之狂风、暴雨、高潮的共同作用，将会使海塘冲毁、海潮涌入，造成严重灾害。

2. 温带风暴潮

温带风暴潮主要是温带气旋引起的风暴潮，主要发生于春秋季。北海和波罗的海沿岸的风暴潮即为这种类型的风暴潮，另外在美国东岸、日本沿岸也出现过这类风暴潮。温带风暴潮是由西风带系统引起，它的成灾范围在我国仅限于长江口以北的黄渤海沿岸地区，其中渤海湾、莱州湾沿岸为重灾区。1969 年 4 月 23 日，莱州湾羊角沟站风暴增水 3. 52m，当时记录到的过程最大风速为 34. 9m/s，3m 以上的增水持续 7h，1m 以上的增水持续 37h（23 日 13 时~25 日 1 时）。温带风暴潮和台风风暴潮的区别在于：温带风暴引起的是持续的水位变化，台风风暴潮一般伴有急剧的水位变化。温带风暴潮的增水值虽然小于台风风暴潮，但 1m 以上的增水时间长，容易与天文高潮叠加，酿成灾害。

此外，尚存在另一种类型的风暴潮，是中国渤海、黄海所特有的。在春、秋过渡季节，渤海和北黄海是冷、暖气团角逐较激烈的地域，由寒潮或冷空气所激发的风暴潮是显著的，其特点为水位变化持续而不急剧。由于寒潮和冷空气不具有低压中心，因而可称这类风暴潮为风潮。

（三）风暴潮分级

国内外风暴潮专家一般把风暴潮灾害划分为 4 个等级，即特大潮灾、严重潮灾、较大潮灾和轻度潮灾。按照国家海洋局 2012 年 7 月 12 日发布的《风暴潮、海浪、海啸和海冰灾害应急预案》中的规定，风暴潮灾害应急响应分为Ⅰ、Ⅱ、Ⅲ、Ⅳ四级，分别对应特别重大海洋灾害、重大海洋灾害、较大海洋灾害和一般海洋灾害，颜色依次为红色、橙色、黄色和蓝色。

1. 风暴潮Ⅰ级紧急警报（红色）

受热带气旋（包括台风、强热带风暴、热带风暴、热带低压，下同）影响，或受温带天气系统影响，预计未来沿岸受影响区域内有 1 个或 1 个以上有代表性的验潮站将出现达到或超过当地警戒潮位 80cm 以上的高潮位时，至少提前 6h 发布风暴潮紧急警报。

2. 风暴潮Ⅱ级紧急警报（橙色）

受热带气旋影响，或受温带天气系统影响，预计未来沿岸受影响区域内有 1 个或 1 个以上有代表性的验潮站将出现达到或超过当地警戒潮位 30cm 以上 80cm 以下的高潮位时，至少提前 6h 发布风暴潮Ⅱ紧急警报。

3. 风暴潮Ⅲ级警报（黄色）

受热带气旋影响，或受温带天气系统影响，预计未来沿岸受影响区域内有 1 个或 1 个以上有代表性的验潮站将出现达到或超过当地警戒潮位 30cm 以内的高潮位时，前者至少提前 12h 发布风暴潮警报，后者至少提前 6h 发布风暴潮警报。

4. 风暴潮Ⅳ级警报（蓝色）

受热带气旋影响，或受温带天气系统影响，预计在预报时效内，沿岸受影响区域内有 1 个或 1 个以上有代表性的验潮站将出现低于当地警戒潮位 30cm 的高潮位时，发布风暴潮预报。另外，预计在预报时段内，台风将登陆我国沿海地区或在距沿岸 100km 以内转向，即使沿岸受影响区域内不出现超过当地警戒潮位的高潮位，也须发布风暴潮（含台风浪）警报。

二、风暴潮成因及特征

（一）风暴潮成因

风暴潮是发生在海洋沿岸的一种严重自然灾害，风暴潮能否成灾，在很大程度上取决于其最大风暴潮位是否与天文潮高潮相叠，尤其是与天文大潮期的高潮相叠。当然，也取决于受灾地区的地理位置、海岸形状、岸上及海底地形，尤其是滨海地区的社会及经济（承灾体）情况。

风暴潮形成的主要原因有 3 个：一是具有强烈而持久的向岸大风，二是具备有利的海岸形状（如喇叭口状港湾及平缓海滩），三是具有天文大潮的配合。冀津沿海为一个向东开口的港湾浅海，具有明显的季风气候特点。当渤海出现强烈而持久的偏东大风时，海水便会不断地在渤海湾内堆积，形成风暴潮。统计分析表明，冀津沿海历史上强大的风暴潮多与天文大潮配合，两者叠加，潮位更高，造成的灾害更重。当然，如果风暴潮位非常高，虽然未遇天文大潮或高潮，也可能造成严重潮灾。如 8007 号台风风暴潮就属于这种情况。当时正逢天文潮平潮，但由于出现了 5. 94m 的特高风暴潮，仍造成了严重风暴潮灾害。此外，海底地形、受灾地区所处的地理位置、滨海地区的社会经济情况等因素也决定了风暴潮能否成灾以及灾害的严重程度。

（二）风暴潮特征

我国发生的风暴潮一般具有以下特点：

（1）一年四季均有发生。夏季和秋季，台风常袭击沿海引起台风潮，但其多发区和严重区集中在东南沿海和华南沿海。冬季寒潮大风、春秋季的冷空气与气旋配合的大风及气旋影响，常发生在北部海区，尤其是渤海湾和莱州湾海区。

（2）灾害发生的次数多。我国从汉代起便有风暴潮灾害的记录，随着年代的延伸，记载日趋详细。历史上我国沿海的风暴潮灾害触目惊心，在较详细记载的个例中，仅 20 世纪我国沿海就发生过 4 次淹死万人以上的台风风暴潮灾害（1905 年、1922 年、1937 年、

1939年）。据统计，1949~1993年，我国共发生过程最大增水超过1m的台风风暴潮269次，其中风暴潮位超过2m的有49次，超过3m的有10次。共造成了特大潮灾14次，严重潮灾33次，较大潮灾17次和轻度潮灾36次。

（3）风暴潮位高度较大。中国渤海的莱州湾地区在历史上的最高潮位超过3.5m，中国有逐时潮位记录以来风暴潮最高潮位记录是5.94m，是由8007号台风Joe在东南沿海的南渡引起的，位居世界第三位。

（4）风暴潮规律较复杂。特别是在潮差较大的浅水区，天文潮与风暴潮具有较明显的非线性耦合效应，致使风暴潮的规律更为复杂。

三、风暴潮分布及危害

（一）风暴潮分布

1. 风暴潮灾害时间分布特征

中国风暴潮灾害主要出现在夏季和秋季，灾害类型以台风风暴潮灾害为主，温带风暴潮灾害较少。根据1990~2019年的统计数据，我国沿海地区发生台风风暴潮灾害主要集中在夏季，其中6~10月发生的风暴潮灾害次数最多，约占风暴潮灾害总次数的93%；温带风暴潮灾害主要集中在10月，约占温带风暴潮灾害总次数38%。最近30年，我国风暴潮灾害发生的时间跨度有延长的趋势，1992年6月在天津塘沽港发生温带风暴潮灾害；1993年11月渤海发生了一次较强的温带风暴潮灾害；1995年11月海南省三亚市沿海发生了台风风暴潮灾害；2003年11月在海南岛北部沿海出现历史罕见的高潮潮灾；2006年5月广东汕头沿海发生“珍珠”台风风暴潮灾害，4月17日大连沿海发生温带风暴潮灾害；2007年3月渤海湾、莱州湾发生了一次特大温带风暴潮灾害，是近年来发生最早的一次风暴潮灾害；2008年4月发生了1949年以来最早的一次台风风暴潮灾害，8月在江苏和河北沿海发生了2次温带风暴潮灾害，其发生的时间也是极其罕见的。

2. 风暴潮灾害空间分布

（1）世界风暴潮灾害分布。风暴潮通常发生在所有迎向陆地风的海岸，世界上主要受风暴潮威胁的沿海地区有：欧洲的英格兰沿海、荷兰及德国西北部北海沿岸地区；亚洲的印度和孟加拉国沿阿拉伯海岸及孟加拉湾地区，日本、朝鲜、中国和越南北部的太平洋沿岸；美洲的得克萨斯、路易斯安那、密西西比海岸和沿墨西哥湾地区，美国和南美洲的东南沿海地区。

风暴潮灾害是所有海洋灾害中最严重的灾害。中外历史上的严重风暴的实例不胜枚举。1959年9月26日，日本伊势湾顶的名古屋一带地区遭受了日本历史上最严重的风暴潮灾害。最大风暴潮增水曾达3.45m，最高潮位达5.81m。当时，伊势湾一带沿岸水位猛增，风暴潮激起千层浪，汹涌地扑向堤岸，防潮海堤短时间内即被冲毁，造成了5180人死亡，伤亡合计7万余人，受灾人口达150万人，直接经济损失达852亿日元。

在孟加拉湾沿岸，1970年11月13日发生了一次震惊世界的热带气旋风暴潮灾害。这次增水超过6m的风暴潮夺去了恒河三角洲一带30万人的生命，溺死牲畜50万头，使100多万人无家可归。1991年4月的又一次特大风暴潮，在热带气旋及风暴潮警报的情况下，仍夺去了13万人的生命。

（2）中国风暴潮灾害分布。我国大陆海岸线长达18000多千米，南北纵跨温、热两带。风暴潮灾害可遍布各个沿海地区，但灾害的发生频率、严重程度都大不相同。渤海、黄海沿岸处在高纬度地区，主要是温带风暴潮灾害，偶有台风风暴潮灾害发生；东南沿海主要是台风风暴潮灾害。成灾率较高、灾害较严重的岸段主要集中在以下几个地区：1）渤海湾至莱州湾沿岸；2）江苏省小洋河口至浙江省中部沿岸（包括长江口、杭州湾）；3）福建宁德至闽江口沿岸；4）广东汕头至珠江口沿岸；5）雷州半岛东部沿岸；6）海南岛东北部沿岸。包括天津、上海、宁波、温州、台州、福州、汕头、广州、湛江以及海口等沿海大城市，特别是天津市滨海新区、长三角地区、福建海峡西区、珠三角地区等国家开发区都位于风暴潮灾害严重岸段内。

（二）风暴潮危害

风暴潮灾害是造成我国直接经济损失最严重的海洋灾害。据自然资源部发布的2018年《中国海洋灾害公报》显示：2018年，我国海洋灾害以风暴潮、海浪、海冰和海岸侵蚀等灾害为主，各类海洋灾害共造成直接经济损失47.77亿元，死亡（含失踪）73人。其中，风暴潮位列灾害之首，2018年我国沿海共发生风暴潮过程16次，造成直接经济损失44.56亿元，占总直接经济损失的93%。风暴潮往往夹狂风恶浪而至，溯江河洪水而上，常常使其影响所及的滨海区域潮水暴涨，甚者海潮冲毁海堤海塘，吞噬码头、工厂、城镇和村庄，使物资不得转移，人畜不得逃生，从而酿成巨大灾难。随着沿海工农业的发展和沿海基础设施的增加，承灾体的日趋庞大，风暴潮的危害也日益增加，包括对堤围等工程设施的破坏，对码头、仓库等工业的破坏，对沿海渔业、养殖业的破坏，对红树林等生态系统的破坏；风暴潮还会加速盐水入侵河口地区，造成城市地下水污染。

四、风暴潮灾害风险评估

美国是最早开展风暴潮灾害风险研究的国家。20世纪90年代，美国海洋大气管理局（NOAA）、联邦应急管理署（FEMA）和各州政府开始开展风暴潮灾害风险评估工作，评估区域空间分辨率达1.2km。近年来美国对其沿海部分关键和重要区域风险评估的空间最高分辨率提高到20m，并制作了新一代风暴潮灾害危险图和应急疏散图。

（一）风暴潮重现期估计

典型重现期风暴潮的估计是一种基于频率分析的手段，给出一个区域未来发生不同严重程度风暴潮的可能性，是对研究区风暴潮危险性长期特征的反映。如百年一遇的风暴潮并不是指该区域在100年内风暴潮危险性事件必然发生，而是指该区域每年发生这种极端事件可能性达到了0.01。典型风暴潮重现期的估计为沿岸重点工程设计提供了参考标准，以便决策方在工程建设成本和风暴潮防护能力上做出综合评估，从而进行效益的最优选择。

基于历史实测资料的风暴潮重现期估计方法主要有经典参数统计分析方法和联合概率分布方法。经典参数统计分析方法在工程设计典型风暴潮重现期中得到了广泛应用，针对潮位或浪高等单要素的典型重现期计算，《海堤工程设计规范》推荐Gumbel分布或皮尔逊—Ⅲ型分布，许多学者对韦伯分布、柯西分布、广义极值分布、帕累托分布、对数正态分布、指数分布等参数模型也做过尝试。采用这些参数分布模型时，观测样本序列的长短或参数估计方法的不同都会对重现期计算结果产生影响。针对天文潮、风暴增水、海浪等多要素的重现期计算，目前，多采用建立联合概率分布的方法，构建多要素连续或离散的累积概率分布。

Copula 模型、非参数估计等概率分析方法在典型重现期风暴潮估计中的应用也值得深入探讨。经验统计方法受限于历史观测资料的长短，在考虑尾部极端风暴潮灾害事件以及局部区域样本过少时存在较大不确定性。为了克服历史观测样本数量和质量上的不足，国际上发展了随机模拟扩充热带气旋样本的方法。一种思路是 Vichery 等提出的热带气旋路径模拟，从风暴潮的驱动因子出发，基于历史热带气旋的年频次、季节分布、路径分布、强度及影响范围规律，得出其统计概率特征，模拟热带气旋的生成、发展、消亡，生成大量热带气旋的路径及强度完整事件样本，以此为驱动输入，利用风暴潮数值模式，模拟每一次热带气旋随机事件的增水过程，再采用频率分析方法计算不同重现期的风暴潮增水或潮位，从而进行风暴潮灾害危险性的定量分析。

（二）风暴潮危险性评估

风暴潮危险性研究起步很早，一部分研究者从风暴潮的控制因子和发生机理入手，研究建立风暴潮数值模拟模型，以风暴潮发生前的海面风场和气压场值作为判断依据，预测即将发生的风暴潮强度和范围，评估风暴潮造成的危险。风暴潮数值模拟研究可以预测每次将要发生的风暴潮随时间变化的最大增水和风速等因素，实现对风暴潮灾害的实时预报预警，但同时受制于预报模型的精度和准确度，并且只对具体风暴潮个例进行预测，不能对风暴潮危险性的长期趋势做出预测。另一部分研究者认为一个区域内风暴潮灾害危险程度主要取决于未来发生不同规模风暴潮的可能性大小，以风暴潮重现期作为判断标准，可以评价较长时间区域内面临风暴潮灾害的强度大小。

风暴潮重现期是评价风暴潮灾害危险性的最重要因素，它可以实现对长期风暴潮灾害危险程度的预测分析，这对于一个区域的防灾减灾规划有十分重要的意义，但其并不涉及具体的风暴潮过程，因此也无法预测风暴潮个例的危险性。这两种风暴潮危险性评估方法各有利弊，并且能够互补，因此未来的风暴潮危险性评价应该是二者的有效结合，才能对实际的防灾减灾工作起到显著作用。

五、风暴潮灾害防治措施

（一）加强海洋灾害预测，提高海堤建设标准

沿海地区经济发达、人口众多，一旦发生风暴潮灾害，损失巨大。因此，要在重点地区提高防护标准，使工程设计参数更加合理；加快海堤、水闸及水库等设施的加固处理；在渔业生产地区建立避风港；提高防洪防风工程建设质量和标准，提高工程科技含量。

（二）健全沿海防潮体系，提高灾害防御水平

风暴潮灾害的防护，涉及气象、水利、海洋、港口、水产养殖等多个部门。因此要加强各个部门的横向联系，完善风暴潮信息网络，做到资源共享；加强防灾工作的领导，建立专职防潮机构，指定沿海区域规划和防灾减灾规划，特别要做好人员的疏散、撤离计划；加强海堤的政府管理职能，实施海岸带管理法，将海堤管理纳入法制轨道。

（三）严控沿海地下水的开采，控制地面沉降

近年来，随着人口数量急剧增加、社会经济快速发展，淡水成为日益紧缺的资源。由于地表水匮乏，不少沿海地区对地下水过量开采，造成地下淡水埋深急剧下降，地下漏斗不断扩大，由此引起的地面沉降严重影响了海岸防护工程正常作用的发挥，同时使得地面

被淹没的概率加大。因此，应严格控制地下水的开采，科学利用部分洪水资源回灌，稳定地面下沉速率。

（四）加大风暴潮防灾减灾的宣传与教育力度

在沿海台风多发区，通过现场参观、举办主题活动，针对不同群众举办各类培训班、散发科普读物等形式，对公众进行防灾减灾知识宣传与教育，提高防灾意识和重视程度，了解风暴潮灾害，懂得如何防御灾害。当有风暴潮预警时，劝导公众服从当地政府应急部门的安排，有序转移或撤离危险地带。

（五）加强沿海地区海岸生态系统保护与修复

珊瑚礁、红树林、防护林带等都是保护海岸不受大潮巨浪侵蚀的天然屏障，尤其是红树林可以极大地消减台风和浪潮对海岸的冲击，因此必须停止采伐并加强保护。同时，通过对滨海湿地、珊瑚礁、红树林和海草床等典型生态系统的修复，改善滨海生态环境，充分发挥其生态屏障作用。

第三节　海啸灾害

一、海啸定义及分类

（一）海啸的定义

海啸是由海底地震、海底火山爆发、海岸和海底山体滑坡、小行星和彗星溅落大洋及海底核爆炸等产生的具有超大波长和周期的大洋行波。海啸的英文词“tsunami”来自日文（tsu 的汉字是津，表示港湾；nami 的汉字是波，表示波浪），是港湾中的波的意思。海啸波长一般为几十至几百千米，周期为 20～200min，最常见的是 20～40min。当海啸波进入岸边浅水边时，波速变小，波高陡涨，有时可达 20～30m 以上，骤然形成“水墙”，常常给沿海地区造成严重的生命和财产损失。从海啸的第一个浪头到达岸边到整个海啸结束，持续时间可长达几个小时；当较强的海波进入大陆架后，由于深度变浅，波高突然增大，掀起的狂涛骇浪形成“水墙”，携带着巨大的能量，能使重达数吨的岩石混杂着船只、废墟等向内陆前进数千米，甚至会沿着入海的河流逆流而上，沿途地势低洼的地区都将被淹没。在海洋学上，海洋气象变化引起的海水异常增减水现象被称为风暴潮。海啸和风暴潮的物理机制不同，古人因为分不清两者的区别，通常把所见到的海水异常升高现象统称为“海溢”。

大部分海啸都产生于深海地震。深海发生地震时，海底发生激烈的上下方向位移，某些部位出现猛然上升或者下沉，导致其上方海水巨大波动，原生的海啸于是就产生了。地震几分钟后，原生的海啸分裂成为 2 个波，一个向深海传播，另一个向附近的海岸传播。向海岸传播的海啸，受到大陆架地形等影响，与海底发生相互作用，速度减慢，波长变小，振幅变得很大（可达几十米），在岸边造成很大破坏。全球各大洋均有海啸发生，其中太平洋沿岸是全球海啸的多发区。据美国地球物理数据中心（NGDC）统计，历史上的海啸事件中，82%发生在太平洋，10%发生在地中海、黑海、红海和东北大西洋，5%发生在加勒比海和西南大西洋，1%发生在印度洋，1%发生在东南大西洋。

（二）海水中的波动

海水表面的震荡和起伏，叫作海浪。实际上，所有的水体表面都有震荡和起伏，即波浪。海啸与一般海浪不一样，海浪一般在海面附近起伏，涉及的深度不大，而深海地震引起的海啸则是从深海海底到海面的整个水体的波动，其中包含的能量惊人。要认识海啸的形成和海啸的特点，必须从海水的波动谈起。

波浪中最高的地方为波峰，最低的地方为波谷。相邻的波峰（或波谷）之间的距离叫作波长（λ），波峰与波谷的距离叫作波高。从岸上看海浪一个接着一个地涌向岸边，如果一个固定点的海浪的一个起伏的时间为 T，则海浪的传播速度 v 可以由 T 和波长 λ 算出：

$$v=\lambda/T$$

多数海水中的波都是表面波：海水质点运动在海面最大，海面向下运动越来越小。运动随深度的衰减程度，在很大程度上取决于波长，一般来说，在深度 h 的质点运动幅度 $A(h)$ 与海面上的运动幅度 A_0 之间存在指数关系：

$$A(h)\ =A_0\mathrm{e}^{-\frac{h}{\lambda}}$$

式中，λ 为海水表面运动的波长。

在深度为一个波长的地方，海水运动的振幅为海面上振幅的 1/e（约为 1/3）；在深度为 2 倍波长的地方，振幅为海面上振幅的 $1/\mathrm{e}^2$（约为 1/7）；在深度为 3 倍波长的地方，振幅为海面上振幅的 $1/\mathrm{e}^3$（约为 1/20）。由此看来，海水运动随深度衰减是非常快的。值得注意的是，对于运动随深度衰减来说，波长是一把非常重要的尺子。对于小波长（例如几米）的运动，海水的运动基本上局限在海面附近，深处的海水几乎不运动；而对大波长（例如几千米或几十千米）的运动，海面以下的海水几乎发生了整体性的运动。由此可见，在确定海水运动时，波长是一个非常重要的参数。

在确定海浪传播的特性方面，波长是一个重要参数。当水深小于波长的 1/2 时，即 $d/\lambda\approx0.5\sim0.05$ 的波浪称为浅水波，海啸就是海洋中的浅水波。浅水波之所以被重视，是因为它有两个非常显著的特点。第一，通常波动都包含多种频率的振动。不同频率的波动传播速度不同，叫作色散。但是，浅水波没有色散，所有频率的波都跑得一样快，浅水波传播时，形状不会改变。第二，浅水波传播的速度只与海水深度有关，海水越深，传播得越快。

（三）海啸传播速度

海啸的传播速度与海盆深度有关，水越深速度越快，水深变浅速度随之变慢。传播速度由下式确定：

$$V=\sqrt{gh}$$

式中，V 为海啸传播速度，m/s；g 为重力加速度，$\mathrm{m/s^2}$；h 为水深，m。

接近海岸时与喷气飞机的速度相当，登陆后几乎以高速列车的速度向前推进。在太平洋，一般它的传播速度为 900km/h；大西洋由于水深比太平洋浅，因而传播速度小一些。

风浪属于深水波（又称短波），其波动主要集中在海面以下一个较薄的水层内；海啸波属于浅水波（又称长波），其波动范围能深入海洋底部。海啸波在深海的速度很快，但陡波（波高与波长之比）很小。因此海啸在大洋中不会造成灾害，甚至难以察觉。然而，当海啸波进入大陆架后，因深度急剧变浅，海啸波挟带着巨大能量直冲海岸或港湾，波高骤增，波幅最大可达 20~30m，波峰倒卷，这种巨浪可冲毁一切地面建筑，对人类生命财产造成重大破坏。

虽然海啸波传播的速度高达每小时数百千米，但海啸时海水的流速却远远低于这一速度。理论计算表明，海啸时海水的流速从海面到海底几乎是一致的。在近岸处，波高为10m的海啸，其流速也大致为10m/s，因而海啸能夹带很大质量的物体，产生的破坏力很大。如1960年5月23日在智利发生的海啸，曾把夏威夷群岛希洛湾内护岸砌壁的10t重的巨大玄武岩块翻转，抛到100m外的地方；横跨怀卢库河上的钢质铁路（夏威夷的希洛附近），也曾被海啸推离桥墩200m开外。

（四）海啸发生概率

不同区域海啸发生的概率不同。太平洋沿岸发生海啸的概率最大，其次是大西洋、印度洋。据统计，仅在太平洋地区，平均每18个月就会发生一次破坏性的海啸，平均每10年发生一次最大波高20m左右的地震海啸，平均每3年发生一次最大波高10m左右的地震海啸，平均每年发生一次最大波高5m左右的地震海啸，平均每年发生4次最大波高1m左右的地震海啸。

海底地震能否引起海啸与地震强烈程度及海水深浅程度等因素有关。当震源深度大于80km时，一般不会产生海啸；当震源深度在50~80km时，有可能产生较弱的海啸；当震源深度在40km以内时，能不能引起海啸，引起多大的海啸，要视地震震级大小而定，通常震级在6.5级以下时，一般不会产生海啸；震级在6.5级以上时，才会产生海啸；震级在7级以下时，一般不会产生大的海啸；而引起灾难性的海啸的震级一般接近8级或8级以上。

海底火山喷发能否引起海啸与火山喷发强度、火山喷发物性质有关。当火山喷发不强烈，或者喷发物为液体熔岩时，不会引起海啸；当火山喷发强烈、喷发物含有大量气体和岩石碎块时，则有可能引发海啸。海啸强度还要看火山口离海面的距离，通常深海的火山喷发更容易引发海啸。

中国处于太平洋西部，有很长的海岸线，但是中国近海产生海啸的可能性不大。一方面，太平洋地震产生的远洋海啸对中国海岸影响不大。如亚洲东部有一系列岛弧，从北往南有堪察加半岛、千岛群岛、日本群岛、琉球群岛、菲律宾群岛等，这一系列的天然岛弧屏蔽了中国的大部分海岸线。另一方面，中国的海域大部分是浅水大陆架地带，向外延伸远，海底地形平缓而开阔，周边海啸在此获得缓冲，危害得以减轻；而印度尼西亚海啸影响区域的海底逐渐由深变浅，中间没有缓冲带。因此，中国受太平洋方向的海啸袭击的可能性不大。1960年，智利发生8级地震，产生地震海啸，对菲律宾、日本等地造成巨大的灾害，但传到中国的东海，在上海附近吴淞验潮站浪高只有15~20cm。2004年印度尼西亚地震海啸，在海南岛的三亚验潮站记录的海啸浪高只有8cm。

（五）海啸分级分类

1. 海啸级别

国际上一般用渡边伟夫海啸级别表示海啸大小，分为-1、0、1、2、3、4级，共6级，对应的海啸波幅分别≤0.5m、1m、2m、4~6m、10m、≥30m（见表7-1）。当海啸为1级时，就可能造成一定的经济损失，故1级和1级以上的海啸属于破坏性海啸或灾害性海啸。其中，2级以上的海啸常造成人员伤亡，3级海啸可能会严重成灾，4级海啸可能成为毁灭性海啸灾害。例如，2004年印尼地震引发的印度洋大海啸属于4级，海啸浪高在30m以上，造成毁灭性灾害。印度洋海啸给印尼、斯里兰卡、泰国、印度、马尔代夫等国造成巨大的人员伤亡和财产损失。截止到2005年1月20日为止，印度洋大地震和海啸已经造成22.6万人死亡，这是世界上近200多年来死伤最惨重的海啸灾难。

表7-1 海啸级别划分标准

等 级	海啸波高/m	海啸能量/J	损失程度
-1	<0.5	0.6	微量损失
0	1	2.5	轻微损失
1	2	10	损失房屋
2	4~6	40	人员伤亡房屋崩塌
3	10	160	≤400km岸段严重受损
4	>30	640	≥500km岸段严重受损

中国海啸警报级别分为Ⅰ、Ⅱ、Ⅲ、Ⅳ四级，分别表示特别严重、严重、较重、一般，颜色依次为红色、橙色、黄色和蓝色。

海啸Ⅰ级警报（红色）：受海啸影响，预计沿岸验潮站出现3m（正常潮位以上，下同）以上海啸波高时，应发布海啸灾害Ⅰ级警报（红色），并启动海啸灾害Ⅰ级应急响应。

海啸Ⅱ级警报（橙色）：受海啸影响，预计沿岸验潮站出现2~3m（不含）海啸波高时，应发布海啸灾害Ⅱ级警报（橙色），并启动海啸灾害Ⅱ级应急响应。

海啸Ⅲ级警报（黄色）：受海啸影响，预计沿岸验潮站出现1~2m（不含）海啸波高时，应发布海啸灾害Ⅲ级警报（黄色），并启动海啸灾害Ⅲ级应急响应。

海啸Ⅳ级警报（蓝色）：受海啸影响，预计沿岸验潮站出现小于1m海啸波高时，应发布海啸灾害Ⅳ级警报（蓝色），并启动海啸灾害Ⅳ级应急响应。

2. 海啸分类

（1）按照海啸形成原因分类。海啸按照形成原因可分为地震海啸、火山海啸、滑坡海啸、核爆海啸。

1）地震海啸。由于地震引发的海啸，称为地震海啸。海底发生地震时，海底地形急剧升降变动引起海水强烈扰动形成海啸，其机制包括“下降型”海啸和“隆起型”海啸两种形式。某些构造地震引起海底地壳大范围的急剧下降，海水首先向突然错动下陷的空间涌去，并在其上方出现海水大规模积聚。当涌进的海水在海底遇到阻力后，即返回海面产生压缩波，形成长波大浪，并向四周传播与扩散，形成汹涌巨浪。这种下降型的海底地壳运动形成的海啸波，在海岸首先表现为异常的涨潮现象，如1960年5月22日发生在智利的地震海啸。

某些构造地震引起海底地壳大范围急剧上升，海水也会随着隆起区域一起抬升，并在隆起区域上方出现大规模的海水积聚。在重力作用下，海水必须保持一个等势面以达到相对平衡，于是海水从波源区向四周扩散形成汹涌巨浪。这种隆起型的海底地壳运动形成的海啸波在海洋首先表现为异常的涨潮现象，1983年5月26日日本海7.7级地震引起的海啸就属于此种类型。

2）火山海啸。火山爆发引起的海啸称为火山海啸。1883年，印尼喀拉喀托火山突然喷发，碎岩片、熔岩浆和火山灰向高空飞溅，滚滚的浓烟直冲数千米的高空。不久，巨大的火山喷发物从天而降，坠落到巽他海峡，随之激起一个30m高的巨浪，以音速扑向爪哇岛和苏门答腊岛；巨浪犹如发疯的野兽，张着血盆大口，片刻之间就吞食了3万多人的生命。火山喷发物随高空气流飘移，造成印度洋和大西洋零星海啸不断发生。

3）滑坡海啸。由海底滑坡引起的海啸，称为滑坡海啸。海底滑坡产生的原因有两种：一是海底大量不稳定泥浆和沙土聚集在大陆架和深海交汇处的斜坡上，产生滑移；二是海底蕴藏的气体喷发导致浅层沉积海底坍塌，出现水下崩移。

4）核爆海啸。由水下核爆炸引起的海啸，称为核爆海啸。1954年夏天，美国在比基尼岛上进行核试验。当核弹爆炸时，在距爆炸地点500m的海域骤然激起一个60m高的巨浪，该波浪传播1500m后波高仍在15m以上，引发了海啸。

另外，海岸的崩塌也会引发海啸，历史上阿拉斯加利图亚冰川上的一块巨大冰块塌陷坠海，激起50m高的海浪，引发海啸。

（2）按海啸发生位置分类。海啸按发生的地理位置分类可分为远洋海啸和近海海啸。

1）远洋海啸。横越大洋或从远洋传播来的海啸，称为远洋海啸。这种海啸生成后可在洋中传播数千千米但能量衰减很少，因此使数千千米之外的沿海地区也遭海啸灾害。例如，1960年在智利发生的8.9级特大地震引发的海啸，在智利沿岸波高达20.4m，海啸波横贯太平洋传到夏威夷群岛时，波高尚超过11m，在日本沿岸波高仍有6.1m。

2）近海海啸。近海海啸也称为本地海啸或局地海啸。海啸生成源与其造成的危害同属一地，因而海啸波到达沿岸的时间很短，有时只有几分钟或者几十分钟，往往无法预警，危害严重。近海海啸发生前都有较强地震的发生，全球很多伤亡惨重的海啸灾害，都属于近海海底地震所引发的近海海啸。例如，1869年日本沿岸8.0级地震引发的特大海啸，淹死2.6万多人；1983年印度尼西亚的巽他海峡6.5级地震引发的大海啸，淹死3.6万人，克拉克托岛有1/3沉入海中。

值得指出的是，近海海啸和远洋海啸的分类是相对的。如2004年12月26日，印度尼西亚苏门答腊岛附近海域发生9级强烈地震，引发了巨大的海啸，地震的震中就是海啸波的发源地。海啸波从发源地到印度尼西亚的亚齐（受灾最严重的地区）只需要几十分钟，对于印度尼西亚来说，这是本地海啸；但是对于其他地区和国家，如印度、泰国、斯里兰卡、马来西亚、缅甸、马尔代夫等国来说，海啸波传播需要好几个小时，是远洋海啸。

（六）海啸与风暴潮的区别

海啸和风暴潮虽然同属波动这一范畴，但从其生成和特点相比，两者有着明显的不同：

（1）风暴潮比海啸在量级、范围、灾害程度上要小得多。

（2）风暴潮与海啸在波形上也有着明显的不同，风暴潮一般只有1~2个峰值，波高不是骤然增大，而是有一个渐次上升的过程。地震海啸却有多个峰值，且连续排列几个大波，尤其以第二和第三个波峰为最大，静缓上升的情况极为少见，绝大多数是喧嚣汹涌地撞击海岸，在近岸处形成轩然大波。

（3）风暴潮与海啸产生的原因和分布区域不同，海啸的发生区域与全球地震带相一致，而风暴潮由强风引起，在沿海和各大洋的海湾、港口较明显。

二、海啸成因及特征

（一）海啸的成因

造成海啸的原因有很多，如海底地震、海底火山地震、海底大面积滑坡、海中或海底核爆炸、外来星体溅落均可引起海啸，但绝大部分海啸是由地震引起的，因此海啸通常也被称为地震海啸。海啸的产生需要满足 3 个条件：深海、大地震和开阔并逐渐变浅的海岸条件。

1. 深海

地震释放的能量会变为巨大水体的波动能量，所以地震必须发生在深海，只有在深海海底上面才有巨大的水体，而浅海地震产生不了海啸，尤其是横跨大洋的大海啸，发生海底地震的海区水深一般都在 1000m 以上。

2. 大地震

海啸浪高是海啸最重要的特征。一般用在海岸上观测到的海啸浪高的对数作为海啸大小的度量，叫作海啸等级。如果用 H 代表海啸浪高，则海啸等级 m 为：

$$m=\log_2 H$$

各种不同震级地震产生的海啸高度见表 7-2。由表可知，只有 7 级以上的大地震才能产生地震海啸，小地震产生的海啸形不成灾害。太平洋海啸预警中心发布海啸警报的必要条件：海底地震的震源深度小于 60km，同时地震震级大于 7.8 级。值得注意的是，并不是所有的深海大地震都产生海啸，只有那些在海底发生激烈的上下方向位移的地震才产生海啸。

表 7-2 地震震级、海啸等级和海啸浪高的关系

地震震级	6	6.5	7	7.5	8	8.5	8.75
海啸等级	−2	−1	0	1	2	4	5
最大浪高/m	<0.3	0.5~0.7	1.0~1.5	2~3	4~6	16~24	>24

3. 开阔并逐渐变浅的海岸条件

尽管海啸是由海底的地震和火山喷发引起的，但海啸的大小并不完全由地震和火山的大小决定。海啸大小是由多个因素决定的。例如，产生海啸的地震和火山的大小、传播距离、海岸线形状和岸边的海底地形等。海啸要想在陆地海岸带造成灾害，该海岸必须开阔，具备逐渐变浅的条件。

海啸的产生是一个比较复杂的问题，具备了以上三个条件但只有一部分地震（约占海底地震总数的 1/5~1/4）能引发海啸，多数人认为只有伴随有海底强烈垂直运动的地震才能产生海啸。

（二）海啸的特征

1. 波长长

海啸是水中一种特殊的波，它的最大特点是超长的波长。在日常生活中，我们往水里扔一个石子也会产生一个波动，但其波长也就几厘米到几米；涨潮或者退潮的那些潮汐也是波；台风来的时候，两个浪之间的距离就是波长，但这些波的波长都是有限的。2004 年

12 月 26 日苏门答腊岛发生 9 级大地震并引发灾难性的海啸，从卫星测量数据得知，海啸的波长为 500km，海啸波造成的海面高程最大变化约为 0.6m。

2. 能量大

海啸的能量是巨大的，其能量相当于地震波能量的 1/10 左右。为了说明这一点，可以举一个例子。一座 100×10^4kW 的发电厂，一年发出的电能约为：$E=3.15\times10^{23}$erg。印度尼西亚苏门答腊岛近海地震产生的海啸能量大约为 3 座 100×10^4kW 的发电厂一年的发电能量。

3. 速度快

海啸传播速度快，与海面波浪、风暴潮相比，这一特点显得十分突出。海啸传播速度可达 700~900km/h，相当于波音 747 飞机的速度，而最快的台风速度也只有 300km/h 左右，比起海啸要慢得多。海啸的周期可达 1h，其波长极长，海面波浪很小，风平浪静，对航行的船影响很小。但一旦这种波长极长、速度极快的海啸波，从深海到达岸边，前进受到阻挡，其全部的巨大能量将会变成巨大的破坏力量，形成十几米到几十米的浪高冲向陆地，摧毁一切，造成巨大的灾难。

三、海啸分布及危害

（一）海啸灾害的分布

1. 世界海啸分布

世界海啸多发区为夏威夷群岛、阿拉斯加、堪察加—千岛群岛、日本及其周围区域、菲律宾群岛、印度尼西亚、新几内亚—所罗门群岛、新西兰—澳大利亚和南太平洋、哥伦比亚—厄瓜多尔北部及智利海岸、中美洲及美国、加拿大西海岸以及地中海东北部沿岸区域等。

据统计，20 世纪太平洋地区发生的地震海啸约占全球地震海啸的 85%，其中破坏性海啸平均 1 年 1 次。大西洋、印度洋、地中海、黑海等海域发生的地震海啸只占全球地震海啸的 15%。但太平洋地区为何会频发地震海啸？原因是太平洋地区有很多很深的大海沟，如阿留申海沟、千岛海沟、日本海沟等，这些海沟深度较浅的也有近 5km，深的则有 11km，这些海沟常常发生地震，并引发大地震。其中，太平洋地区地震海啸最频繁的地段是日本列岛，发生次数约占全球地震海啸的 23%，自公元 684 年以来已发生死亡千人以上的海啸 16 次，合计死亡 10 余万人。

2. 中国海啸分布

历史上我国沿海也曾遭受过地震海啸的侵袭，台湾是地震海啸的严重区。特别是 1781 年 5 月 22 日发生在台湾南部的一次大海啸，持续了 1~8h，台南的 3 个重镇和 20 多个村庄先被地震破坏，后又被海啸吞噬，海水深入陆地达 120km，海啸过后只剩下一堆瓦砾，几乎无人生还，死亡 4 万~5 万人，海啸的破坏使得该地区历经百年后才得以重建。

1900~2011 年，我国共发生海啸事件 31 次，平均每 3 年多即发生一次。中华人民共和国成立后未发生破坏性的海啸灾害，但仪器也记录到几次地震海啸。其中，1969 年 7 月 18 日渤海中部发生地震，震级为 7.4 级，震中位于 38.2°N、119.4°E。龙口海洋站记录到 20cm 的海啸，烟台海洋站记录到 19cm 的海啸，海啸传到河北唐山附近沿海时，淹没了昌黎附近沿海的农田和村庄。1992 年 1 月 4~5 日，海南岛西南海底发生群震，最大的震级为 3.7 级，震源深度为 8~12cm 的海啸。海啸发生时，三亚港内的潮水急涨急退，造成一些渔船相互碰撞、搁浅、损坏，港区附近居民因恐惧而离家出走。1994 年台湾澎湖验潮站记录到 38cm 的海啸，东山海洋站记录到 26cm 的海啸，汕头验潮站记录到 47cm 的海啸，但未造成灾害。

（二）海啸灾害的影响

海啸的破坏力来自瞬间水位升高引起的淹没和离开海洋方向的强烈水平冲击。因此，如果建筑物抗御水平推力的能力弱，海啸袭击后很容易倒塌。海啸造成的灾害分布与陆地海拔高度有关，并沿海岸线呈带状分布。海啸造成的灾害主要表现为人员伤亡，房屋倒塌，道路桥梁及供水、排水、通信、电力等基础设施的破坏，海啸还破坏船只、车辆、农田、果园、风景区及地势低平的晒盐场。从受损的船只、断裂的油气存储罐中泄漏的油气，引发大火造成的损害远比海啸的直接破坏更加严重；而海啸过后的污水和化学品污染会带来其他次生灾害，通风、充电和存储设施的破坏同样也会带来危险，由于供水、排水系统失效，也容易导致传染病的发生。

海啸造成人员直接伤亡的主要原因可以归结为：

（1）海水淹没。海啸可以产生几米到几十米高的“水墙”，并快速涌向海岸，将露天或室内人员淹没，这是造成伤亡的最主要原因。

（2）房屋倒塌。冲向海岸的海啸对建筑物产生巨大的水平推力，导致大量房屋瞬间倒塌，将室内人员压埋在废墟下，或受伤后被海浪冲走，这是造成人员伤亡的另一重要原因。

（3）物体冲击。海啸产生的海浪可以向陆地冲出几十米到几十千米，海浪夹带着倒塌建筑的木料、汽车及其他密度较小的固体物质对人体的冲击也是造成人员直接伤亡的原因之一。

四、海啸灾害风险评估

（一）海啸淹没危险分析

（1）淹没概率的估计。统计不同参数设置下的多次情景模拟时某点被淹没的频率，确定出某地点被淹没的概论，概率高则被淹没的风险也高。

（2）海啸淹没危险估计。根据 2010 年 12 月国家海洋局关于海啸灾害应急响应标准的规定，波高介于 0.5~1.0m 为一般预警，1.0~2.0m 为中等危险预警，大于 2m 为大海啸预警。因而，设定某地点淹没的水深深度大于 0.5m 为淹没状态。统计某地多次仿真的淹没高度的均值，再结合其淹没概论可初步估计危险性，淹没概率高且淹没水深也高的地区，危险越大。提前获得这些信息可以有效地辅助指定疏散规划方案。

（二）易损性评估与分析

易损性评估主要是考虑海啸受灾区的人口与重要设施受海啸袭击的脆弱程度。人口分布、关键设施的位置和功能以及建筑物的位置和类型等相关信息的可靠性和准确程度直接影响易损性的评估结果。

（1）人口分布建模。人口普查数据只是针对某个地区的总体人口统计，为了确定该地区内部各街区级别更具体的人口分布情况，可以采用一定的人口建模方法。

（2）建筑物和关键设施的易损性估计。建筑物的种类和分布对于海啸灾害易损性评估很重要。如建筑物的位置、高度等信息及建筑物的功能和属性（含结构材料和抗灾等级）直接影响灾害危险级别和易损性估计。

（3）响应能力评估。从监测出海啸发生到发布海啸预警，再到人们收到预警信息并进行反应和开始行动的这一段时间称为响应时间。海啸发生后人员是否能够及时疏散与响应时间有着十分重要的联系，如果响应时间大于海啸到达时间，则意味着人们没有足够的时间撤离到安全区，有可能受到海啸袭击。

在评估海啸灾害风险，即考虑确定理论上海啸的级别和确定易受灾区域时，应当基于最大海啸可能进行考虑，这也是未来制造海啸备灾规划的安全理论基准。近期海啸事件的水位高度记录和以往海啸事件中的地质数据提供了准确的科学依据，这些信息可以帮助相关部门和工作人员对指定区域的海啸做出准确的预测和评估。

五、海啸灾害防治措施

（一）海啸预测系统

海啸的威力巨大，造成的危害及影响严重，但目前的科学技术水平还无法避免海啸灾害的发生。由于地震波沿地壳传播的速度远比地震海啸波运行速度快，因而海啸是可以提前预报的。只有做好海啸预警，才能为人们赢得撤离和财产转移的时间，减少人员伤亡和财产损失。

1. 国际海啸预警系统

早在 1948 年，美国在夏威夷檀香山附近的地震观测台组建了地震海啸预警系统，当时的业务仅限于夏威夷群岛，该系统在 1960 年智利大海啸和 1964 年阿拉斯加大海啸中发挥了显著的作用，减轻了对夏威夷地区的破坏。在美国地震海啸预警系统的基础上，国际海啸预警系统于 1965 年成立。目前，国际海啸预警系统由太平洋海啸预警中心和美国、澳大利亚、加拿大、智利、中国、日本、法国、俄罗斯、朝鲜、墨西哥、新西兰等 26 个国家和国际组织构成，太平洋海啸预警中心是国际海啸预警系统的运行中心。

由于参加国际海啸预警系统的成员国主要是太平洋沿岸国家和太平洋上的一些岛屿国家，该系统的主要任务是测定发生在太平洋海域及其周边地区能够产生海啸的地震位置及其大小，如果地震的位置和大小达到了产生海啸标准，就要向各成员国发布海啸预警信息。国际海啸预警系统由地震与海啸监测系统、海啸预警中心和信息发布系统构成。其中地震与海啸监测系统主要包括地震台站、地震台网中心、海洋潮汐台站。

1983 年 5 月 26 日中午，日本东北地区发生 7.7 级大地震，海啸监测系统向东京发出警报，专家对警报内容进行分析，判断将发生海啸。由于分析耗时达 20min，在政府发出警报前，已经有 100 人被地震引起的海啸卷走。日本科学家随后改进了监测系统，使安装的设备可以自动接收地震仪的读数，并在 10min 内发出警报。然而，改进还是不够完善。1993 年，北海道发生 7.7 级地震，几乎立即在震中引起海啸。因为北海道以前从未发生过海啸，没有人预计此次地震会引起海啸。地震发生 7min 后政府下令疏散，虽然反应不算迟缓，但是仍有 198 人丧生。

太平洋上由于海啸多发，因而海啸预警系统很发达。印度洋由于历史上很少发生海啸，近百年来又没有发生过海啸，因而没有国家参加海啸预警系统。2004年印度洋地震海啸造成重大伤亡，与缺乏及时预警有很大关系。此次大地震发生15min后，太平洋海啸预警中心就从檀香山分部向参与联合预警系统的26个国家发布了预警信息。如果当时印度洋也有预警系统，也许人们就可以更好地利用从震后到海啸登陆印度洋沿岸的宝贵的90min。预警早一分钟，就可以挽救成千上万人的生命。

2. 中国海啸预警系统

我国由国家海洋预报台负责中国的风暴潮和地震海啸的预警报工作，为确保地震海啸与风暴潮的业务预报，建立一个良好的全国验潮站网是最关键的。目前中国沿海大约有280多个验潮站，其中100多个具备较好的通信条件，现在已有4个站为环太平洋海啸监测网提供资料。中国的海啸与风暴潮的预警报是并网实施的。20世纪90年代后期，国家海洋局还组织开发了太平洋海啸资料数据库，太平洋海啸传播时间数值预报模式和越洋、局地海啸数值预报模式。这一模式在广东大亚湾、浙江秦山、福建惠安等5个核电站的环境评价中得到应用。印度洋大海啸发生后，国家海洋环境预报中心迅速组织专家进行数值模拟，再现了全过程。由此，中国已初步具备了海啸预警报的能力。

2013年，我国建立第一个也是唯一一个国家级海啸预警中心——中国海啸预警中心（CTEWC）。该中心根据我国地震动台网和太平洋海啸预警中心提供的信息，利用CTSU模型，可在震后20min内发布海啸预警。海啸发生后，预警中心首先向当地的相关机构发出海啸预警信息，再由地方相关部门向可能受影响的地区发布预警，同时，海啸预警中心网站上也会向公众发布海啸预警信息。在我国，海啸警报分为Ⅰ、Ⅱ、Ⅲ和Ⅳ四个等级，为了便于警告识别，采用了不同颜色代表各个级别的警报，分别采用了红色、橙色、黄色和蓝色代表相应的警报级别。中国海啸预警中心正与美国太平洋环境试验室合作在南中国海建立实时的海啸预警系统。为了监测马尼拉海沟可能发生的诱发海啸的地震并提供海啸预警，国家海洋局在南海部署了2个浮标，如果地震产生海啸，在15~30min内就可以监测到。另外，浮标还可以传输实时的海浪数据。

（二）海啸备灾规划

海啸备灾规划的意义在于保护处于威胁中的社区的人员和财产安全，当海啸来袭时，缺乏足够的备灾措施将导致社区应急反应混乱，有效的规划将使人们充分意识到海啸的危险，能更好地保护社区安全。海啸备灾规划只是政府防灾减灾综合规划的一部分，综合规划涵盖了一系列能发生的自然灾害，包括地震、狂风、暴雨、风暴潮、火山喷发等。当某个地区发生海啸时，之前可能没有预警信息，因此海啸备灾的建筑基础要提前规划，疏散区的设置、疏散路线的维护、通信系统和准确信息的快速分发也需要提前规划。各级政府在海啸备灾中有两个关键方式：

（1）城市规划。增强社区的备灾能力，包括救灾区域的限定、高地的确定、失修建筑物的翻新和重建。在海啸高风险地区土地使用的中长期规划应着眼于减少建筑物受损（通过合理的土地利用和加固建筑）。这些地区应当限制结构脆弱的建筑物集中，新的建筑也应当尽量避免集中在一起。沿海地区的土地利用应在安全标准和土地用途之间维持平衡，危险地区的任何建筑都应当是抗海啸的，既可以用于防护也可以减轻内陆的灾害，在城市交通运输网和公共设施的设计和建设上应充分体现出对海啸的防灾减灾。沿海设施和土地的安全利用，房屋、商业、公共设施、水产加工厂和油气供应站等通常应位于被保护的区域内，而渔业和娱乐设施一般在堤防的靠海一边。

（2）应急准备。建立组织机构和制订后续行动计划，例如建立灾害预警系统确定疏散区域和路线、制订公共教育计划和渔业设施保护计划。群众在接收到预警信息后，应立即远离危险地区，疏散到避险安全地区，海啸危险地区和避险安全区应在日常的海啸灾害规划中事先确定出来。海啸应急机构和教育宣传部门应收集历史海啸灾害资料，编写各种海啸防灾减灾科普宣传手册，免费分发给公众，以提高大众的风险意识。

（三）海啸防护工程

沿海防护工程可以减轻海啸带来的破坏，防护工程包括海啸防护林带和抗海啸建筑（海墙、波堤、防潮闸门、河堤等）。如防波堤是离岸或岸上用于保护港口或海滩免受波浪袭击的建筑，这些海岸防护屏障的建设主要依赖城市规划，若海啸爬高的高度超过4m，这些防护工程实际上将不能再发挥作用。

（四）个人预防措施

海啸的破坏极为严重，虽然人类还不能控制它，但可以加以预防。利用地震波和地震海啸波的传播速度之差，建立海啸预警机制，对海啸的到来提前几分钟、十几分钟甚至数小时预警，是完全可能做到的。及时采取预防措施，可以赢得提前撤离的时间，最大限度地减少人员伤亡和财产损失。

1. 海啸常识

（1）所有沿岸低洼地区都有可能遭遇海啸侵袭。

（2）海啸是一系列的波浪每隔10~60min便有一个波峰或波谷涌至，通常第一个波并非最大。海啸造成的危害，往往在第一个波浪到达后数小时内，典型的海啸波不会倒卷或破碎，勿在海啸出现时冲浪。

（3）海啸移动的速度远比人跑得快，并可从海洋涌入内陆。

（4）有时海啸来临之前近岸地区的海水退却，海滩大片裸露。

（5）海啸涨水可轻易将岛屿包围，因此即使在远离海啸源的岛屿上，海啸来临时也一样危险。1957年3月9日阿留申群岛海啸期间，在夏威夷瓦胡岛北岸，人们探寻暴露出水面的礁石，丝毫没注意到海啸波会在数分钟内返回并淹没海岸。

2. 避灾事项

（1）在得知海啸警告时，应立即通知家人，有序并安全地撤离到疏散点或撤离至受影响区域外。

（2）在海滩或邻近海边的地方感到地震，应立刻跑往高处，千万别等到海啸警告后才行动。

（3）珊瑚礁和浅水区有助于减缓海啸波的冲击，但巨大的海啸波对这些地方的沿岸居民仍具有威胁。在海啸警报发出时，远离所有沿岸低洼地区才是万全之策。

（4）所在地发出海啸警告时，位于外海的船只尽量不要返回港口，因为大洋上的海啸并不明显，而在港口和码头海啸的危害极大。

（5）船舶返港前，应先与海港管理者联系，确认海港情况安全后方能返回。

六、世界典型海啸灾害

中国人早就知道海啸灾害，“山崩海啸”就是用来形容最强烈的自然现象和最严重的自然灾害。同样，在世界各国的历史上，也有许多关于海啸灾害的记录。海啸对所有沿海居民的生命财产构成极大威胁。历史上，全球共发生 7 次死亡数过千人的重大致命海啸，世界典型的海啸灾害事件见表 7-3。

表 7-3　世界典型的海啸灾害事件

日　期	发源地	浪高/m	产生原因	备　注
1755 年 11 月 1 日	大西洋东部	5~10	地震	摧毁里斯本，死亡 60000 人
1883 年 8 月 26 日	印度尼西亚	40	海底火山	30000 人死亡
1896 年 6 月 15 日	日本本州	24	地震	26000 人死亡
1933 年 3 月 2 日	日本本州	>20	地震	30000 人死亡
1946 年 4 月 1 日	阿留申群岛	>10	地震	159 人死亡，损失 2500 万美元
1960 年 5 月 13 日	智利	>10	地震	智利：909 人死亡；日本：120 人死亡；夏威夷：61 人死亡
1964 年 3 月 28 日	美国阿拉斯加	6	地震	阿拉斯加州死亡 119 人，损失 1 亿美元
1992 年 9 月 2 日	尼加拉瓜	10	地震	170 人死亡，5500 人受伤
1992 年 12 月 2 日	印度尼西亚	26	地震	137 人死亡
1993 年 7 月 12 日	日本	11	地震	200 人死亡
1998 年 7 月 17 日	巴布亚新几内亚	12	海底大滑坡	3000 人死亡
2004 年 12 月 26 日	印度尼西亚	>10	地震	283000 人死亡

（一）1755 年葡萄牙里斯本海啸

1755 年 11 月 1 日，葡萄牙里斯本附近海域发生了 8.9 级地震并引发海啸，城市里 85%的建筑被摧毁，10 万多人死亡，其中海啸直接造成的死亡人数为 3 万人。海啸波传播到北非海岸时，波高仍有 20m，并造成 1 万人死亡。

（二）1883 年印度尼西亚海啸

1883 年 8 月 26 日，印度尼西亚喀拉喀托火山喷发引发海啸，波长达 42m 的海啸波袭击海岸，造成 3 万人死亡、295 个村镇毁灭。

（三）1908 年意大利大海啸

1908 年 12 月 28 日意大利墨西拿地震引发海啸，在近海掀起高达 12m 的巨大海波，海啸中死难 8.5 万人。

（四）1960 年智利大地震

1960 年 5 月 22 日，智利沿海发生 9.5 级巨震，10min 后，25m 高的海啸波袭击了智利沿岸，1.3万间房屋被毁，200万人无家可归。海啸沿太平洋传播到沿岸许多国家，传播到美国夏威夷时波高为11m，传播到日本时波高为6.1m。据悉海啸波及的一些周边国家共造成2000余人死亡。

（五）1998年巴布亚新几内亚海啸

1998年7月17日，巴布亚新几内亚北部海域发生7.1级地震，连续3次的海啸波袭击了30km长的海岸线，最大海啸波高达10m。这次海啸造成2200人死亡，超过1万人无家可归。

（六）2004年印度尼西亚大海啸

2004年12月26日，印度尼西亚苏门答腊岛发生9.1级强烈地震并引发海啸，海啸袭击了包括印尼在内的印度洋沿岸国家，如马尔代夫、泰国、马来西亚、斯里兰卡、印度等国家。印尼班达亚齐海岸海啸波高达24m，爬高达30m。海啸袭击过的地区，大量建筑物和基础设施被毁。据联合国统计，超过23万人死亡。这可能是世界200多年来死伤最惨重的海啸灾难。

（七）2011年日本海啸

2011年3月11日，日本本州东部近海发生9.0级巨震并引发越洋海啸，海啸重创了日本东部沿海，同时也波及整个太平洋沿岸国家。海啸造成日本死亡1.5万多人，数千人失踪。同时，由于海啸波漫过海堤，损毁了福岛核电站设备，造成了严重的核泄漏事故。

第四节　赤潮灾害

一、赤潮定义及分类

（一）赤潮定义

赤潮又称红潮，国际上也称其为“有害藻类”或“红色幽灵”。赤潮是海洋中一些微藻、原生动物或细菌在一定环境条件下暴发性增殖或聚集达到某一水平，引起水体变色或对海洋中其他生物产生危害的一种生态异常现象。赤潮是伴随着浮游生物的骤然大量增殖而直接或间接发生的现象。赤潮本来是渔业方面的用语，并没有严格的定义，以水面发生变色的情况甚多，厄水（海水变绿褐色）、苦潮（海水变赤色）、青潮（海水变蓝色）及淡水中的水华，都是同样性质的现象。构成赤潮的浮游生物种类很多，但甲藻、硅藻类大多是优势种。

（二）赤潮分类

赤潮的分类依据主要包括赤潮的毒性、发生海域、引发赤潮的生物种类、水动力条件、营养物质来源等（见表7-4）。根据赤潮的毒性，可以分为无害赤潮、有害赤潮、鱼毒赤潮、有毒赤潮；根据赤潮的成因和来源，可以分为外来型和原发型赤潮；根据引发赤潮的生物种类多少，可以分为单相型、双向型和复合型赤潮等；根据赤潮发生海域的地理特征，可以分为河口、近岸、内湾型，外海（或外洋）型，外来型和养殖区型赤潮等4类。综合考虑赤潮发生的空间位置、营养物质来源以及水动力条件，可以分为河口型、海湾型、养殖型（近岸型和岸滩型）、上升流型、沿岸流型和外海型。

表 7-4 赤潮的分类

分类依据	赤潮类型		特 征
毒性	无害赤潮		该赤潮的赤潮藻数量自然增加，对养殖的水产品和人类没有毒性，一般对海洋生物无严重不良影响，如中肋骨条藻、圆筛藻、红色中缢虫等引起的赤潮
	有害赤潮		该赤潮对人类无害，赤潮藻也不产生毒素，但对鱼类及无椎动物有害。赤潮藻的机械性窒息作用或赤潮生物在分解时产生大量对养殖生物有毒的物质并消耗水中溶解氧，造成养殖生物大量死亡，如角刺藻，夜光藻等引起的赤潮
	鱼毒赤潮		该赤潮对人无害，但对鱼类及无脊椎动物有毒，如米氏凯伦藻、球形棕囊藻、海洋卡盾藻等引发的赤潮
	有毒赤潮		该赤潮对人类有害，赤潮藻可产生赤潮毒素，其毒素可通过食物链在水产品中积累，当人类误食染毒的水产品后会引起中毒，如链状亚历山大藻、利马原甲藻、渐尖鳍藻、链状裸甲藻、列拟菱形藻等引发的赤潮
生物特征	单相型赤潮		一种赤潮生物形成的赤潮
	双相型赤潮		两种赤潮生物形成的赤潮
	复合型赤潮		两种以上赤潮生物形成的赤潮
起因来源	原发型赤潮		赤潮生物在该海域暴发性增殖引起的赤潮
	外来型赤潮		被外力（如风、浪、流、潮汐等）的作用带到该地的非原地形成的赤潮
空间位置	河口型赤潮		河口区域形成的赤潮，淡水径流在其暴发过程中起着重要作用
	海湾型赤潮		水体交换差、封闭或半封闭型的海湾区域形成的赤潮，沿岸工业、生活污水的排放为其暴发提供营养物质
	外海型赤潮		外海或洋区上发生的赤潮，大多数出现在营养物质丰富的上升流区或水团交汇处，如束毛藻赤潮
	养殖区域型	岸滩型赤潮	沿海滩涂养虾开发利用过度，养虾废水、残饵和排泄物等污染物聚集在沿岸，导致近岸海水富营养化而引发的赤潮
		近岸型赤潮	人工养殖的滤食性贝类的大量排泄物和死亡个体堆积在海底，不断分解，造成海水富营养化而引起的赤潮
水动力条件	上升流型赤潮		上升流携带底层营养盐至表层，为浮游生物提供了丰富的营养盐，导致了海水富营养化，进而引起浮游生物大量增殖而引发的赤潮
	沿岸流型赤潮		近岸水流速度慢，水体交换差，岸线为平直海岸，赤潮藻种和营养物质来源于近岸污水的排放或外部的输入，水体的运动方向与岸线平行
营养状况	依赖富营养化	高密度赤潮	海水中氮、磷等营养物质含量过高而导致的赤潮生物暴发性增殖
		低密度赤潮	在营养充足的情况，低密度有毒赤潮生物引发的赤潮
	不依赖富营养化		与海水中营养状况无关的低密度有毒赤潮生物引发的赤潮

二、赤潮成因及特征

赤潮的产生虽然是一个很复杂的过程，但究其原因不外乎两个方面，内因是赤潮生物的存在并过度繁殖；外因是气候、地形、物理、化学、生物等外部因子的诱发。

（一）赤潮生物存在

世界各大洋中能形成赤潮的浮游生物有 180 余种，其中在中国浮游生物名录上登载的有 63 种。能够形成赤潮的浮游生物有一个别名，这就是人们常说的“赤潮生物”。在被称为赤潮生物的 63 种浮游生物中，有硅藻 24 种、甲藻 32 种、蓝藻 3 种、金藻 1 种、隐藻 2 种、原生动物 1 种。在中国，已有赤潮资料记载的赤潮生物达 25 种，分别为夜光藻、红色中缢虫、束毛虫藻、长耳盒形藻、威氏海链藻、中肋骨条藻、浮动弯角藻、短弯角藻、柔弱角毛藻、聚生角毛藻、角毛藻、尖刺菱形藻、地中海指管藻、二角多甲藻、具齿原甲藻、短裸甲藻、红色裸甲藻、微型裸甲藻、菱形裸甲藻等。其中，主要的赤潮种为中肋骨条藻、夜光藻和具齿原甲藻，这 3 种占有记录赤潮种的 82.4%。其余的 38 种在中国海域均有分布，只是尚未形成赤潮。因此，有赤潮生物分布的海域并非一定会发生赤潮，还要看其密度能否达到足以使局部海域水体变色的水平。

（二）外界环境诱发

赤潮生物有很强的生命力，其大量繁殖是暴发赤潮的内在原因。如果说赤潮生物是赤潮产生的基础，那么外界环境则是赤潮暴发的诱发因子。

1. 气象因子

气候条件如温度、降水、风、温室效应、厄尔尼诺等对赤潮的诱发作用不可低估。据监测资料表明，在赤潮发生时，水域多为干旱少雨、天气闷热、水温偏高、风力较弱，或者潮流缓慢等水域环境。以温度为例，当海水温度在 20~30℃时，是赤潮发生的最适宜的温度范围。科学家发现一周内水温突然升高大于 2℃是赤潮发生的先兆。温度不仅能直接或间接控制赤潮生物的生长和繁殖，同时还影响赤潮生物的水平和垂直分布，限制其他生物的生长繁殖，破坏海域的生态平衡，导致赤潮的暴发。

2. 地形轮廓

封闭半封闭的浅海或内海，风力小，海水流速缓，水体交换能力差，自净能力低，水体富营养化明显，利于赤潮生物的繁衍，易产生赤潮危害。1976 年，日本濑户内海一年内暴发赤潮竟高达 326 次之多。

3. 营养物质

海水中的营养盐类（主要是氮和磷）、微量元素（如铁和锰）及某些特殊的有机质（维生素、蛋白质）是赤潮生物的“营养物质”。当海水中这些物质的浓度较高时，赤潮生物就能蓬勃生长。海洋水域中这些物质的浓度直接来自人类的生活和生产活动。大量没有经过处理的生活排污和工厂排污，以及化肥、农药的使用，使水体中出现了氮、磷的富营养化，满足赤潮生物的生长繁殖的需要，为赤潮的暴发提供物质基础。

4. 洋流影响

洋流能加速赤潮生物在地域上的扩展。而近岸有上升流的地区，上升流可以将含有大量营养物质的次表层水和底层水带到表层，导致表层海水富营养化；而且能把赤潮生物的孢囊带入海水表层，从而使它得到充足的光照条件和营养物质，促其萌发。

5. 人为因素

由于经济发展和人们生活水平提高，生产生活废水大量增加，加之人们环保意识较差，环保法规不健全，环保措施不得力，大量含氮、磷工农业生产废水和生活污水未经处理就流入河湖，百川归海，使海洋最终成了藏污纳垢之所，导致海水富营养化，为赤潮的发生提供了物质基础。20 世纪 80 年代前赤潮主要发生在一些工业发达国家的沿海地区，20 世纪 80 年代后波及了世界几乎所有沿海国家的海域。赤潮灾害由偶发性到经常性、由区域性到全球性的扩展，给人类敲响了警钟。

三、赤潮灾害分布及危害

（一）中国赤潮灾害时间分布

1. 年际分布

由于中国早期有关记载海洋赤潮的资料难以找到，大多数学者将 1933 年发生在浙江镇海—台州—石浦沿海一带的夜光藻、骨条藻赤潮作为中国首次赤潮记录。根据文献中收集到的资料统计，1933～1999 年，中国沿海共记录了 210 次赤潮。尤其是 20 世纪 90 年代以后，赤潮发生次数激增，面积也越来越大。进入 21 世纪，我国平均每年约发生赤潮 67 次，其中 2003 年发现赤潮 199 次，是监测到的赤潮发生次数最多的年份；2015 年发现赤潮 35 次，是监测到的赤潮发生次数最少的年份；2005 年赤潮发生累计面积为 27070km^2，是监测到赤潮面积最大的一年。2011 年之后赤潮面积下降到 1 万平方千米以下，与 21 世纪前 10 年相比呈下降趋势，2018 年和 2019 年面积也稳定在 2000km^2 以下，且 2018 年监测到的赤潮面积最小（见表 7-5）。

表 7-5　2000～2019 年中国赤潮发生次数和面积

年　份	2000	2001	2002	2003	2004	2005	2006	2007	2008	2009
赤潮次数	28	77	79	119	96	82	93	82	68	68
赤潮面积/km^2	10650	13133	10000	14550	26630	27070	19840	11610	13738	14102
年　份	2010	2011	2012	2013	2014	2015	2016	2017	2018	2019
赤潮次数	69	55	73	46	56	35	68	68	36	38
赤潮面积/km^2	10892	6076	7971	4070	7290	2809	7484	3679	1406	1991

2. 季节分布

中国海岸线长、纬度跨度大，从北到南跨过多个气候带，渤海、黄海、东海、南海每年赤潮高发的月份不同。南海海域因其全年气温、水温适宜，各月均有赤潮发生，但多集中于 1～5 月，特别是 4 月。东海赤潮大多发生于 4～9 月，尤其集中在 5～6 月，每年 11 月到第二年 3 月极少有赤潮发生。黄海赤潮多发于 7～8 月，每年 11 月至来年 3 月几乎没有赤潮发生。渤海赤潮多发于 5～9 月，尤其是 6～8 月。总的来说我国各海区每年赤潮高发期有从南向北逐渐推迟的特点，但主要集中在 3～9 月，尤其 5～6 月是赤潮的高发期。

（二）中国赤潮灾害空间分布

1980 年以前，中国赤潮灾害主要发生在浙江、福建沿海以及黄河口、辽宁省大连湾等少数海域。但随着我国沿海经济的发展，整个沿海富营养化现象严重，赤潮灾害已经成为我国最严重的海洋灾害之一。从2000~2019年我国赤潮发生次数和面积统计情况发现，东海海域，即上海、浙江、福建沿海仍然是我国赤潮灾害的重灾区，该海区赤潮发生次数和面积均占我国赤潮灾害的一半以上。我国各个海区的赤潮分布情况如下。

1. 渤海赤潮

渤海赤潮主要分布在辽东湾的中部和西部海域、渤海湾和莱州湾的西侧黄河口附近。渤海赤潮的主要藻种有球形棕囊藻、裸甲藻和叉角藻。

2. 黄海赤潮

黄海赤潮灾害多发生在黄海北部，即大连至丹东沿岸、烟台、胶州湾、海州湾海域。黄海赤潮灾害多由无毒的短角弯角藻、赤潮异弯藻、丹麦细柱藻和有毒的链状裸甲藻引起。

3. 东海赤潮

东海赤潮多发生在马鞍列岛、嵊泗列岛、舟山附近海域、三门湾、东矶列岛、渔山列岛、韭山列岛、南麂列岛、福建东山岛、平潭岛、厦门岛附近海域。东海赤潮藻种主要包括无毒的具齿原甲藻、夜光藻和中肋骨条藻，以及有毒的米氏凯伦藻。东海赤潮主要集中在2个区域，一是长江口和杭州湾外海域，其中又以马鞍列岛北部的花鸟山和东南部的嵊山、枸杞一带海域最为频繁。该海域发生的赤潮规模动辄几百平方千米，大到上千平方千米的赤潮每年都有发生。二是浙江宁波至福建厦门沿海，这个区域赤潮多发区又可区分为沿岸海湾和近海。沿岸赤潮主要分布在浙江象山港、三门湾、福建东山岛、平潭岛、厦门岛附近海域。

4. 南海赤潮

南海赤潮主要集中在珠江口外侧的香港岛、大鹏湾、大亚湾、红海湾、柘林湾以及南海岛附近海域。南海赤潮藻种主要包括无毒的中肋骨条藻和有毒的棕囊藻、多环旋沟藻。

（三）赤潮的危害

赤潮的危害表现在对海水养殖、人体健康及水域景观的影响等，其危害方式及程度因种类、季节、海区及成因不同而有很大差异。

1. 影响海洋生态系统结构

海洋是一种生物与环境、生物与生物之间相互依存、相互制约的复杂生态系统，在正常情况下，系统中的物质循环和能量流动都处于相对稳定的动态平衡中，而赤潮暴发必然干扰和破坏这种平衡。赤潮发生时，某一种或几种生物的数量处于绝对优势，与其他种类生物竞争性消耗水体的营养物质并分泌一些抑制其他生物生长的物质，造成水体中生物量增加，但多样性锐减。赤潮可破坏海洋的正常生态结构和海洋的正常生产过程，从而威胁海洋生物的生存。对于无毒赤潮来说，赤潮藻类大量繁殖且密集于表层几十厘米以内，遮蔽海面，使阳光及氧气难于透过表层。水下多种生物缺氧和阳光，生存和繁殖受限，一些生物逃避甚至死亡，导致生物种群结构的改变。赤潮消散时，藻类死亡、大量有机物向底层沉降，它们极易被微生物分解利用，在腐烂过程中造成溶解氧的大量消耗，海底出现低氧甚至无氧区，于是厌氧细菌大量繁殖并产生大量硫化氢、氨、甲烷等有害物质，底质生态环境由此急剧恶化，威胁底栖生物的生存。而有毒赤潮产生的毒素除了能造成海洋原生动物、鱼虾贝等海洋生物的死亡外，还能够经由海洋食物链传递到较高营养级，导致高营养级海洋生物中毒和死亡，如海洋哺乳类或鸟类。

2. 对海洋渔业资源的破坏

赤潮对海洋生态环境的巨大破坏力最直观地表现在对渔业资源的危害上，特别是海水养殖业常遭受灭顶之灾，造成惨重的经济损失。赤潮对海洋渔业资源的威胁主要表现在：渔场的饵料基础遭到破坏，渔业由此而减产；有些赤潮藻类会产生黏性物质，能附着于贝类和鱼类腮上，影响其呼吸，导致海洋生物窒息死亡；赤潮后期，赤潮生物大量死亡，在细菌分解的作用下，大量消耗海水中的溶解氧，可造成环境严重缺氧或者产生硫化等有害物质，使海洋生物缺氧或中毒死亡；有些引发赤潮的生物体内或代谢产物中含有生物毒素，能直接毒死鱼、虾、贝类等；赤潮生物的死亡，还会促使细菌繁殖，有些种类的细菌或由这些细菌产生的有毒物质能将鱼、虾、贝类毒死。另一方面，有毒赤潮藻种产生的毒素会对这些经济生物造成污染，使人们对水产品食用安全性产生怀疑，间接危害养殖业的发展。有害赤潮导致的养殖鱼类、贝类、甲壳类生物的大量死亡事件在世界各地都有报道，严重制约着海水养殖业的持续发展。

3. 对人体生命健康的危害

有毒赤潮藻种产生的毒素可以在滤食性贝类及植食性鱼类体内累积，造成水产品污染，毒素含量将大大超过食用时人体可接受的水平。如果这些鱼虾、贝类不慎被人食用，就会引起人体中毒，严重时可导致死亡。由麻痹性贝毒、腹泻性贝毒等造成的中毒事件在北美、西欧和亚太海域非常普遍，对人类健康构成了很大威胁。

4. 对旅游和娱乐业的影响

赤潮的发生严重破坏了近岸海洋生态环境和生态景观，使海岸海域使用价值降低。如2010年深圳东部海域暴发了一起面积约15km^2，持续时间长达20天的赤潮，导致接待游客下降50%，赤潮退去后才缓慢回升。

赤潮频发对我国沿海造成了严重的生态、资源、环境问题和重大的经济损失。另外，赤潮频发其实是大自然的一个危险信号，它预示着赤潮高发区的海洋生态环境已经受到了严重的干扰，生态系统的正常结构和功能可已经或正在被改变，生态环境一旦失衡恶化将很难在短期内恢复。

四、赤潮灾害风险评估

1. 感观指标

海水的颜色、透明度、臭味等是初步判断是否发生赤潮的最直观指标。海水颜色变化，包括海水出现红色、红褐色、黑褐色、棕黄色、绿色、黄褐色、乳白色等赤潮颜色，以及出现海水发黏等物理性状是发生赤潮的特征；海水透明度降低，如当虾池中透明度在20~30cm、水色19~20时，就有可能发生赤潮，透明度20cm、水色20以上，就可能发生严重赤潮；海水产生恶臭，海面上出现死的鱼、虾、贝等，也是赤潮发生的重要表征。

2. 理化指标

海水的pH、溶解氧、化学耗氧量（COD）、温度、盐度、硝酸盐、亚硝酸盐、氨盐、活性磷酸盐、活性硅酸盐等理化指标，在赤潮发生的前后都会有巨大的变化，因此也可以成为赤潮发生与否的判断标准之一。高温能刺激赤潮生物和微生物的大量繁殖。如果一周内水温突然升高超过 2℃，即是赤潮发生的征兆；高 COD、高营养盐是赤潮形成的物质基础，它们都是诱发赤潮的重要理化指标，并且还可用在赤潮的预警、预报方面。

3. 生物量指标

是否发生赤潮，通常可由该海域水体的生物量确定。生物量指标是指测量赤潮生物的体长并且计算其在单位水体中的细胞个数，然后与参考指标做对比，以此来衡量赤潮发生与否。表 7-6 为形成赤潮的赤潮生物个体和赤潮生物量标准的参考指标。

表 7-6 赤潮生物个体和赤潮生物量标准（国家海洋局 HY/T 069—2005）

赤潮生物体长/μm	<10	10~29	30~99	100~299	300~1000
赤潮生物密度/cells · dm^{-1}	$>10^7$	$>10^6$	$>2\times10^5$	$>10^5$	$>3\times10^5$

赤潮的赤潮生物个体大小和浓度达到表 7-6 所列浓度，即可判断为赤潮；临近表中密度值，可视为赤潮前兆或消退状态；小于该值且恢复到原有生物量，则认为正常或赤潮消失状态。

作为判断赤潮的生物量依据，还包括叶绿素 a、初级生产力、生物多样性指数等。植物性赤潮的叶绿素 a 的含量通常超过 $10mg/m^3$，有的可以达到数百 mg/m^3；生物多样性指数 $d<6$ 时就可能发生赤潮，d 值越小，赤潮发生的可能性越大。同样，因为这些指标的测定较为方便，可用在赤潮的预警、预报方面。

五、赤潮灾害防治措施

（一）赤潮预测预报

赤潮研究涉及复杂的生物学、化学和物理海洋学等问题，具有明显的学科交叉性。赤潮灾害防治的目标之一，就是通过对赤潮形成过程中生物、化学和物理海洋学的综合研究，阐明影响有害藻类种群动态的生态学和海洋学机制，提高赤潮的预测预报能力。单纯改善环境、减缓富营养化状况并不能完全防止赤潮的发生，需要对可能发生的赤潮或者在赤潮的发生发展阶段进行及时准确的预测和预报，从而为海岸资源管理部门、渔业、养殖业争取时间并采取相应措施以减少损失。

1. 监测技术

建立卫星遥感、航空遥感、船只监测以及浮标连续监测和台站、志愿者观测、实验室在内的立体监测体系。对赤潮高发海域进行高频率、高密度的监视监测，对监视监测的站、点以及项目、技术手段等进行改造和完善，逐步实现远距离、大面积、密集同步、长期连续、快速及时、高效准确的监测预警总体目标，提高赤潮的发现率和赤潮预报的准确率。

（1）常规水质分析监测技术。针对赤潮形成的诸多因素，首先应对河口海湾、沿海城市附近海区、污水直接入海口以及水产养殖区等进行定点定期常规监测。观测项目除水温、pH、盐度、DO、BOD、COD、浮游生物种类及数量等参数外，还要特别注意 NO_3^--N、NO_2^--N、NH_4^+-N、三氮和活性磷酸盐的监测。对已有赤潮迹象的海区在常规监测的同时，还要进行连续跟踪监测，及时掌握引发赤潮的环境因素消长动向，以便制定防范措施。对已经发生赤潮的海区还必须同时开展应急跟踪调查，从而采取科学治理手段，力争把损失降到最低。

（2）自动浮标站连续监测技术。更为先进的赤潮自动连续监测站国外已有很多，日本尤为突出。他们的赤潮环境参数监测系统由观测站、驳船、自动测量仪器、自动取样装置和无线电遥测系统几部分组成。内装各种分析仪器，可自动连续监测硝酸盐、亚硝酸盐、铵盐、磷酸盐、总磷、硅酸盐、COD、DO、pH、盐度、浊度及叶绿素等参数。还有挪威的 TOBIS 海洋环境参数资料浮标，它除水文、气象要素测量探头外，还配备了发光藻类传感器、营养盐分析仪、DO 传感器、放射性传感器以及可供用户任意选择的备用传感器通道。它不仅能提供十几种海洋环境参数，还能提供海洋动态模式和海面溢油漂移模式及迁移规律模式，该自动浮标可进行包括赤潮在内的海洋水质污染检测。

（3）国际信息联网及遥感监测技术。除常规监测和浮标自动连续监测外，在赤潮监测中还应重视国际信息联网和遥感技术的应用。联合国教科文组织的政府间海洋委员会专门设立了有害赤潮论坛以指导各国对赤潮的研究，并创立了有害赤潮科技与信息中心，建立赤潮信息库，为世界赤潮监测防治信息交流发挥了巨大的作用。

由于遥感技术能寻找高叶绿水域，并获得海流、水温等海水的理化信息。特别是随着计算机算法的进步和对浮游植物光谱特征的深入了解，卫星遥感技术已被用在监测和发现多种赤潮现象，尤其是对大面积赤潮，可获得明确且超前的赤潮发展动态，从而采取得力措施。目前采用的卫星平台及其传感器如 GOES、CZCS、Sea WIFS、Landsat 都能很好地监视大陆架及河口区域水质状况，再通过对理化数据的计算处理，就可提前 1～5d 对整个海岸带的水质动态做出预报。

另外，荧光遥测与有选择的现场观测也是研究河口和近岸大陆架水域浮游生物状态分布的有效手段。国家海洋局东海分局和南海分局都曾用遥测飞机获得过赤潮发生的有关信息。同时由于出现赤潮的海面水温略高于正常水温，因此还可利用红外辐射计来观测赤潮的范围和动向。

2. 监测对象

（1）赤潮生物监测。要成功地进行赤潮预报预测，首先要对监测海区中存在的赤潮生物种类定性识别和鉴定及对赤潮生物的数量变化进行分析和监测。经典的显微观察技术主要是对形态学特征或超显微结构进行研究和分析，直接进行赤潮生物的种类判别和丰度统计，其完全依靠人工进行，工作量较大，对专业技术知识和经验要求较高，且难以对海区进行实时监测，但显微观察技术对于未知种群类型的生物识别以及常见藻类的现场检测方面仍具有较强的实用性，仍是目前海洋赤潮生物定性及定量研究的主要技术手段。

新近发展起来的赤潮生物检测技术主要有：利用“及时荧光”和“延迟荧光”的荧光光谱分析同 HPLC（High Performance Liquid Chromatography）结合可进行赤潮藻类的分类识别和藻类活体生物量测定，而且测量结果不受其他叶绿素及其分解产物的影响，可实现浮游植物门类的快速分类；利用流式细胞仪可同时测量每个细胞的多个参数（细胞直径、细胞形态、激发光谱、特异性荧光标记等），并根据这些特征参数对细胞群体进行分类分选，进而对各亚群分别进行研究，较为适合于微型浮藻类的研究，尤其是在定量统计方面具有不可比拟的优势；利用免疫技术，以藻类细胞表面的多糖、蛋白和脂多糖等为抗原，制备相应的多克隆或单克隆抗体，并进行荧光标记，可以定性定量地检测藻类细胞，免疫技术同细胞流式技术相结合可快速、准确地检测赤潮生物；利用分子生物学技术，针对微藻 DNA、线粒体 DNA、叶绿体 DNA、核糖体 DNA 和质粒等遗传因子片段进行研究，已实现了分子探针、核酸杂交、荧光原位杂交等技术在藻类分类学中的应用。

采用单一技术进行赤潮监测仍存在着一定的局限，相对而言，建立多种技术的综合监测系统在海洋赤潮监测应用中的前景将较为广阔，如采用光谱和图像分析、流式细胞法与荧光标记结合等方式，可提高识别效率和准确性，在提高数量统计和分析精度方面也有较大的进步。

（2）环境因子监测。理化性质（水温、盐度、溶解氧、磷酸盐、硝酸盐、微量金属 Fe 和 Mn 等）、气象（风速、风向、气温和气压）、海况（风浪和潮汐）等各种环境因子与赤潮的发生密切相关，因此密切监视它们的变化，对于预测和研究赤潮至关重要。分析所有监测数据，研究不同种类的赤潮生消过程中气象、水动力、营养盐、海温、盐度等环境数据参数的变化规律及其与赤潮浮游生物生长的关系，可以深入认识这些参数对赤潮的影响。赤潮监测应特别考虑海水中的营养盐（N、P、Si）、溶解氧、化学耗氧量、水色、pH、微量重金属 Fe 和 Mn、叶绿素 a 等因子的监测。一般应对各个环境因子实行定时、定点监测，观察水质长期变化趋势，随着科学技术发展，先后发展了对各个环境因子的连续、在线监测技术，更及时、更直观地观察水质随时间的变化情况。

3. 预测预报方法

目前用于赤潮预测预报的方法很多，但综合起来可以分为 3 类：经验预测法、统计预测法和数值预测法。

（1）经验预测法。经验预测法就是根据赤潮生消过程中环境因子及赤潮生物变化规律预测有害赤潮发生的方法。如赤潮发生时表层水温升高、海水变色、透明度降低、pH 突变、海水表面与底层 DO 变化明显、H_2S 浓度增高、海水出腥臭味并伴随海面漂浮死鱼、虾、贝等；还可根据赤潮生物细胞密度、赤潮生物活性和生物多样性等来进行赤潮预测。

（2）统计预测法。统计预测法能够综合分析引发赤潮发生的多个因子，对于赤潮预报显示出较强的能力。一般而言，它们是基于多元统计方法，如判别分析、主成分分析等，对大量赤潮生消过程监测资料进行分析处理，在找出控制赤潮发生的主要环境因子的同时，利用一定的判别模式对有害赤潮进行预测。

（3）数值预测法。数值预测法是根据有害赤潮发生机理，通过各种物理—化学—生物耦合生态动力学数值模型模拟赤潮发生、发展、高潮、维持和消亡的整个过程，对有害赤潮进行预测的方法。例如建立在海洋动力学和赤潮生物动力学基础上的大鹏湾赤潮生态仿真模式在赤潮预报中就起到很大作用。该模式包括水动力学、扩散及生物动力学三部分，综合考虑了潮流、营养物质等环境要素的时空变化对赤潮过程的影响，可再现大鹏湾夜光藻赤潮发生的某些特征。现在人们正在尝试建立的模型主要有赤潮生态动力学模型、赤潮生物群增长模型、透明度监测赤潮模型、人工神经网络模型。

赤潮的监测和预报只有依靠多层次的海洋观测系统和多学科的综合研究才能实现，其中多层次海洋观测手段是关键，建立有效的海洋综合观测系统是预报赤潮的必要条件。

（二）赤潮应急治理

为尽可能降低有害赤潮可能导致的危害，需要建立和发展赤潮的应急治理技术，消除在养殖区、旅游区等敏感区域赤潮灾害的发生。针对赤潮的应急治理可以采用物理法、化学法和生物法。

1. 物理法——黏土法

目前国际上公认的一种方法是撒播黏土法，采用混凝剂如铁盐、铝盐、黏土等沉淀赤潮藻类。研究发现，改性黏土可大大增加对赤潮生物的絮凝作用，且可以吸附水体中过剩的营养物质，如N、P、Fe、Mn等，破坏赤潮生物赖以生存、繁殖的物质基础，在黏土中加入聚羟基氯化铝后，去除效果可提高近20倍。

关于黏土去除赤潮生物机理的研究，主要观点是：(1) 认为黏土的去除机理以吸附作用为主，由于颗粒间的相互碰撞，黏土颗粒聚集变大，快速沉降的同时藻被一起清除；(2) 吸附在藻表面的黏土影响了藻的生成和运动，黏土中溶出的铝离子杀死了赤潮生物细胞，从而导致了藻的沉降。

2. 化学法——药剂法

(1) 无机药剂法。利用化学药物（硫酸铜）直接杀灭赤潮生物。

(2) 有机药剂法。目前，国外研究使用有机除藻药剂杀灭赤潮生物，但有机除藻剂也存在对环境生态再次污染，对非赤潮生物的负面影响及成本高等方面的问题，难于直接用于海洋赤潮治理。

3. 生物防治

科学的治理方法仍是以防为主，防治结合。保护红树林有助于减少赤潮的发生。从发展趋势看，生物控制法，即分离出对赤潮藻类合适的控制生物，以调节海水中富营养化环境将是较好的选择。日本科学家发现人工养殖的铜藻藻体、江篱藻体等海藻在茂盛期可以大量吸收海水中的氮和磷，如果在易发生赤潮的富营养化海域大量养殖这些藻类，并在生长最旺盛时及时采收，能较好地降低海水富营养化的程度。

4. 羟基【—OH】治理方法

羟基自由基【—OH】是自然界存在的，它具有反应速度快、氧化能力强的特点，是净化自然界的绿色药剂。羟基是由水和氧在外加物理化学等因素作用下产生的，它氧化分解后又还原成水和氧，不存在任何残留物，没有任何污染，羟基是绿色的强杀菌灭藻药剂、强氧化药剂、除味漂白药剂。高浓度羟基药剂为人类提供了一种天然的杀菌灭藻的绿色的理想药剂，不存在化学药剂长期残留和污染等问题。加工羟基药剂也不存在任何污染，不产生任何废物和附加物，不用催化剂等，是一个极为清洁的生产加工过程。

5. 其他方法

利用动力或机械方法搅动底质，促进海底有机污染物分解，恢复底栖生物生存环境，提高海区的自净能力，也是一种比较可行的方法。

(三) 赤潮长期预防措施

为保护海洋资源环境，保证海水养殖业的发展，维护人类的健康，就要避免和减少赤潮灾害。结合实际情况，为预防赤潮灾害应该采取长期预防措施。

1. 控制污水排放进入海洋

海水富营养化是形成赤潮的物质基础。携带大量无机物的工业废水及生活污水排放入海是引起海域富营养化的主要原因。我国沿海地区是经济发展的重要基地，人口密集、工农业生产较发达，因此导致大量的工业废水和生活污水排入海中。据统计，占全国面积不足5%的沿海地区每年向海洋排放的工业废水和生活污水近70亿吨。随着沿海地区社会经济的进一步发展，污水入海量还会增加。因此，必须采取有效措施，严格控制工业废水和生活污水向海洋超标排放。按照国家制定的海水标准和海洋环境保护法的要求，对排放入海的工业废水和生活污水进行严格处理。

2. 合理开发利用海洋资源

实现海洋与海岸带综合管理是防治海洋灾害的关键。应通过控制沿海采砂、禁止滥砍滥伐红树林和珊瑚礁，减少向海洋排污等有效措施，保护海洋资源和环境；按照海洋功能区划合理安排布局港口、城市、旅游点、工矿、农田等一切涉海活动，实现海洋的有序利用。

3. 提高全民防灾减灾意识

防灾减灾既是一项经济工作，更是一项社会工作，随着沿海开发力度的增大，我国沿海地区的灾害风险度和脆弱性也在增加。当前，要让全社会形成了解海洋灾害、认识海洋灾害、预防及远离海洋灾害的意识，特别是在中小学生中加强防灾减灾的宣传教育，提高学生的忧患意识，面对海洋灾害，形成“防患未然—处乱不惊—灾后重建”的科学态度。

第八章　其他灾害

第一节　生物灾害

一、生物灾害定义及分类

（一）生物灾害定义

生物灾害是由于人类的生产生活不当、破坏生物链或在自然条件下的某种生物的过多过快生长繁殖引起的对人类生命财产造成危害的自然事件，又有狭义和广义之分。广义的生物灾害是指包括人类不合理活动导致的生物界异常产生的灾害，即生态危机问题，包括植被减少、生物退化、物种减少、盲目引种等；狭义的生物灾害是指由生物体本身活动带来的灾害现象，是纯自然现象，灾源是生物，如虫灾、鼠灾、兽灾等。

2012 年 10 月 12 日，国家质量监督检验检疫总局和国家标准化管理委员会共同发布了由民政部国家减灾中心牵头起草的《自然灾害分类与代码》国家标准（GB/T 28921—2012），该标准将生物灾害定义为，在自然条件下的各种生物活动或由于雷电、自燃等原因导致的发生于森林或草原，或有害生物对农作物、林木、养殖动物及设施造成损害的自然灾害。也就是说，生物灾害不仅指由于各种生物活动引起的对人类健康或生命构成威胁、对生物多样性产生危害、破坏人类生存环境的各种灾害，还包括由雷电、自燃导致的，或由人为原因导致的森林或草原火灾。

在自然界，人类与各种动植物相互依存，而一旦失去平衡，生物灾害就会接踵而至。如捕杀鸟、蛙会招致老鼠泛滥成灾；用高新技术药物捕杀害虫，反而增加了害虫的抗药性；盲目引进外来植物会排除本国植物，均会造成不同程度的生物灾害，危机生态环境。

（二）生物灾害分类

1. 植物灾害

（1）有害植物自身致灾，包括有毒植物、植物致火等。

（2）有害植物蔓延致灾，例如豚草、葛藤、假高粱、加拿大一枝黄花、大米草、水葫芦等等一系列泛滥成灾，祸害农作物及其他林木的恶性草本植物。在热带和亚热带一些地区，每年由于恶性杂草成灾引起的农作物产量减少达 50%之多。

（3）植物病害。植物病害包括农作物病害、森林病害等种类，每项又分为许多细类，是一个数目众多的灾害家族。常见的农作物病害有稻瘟病、小麦锈病、棉花枯萎病、烟草炭疽病等；常见的森林病害有杨树烂皮病、松疱锈病、溶叶病、泡桐丛枝病等。

（4）天然火灾，包括森林火灾、灌木火灾、牧场火灾。

（5）人为致灾，包括乱伐森林、开垦草原、人为火灾。

2. 动物灾害

（1）有毒有害动物造成的人员伤亡，如虎、狼、狗、鳄鱼等。

（2）动物与家畜争食造成的灾害，如澳大利亚野兔泛滥、袋鼠等。

（3）动物与人类争食造成的灾害，如鼠灾、蝗虫、麻雀等，全世界危害庄稼的害虫有6000多种。

（4）动物传染疾病造成的灾害，如老鼠、苍蝇、蚊子等。2012年美国出现西尼罗病毒疫情以来，已发现1118人感染这种病毒，其中至8月21日已有41人死亡，这种病就是由蚊子造成的。

3. 微生物灾害

微生物包括细菌病毒、真菌和少数藻类等，其中最为细小最为原始的病原微生物能以各种不同方式传播疾病，引起人或其他动物死亡。粗略统计约有1000多种细菌、病毒、立克次体、螺旋体、寄生虫等病原体在威胁着人类的生命。它们所引起的传染病每一次暴发和流行，都给人类带来一场灾难。14世纪欧亚两洲的鼠疫暴发，18世纪欧洲的天花、结核病肆虐，1918年全球流感大流行，死亡人数都在数百万甚至上千万，超过了任何一场其他自然灾害。

二、生物灾害成因及特征

（一）生物灾害成因

生物灾害发生的诱发因素较多，可以从不同的角度进行分析。

（1）气候条件有利于生物灾害发生。以中国为例，20世纪80~90年代初多旱，90年代则洪涝频繁，降水空间分布不均更加突出，前涝（3~7月）后旱（8~11月）、北涝（湘北洪涝）南旱（湘南干旱）以及旱涝同年的特点，导致病虫越冬基数大，特别是大片荒地裸露，造成适宜蝗虫等多种害虫生长的面积急剧扩大，有利于蝗虫等害虫滋生和越冬。

（2）预警监控手段落后和防治不到位。现有的病虫监测、抗性监测和检疫监测设施落后，缺乏对大面积突发性害虫的应急防治配套设施和大面积防治机械，导致病虫监测预警水平偏低和抗灾能力脆弱。

（3）环境污染造成生物灾害。由于环境污染、水灾、火灾、冰冻等自然灾害，造成某地原有生态系统内主要生物衰退，使得少数抗逆性较强的生物抢占生态位，造成生物灾害的发生。例如，水体富营养化、赤潮、水俣病等事件均是由于环境污染引起的生物灾害。

（4）生态破坏带来生物灾害。人类不当的生产生活活动，如大量排放温室气体、砍伐原始森林后作为耕地或营造纯林、大量使用化肥农药等，使得生态系统的平衡状态被打破，系统结构简化、功能退化、抗逆性下降，该退化的生态环境有利于某种细菌、微生物、病毒等滋生与泛滥，从而出现危及生态安全的生物灾害。

（5）生物入侵导致生物灾害。生物入侵指的是生物随着商品贸易和人员往来迁移到新的生态环境中，并对新的生态环境造成严重危害的现象。生物入侵的特点是不受时间和国界的限制，并且随着全球贸易的迅速发展和世界各地人们的频繁交往而迅速传播，部分生物入侵到其他区域，在新的领地没有了原有的限制因子，从而获得较快的生长和繁殖，对当地土著物种是一种致命的威胁。

（二）生物灾害特征

生物灾害属于自然灾害，除具有一般自然灾害的共同特点之外，还具有周期性、突发性、隐蔽性、扩散性、区域性和可控性等特点。

1. 突发性

许多有害性生物生命周期短、繁殖率高，可以在很短的时间内形成数量巨大的群体，造成危害，呈暴发态势。

2. 隐蔽性

许多有害生物形态多变，检测治理难度大。害虫虫态一般要经过卵、幼虫、蛹和成虫等不同虫态；病原微生物个体小，隐蔽发生，还有许多有害生物隐蔽于受害体内、水中、大气里或地下，不易发现，治理非常困难。

3. 扩散性

绝大多数有害生物可以随气流、水流、动物迁徙、人为活动等迁移到另一个地方，在新的地域定居下来后，对生态系统造成危害。一些危险性有害生物侵入到新的地域后迅速繁殖，排挤本土生物，造成生态灾难。

4. 区域性

有害生物的种类分布具有明显的区域性，再加上有害生物生活和危害行为与自然因子密切相关，故有害生物的生命周期与灾害发生周期、危害程度具有区域性。

5. 社会性

从灾害源来看，生物灾害是相对的，是生态系统失衡造成的。由于人类对资源过度开发利用，打破了生态系统原有有序状态，造成生态系统抗逆能力下降，当有利于某种生物滋生的生态因子存在时（如气候变暖、营造纯林、广谱农药的使用等），该生物就可能泛滥危及生态安全而形成灾害；由于环境污染、火灾、水灾、冰冻等自然灾害，造成生态系统内主体生物衰弱，使少数抗性较强的生物抢占生态位，也可能造成生物灾害发生；由于人类频繁远距离活动，打破了地理区域限制，使一些外来生物入侵，危害生态健康。生物灾害不仅会造成巨大的经济损失，对生态造成极大的危害，还危及人类健康。如禽流感、艾滋病、肾综合征出血热、SARS、埃博拉等恶性传染病，严重威胁人类健康，危及社会公共卫生安全。

6. 周期性

有害生物也是生态系统中的一分子，生态系统的演变依赖于自然条件，生物灾害的发生在很大程度上与自然条件密切相关，在其发生发展上，表现出很强的时间性。

7. 可监测预测、可控制性

有害生物具有一定的生物学和生态学特性，都有一定的发生发展规律，通过长期监测和研究其生物学和生态学特性，可以建立预测模型进行灾害预测。根据有害生物的生态学和生物学特性，可以对产生危害的有害生物进行人为干扰，将生物灾害损失降到经济阈值范围内。有害生物一般都有天敌，可以利用天敌实行生物防治，或者通过生态措施，改善生态环境，创造有利于天敌而不利于有害生物的生存环境，实现可持续治理。

8. 治理的艰巨性

生物灾害源种类繁多，包括细菌、真菌、病毒等病原微生物和害虫、害草、害鼠等。生物灾害受灾体种类多、面积广大、涉及整个全球生态系统，再加上有害生物形态多变，隐蔽发生，因而治理范围广、难度大。

总之，由于不同灾害源、受灾体大不相同，不同的生物灾害又有其各自不同的独特特点。

三、生物灾害分布及危害

（一）生物灾害分布

1. 农作物生物灾害

中国种植的主要农作物包括粮食作物水稻、小麦、玉米、大豆和马铃薯，棉花、油料作物油菜和花生，蔬菜，果树等。农作物生物灾害分布与气候条件、农田空间分布、作物种植类型和面积等密切相关。从全国各区域来看，农作物生物灾害发生范围遍及华东、东北、华北、西北、西南、华中和华南等区域，其分布面积占全国总面积的18.20%、17.93%、16.20%、13.99%、13.47%、12.53%、7.68%。从全国各省（自治区、直辖市）来看，农作物灾害发生范围非常广的省（自治区、直辖市）有黑龙江、内蒙古、四川、河南、山东等。

2. 草地生物灾害分布

草地害虫和害鼠有多种类型，主要草地害虫有草原蝗虫、草原毛虫、草原草地螟等；主要草地害鼠有鼢鼠、高原鼠兔、布氏田鼠、大沙鼠、黄兔尾鼠、草原兔尾鼠、鼹形田鼠、长爪沙鼠等。以2010年为例，从全国各区域来看，草地有害生物的发生范围在西南、西北和华北，分别占草地总面积的34.15%、34.7%和29.13%。从全国各省（自治区、直辖市）来看，发生范围较大的省（自治区、直辖市）有内蒙古、西藏、新疆、青海，分别占全国总草地面积的25.70%、23.90%、15.26%、12.99%。2019年，全国草原鼠虫害危害面积4787万公顷。其中，草原鼠害危害面积3749万公顷，草原虫害危害面积1038万公顷。

3. 森林生物灾害分布

中国森林构成复杂、类型多样、南北各异，因而病、虫、鼠害发生情况也颇为复杂，且因森林树种、类型不同，而使受害森林的病、虫、鼠害情况各异。森林病虫害主要危害杨树、松树、杉树、柏树、榆树、槐树、泡桐、桦树等，森林鼠害主要有鼢鼠、田鼠、姬鼠、绒鼠、沙鼠等。2019年，森林虫害发生面积811.46万公顷，比2018年下降2.73%；病害发生面积229.54万公顷，比2018年上升29.74%；林业鼠（兔）害发生面积178.03万公顷，比2018年下降3.02%；有害植物发生面积17.74万公顷，与2018年基本持平。

从全国各区域来看，森林生物灾害的发生范围遍及西南、东北、华东、华北、西北、华中和华南等区域，其分布面积占森林总面积的23.71%、15.65%、15.08%、13.71%、11.06%、11.05%和9.74%。从全国各省（自治区、直辖市）来看，森林生物灾害发生范围较大的省区有黑龙江、四川、云南、内蒙古、广西等。

4. 生物入侵灾害分布

生物入侵指生物由原生存地经自然的或人为的途径侵入到另一个新的环境，对入侵地的生物多样性、农林牧渔业生产以及人类健康造成损失或导致灾难的过程。生物入侵已经造成中国当地物种减少甚至灭绝，导致部分生态系统服务功能的丧失。全国已发现660多种外来入侵物种。其中，71种对自然生态系统已造成或具有潜在威胁并被列入《中国外来入侵物种名单》。在660多种外来入侵物种当中，最多的是入侵植物，占到1/2以上，有370种；其次是动物，占到1/3，有220种；还包括少量的菌物、原核生物和原生生物。

中国最具危险性的20种外来入侵物种见表8-1。

表 8-1　中国最具危险性的 20 种外来入侵物种

物　种	分　布	寄主植物/危害
烟粉虱（B 型与 Q 型）	广东、广西、海南、福建、云南等	蔬菜、花卉、烟草和棉花等 600 多种
稻水象甲	河北、山西、陕西、山东、北京等	水稻
苹果蠹蛾	新疆、甘肃	苹果、沙果、库尔勒香梨、桃、梨等
马铃薯甲虫	新疆	马铃薯、番茄、茄子、辣椒、烟草、龙葵
桔小实蝇	广东、广西、云南、四川、贵州等	水果、蔬菜等 250 多种
松突圆蚧	台湾、香港、澳门、广东、福建、广西	松属树种
椰心叶甲	海南、云南、广东、广西、台湾、香港	棕榈科植物
红脂大小蠹	山西、河北、河南、陕西	油松、华山松、白皮松
红火蚁	台湾、广东、广西、福建、香港、澳门	叮咬村民，危害公共设施
克氏原螯虾	除西藏、青海、内蒙古外的多个省份	危害土著种，毁坏堤坝等
松材线虫	云南、四川、广东、广西、贵州、福建	松属树种
香蕉穿孔线虫	广东、福建、海南、上海、天津	经济、观赏植物等 350 种以上
福寿螺	海南、福建、广东、广西、四川、贵州	危害稻田、农田，传播人类疾病
紫茎泽兰	云南、贵州、广西、四川、重庆	危害农、林、畜牧业，使生态系统单一化
普通豚草	湖南、湖北、四川、重庆、福建等	破坏农业生产，影响生态平衡、人类健康
水葫芦	浙江、福建、台湾、云南、广东、广西、贵州等	堵塞河道，造成水体富营养化，单一成片，降低生物多样性
空心莲子草	湖南、湖北、四川、重庆、福建、贵州	堵塞河道，影响排涝泄洪，降低作物产量，传播家畜疾病
互花米草	除海南、台湾外的全部沿海省份	破坏海洋生态系统、水产养殖
薇甘菊	广东、云南、海南、香港、澳门、贵州	危害天然次生林、人工林等
加拿大一枝黄花	河南、辽宁、四川、重庆、湖南等	使物种单一化，侵入农田

外来入侵物种进入我国的途径主要分为两种：一种是无意引入，一般是随国际贸易无意进入我国，比如随苗木和插条引进的杨树花叶病毒；随进口粮油、货物或行李裹挟偶然带入的长芒苋；通过自然扩散从东南亚进入我国的紫茎泽兰等。另一种是有意引进，包括作为蔬菜引进的尾穗苋、茼蒿；作为观赏物种引进的加拿大一枝黄花、巴西龟；作为药用植物引进的洋金花；作为养殖品种引入的福寿螺、牛蛙；作为草坪草或牧草引进的地毯草、扁穗雀麦等；还有为改善环境而引入的大米草——刚开始用于防风护堤，但由于扩散速度极快、繁殖力极强，结果大面积、单一化、高密度地入侵我国沿海地区。

从城市到乡村，从沿海到内地，中国 34 个省（市、自治区）已全部被外来入侵植物“攻陷”。《2019 中国生态环境状况公报》显示：67 个国家级自然保护区外来入侵物种调查结果表明，215 种外来入侵物种已入侵国家级自然保护区。西南及东南沿海地区是外来植物入侵的“重灾区”。根据野外调查，云南省的外来入侵植物最多，达 334 种；宁夏回族自治区的外来入侵植物最少，为 43 种。入侵我国的外来植物，原产于南美洲的比例最大，其次是北美洲，二者之和占所有入侵植物的 1/2 以上。菊科、豆科、禾本科构成我国外来入侵植物的主体，“三大家族”共有 222 种外来入侵植物。

（二）生物灾害危害

1. 直接导致人畜伤亡

当动物的个体比较大时，其常有强大的攻击力，通常会为生存及繁衍后代主动与人类发生冲突，不仅使人体组织受到严重的伤害，还能置人于死地；比人体小的动物，直接损伤人体的机会较少，通常在特殊的灾害环境中，与人类相逢，其袭击人类多为被动性，可在一定程度上使人体的健康受到伤害，如毒蛇咬伤等。

2. 间接危害人畜

在植物类的生物灾害中，各种植物既可成为自然灾害的受灾对象，又是各种灾害的后果，通过灾害链转嫁人类，并通过破坏人类生存的环境，影响人类的食物来源及健康状态。在致病微生物所致的生物灾害中，常具有特定的传染源、传播途径和易感人群三大要素，且人类的个体与各种生物有密切的接触史；有的可在人、动物及自然环境之间形成特有的生物循环圈，有的可形成人畜共患的疾病，如血吸虫病、鼠疫等。

3. 危害农牧林业生产

据联合国粮农组织统计，全球谷物生产因虫害常年损失 14%，因病害损失 10%，因草害损失 5. 8%，病虫草害可夺去农作物产量的 30%。例如生物灾害可造成农作物大面积减产绝收；导致农作物大批量变质；加剧经济损失及灾害扩大趋势。

四、生物灾害风险评估

生物灾害风险评估是对灾害风险区遭受不同强度灾害的可能性及其可能造成的后果进行的定量分析和评估。主要包括两个层次，一是对生物灾害风险区内的某种生物灾害进行风险评估；二是对生物灾害风险区内一定时段内可能发生的各种生物灾害之和，即综合灾害风险评估。其主要内容包括：（1）有害生物灾害预测。确定相关区域一定时段内特定强度的生物灾害事件的发生概率或重现期，获取生物灾害发生的超越概率，并建立灾害强度-频率关系。（2）抗灾性能预测。确定遭受生物灾害影响的可能区域以及其内部财产与经济发展水平等。（3）灾害风险区价值预测与风险损失估算。通过建立灾害风险区价值模型，结合灾害模型以及不同承灾体抗灾性能，估算生物灾害风险区可能遭受的直接、间接损失状况。（4）风险等级划分。根据生物灾害风险区损失的大小，划分风险等级，并在此基础上确定不同风险等级的空间分布状况，绘制风险图。

生物风险评估方法主要有：（1）资料分析法。包括自然界记载的资料和历史文献记载的资料两大类，主要采用数理统计方法。（2）实验模拟法。在一定灾害研究基础上通过实验方法模拟灾害的发生和演变规律，可以净化致灾因子，排除混杂因素的干扰，揭示灾害形成机制，为灾害风险预测、区划提供依据。（3）数学模型法。利用适当的数学模型对灾害风险进行评价，如模糊数学、神经网络、概率模型、灰色系统模型、动力学模型等。（4）遥感 GIS 法。遥感技术主要用于灾害的调查和灾害的动态监测，GIS 主要用于数据的管理和模型的预测。

五、生物灾害防治措施

（1）利用微生物防治。常见的有应用真菌、细菌、病毒和能分泌抗生物质的抗生菌，如应用白僵菌防治马尾松毛虫（真菌），苏云金杆菌各种变种制剂防治多种林业害虫（细菌），病毒粗提液防治蜀柏毒蛾、松毛虫、泡桐大袋蛾等（病毒），5406 防治苗木立枯病（放线菌），微孢子虫防治舞毒蛾等的幼虫（原生动物），泰山 1 号防治天牛（线虫）。

（2）利用寄生性天敌防治。主要有寄生蜂和寄生蝇，最常见有赤眼蜂、寄生蝇防治松毛虫等多种害虫，肿腿蜂防治天牛，花角蚜小蜂防治松突圆蚧。

（3）利用捕食性天敌防治。这类天敌很多，主要为食虫、食鼠的脊椎动物和捕食性节肢动物两大类。鸟类有山雀、灰喜鹊、啄木鸟等捕食害虫的不同虫态。鼠类天敌如黄鼬、猫头鹰、蛇等，节肢动物中捕食性天敌除有瓢虫、螳螂、蚂蚁等昆虫外，还有蜘蛛和螨类。

第二节　天文灾害

一、天文灾害定义及分类

（一）天文灾害定义

天文灾害，指来自宇宙天体的灾害，除天体原因与地球原因综合作用助长有关自然灾害外，直接致灾的天文灾害包括陨石灾害、星球撞击、磁暴灾害、电离层扰动等。

（二）天文灾害分类

天文灾害的表现形式有陨石坠落、小行星碰撞、彗星碰撞、宇宙射线冲击、地球轨道或者姿态改变等。其中，对地球有重大影响的主要有天体撞击地球、太阳活动异常等。

1. 小天体撞击灾害

小天体通常是指太阳系内围绕着太阳运转但又不符合行星和矮行星条件的天体，主要包括小行星、彗星、流星体和其他星际物质。近地天体撞到地表时，会造成一个比自身直径大 10 倍的洞，而实际破坏的范围更远超于此。可能会撞上地球的小行星或彗星统称为“近地小天体”（Near-Earth Object，NEO），目前估计长度超过 1km 的近地天体约有 2000 个，这些小天体万一与地球相撞，估计会造成全球 1/4 的人口灭绝；即使小一点的，例如长 100m 的小天体，也足以毁掉数个小岛，而这种近地天体的数量估计多达 30 万个。

根据小天体撞击形成灾害的程度及其影响，可将其分为局地灾害、区域灾害、全球灾害和地球生物大规模灭绝四大类。局域撞击灾害对气候变化没有影响，或者说它的影响在气候年纪变化的随机涨落范围内；区域撞击灾害能够使全球气候发生略微异常的年际变化；全球撞击灾害可造成全球气候陷入持续的低温和长时间的黑暗，全球生态系统遭受严重的破坏。如果撞击能量非常大，全球撞击灾害就演变成地球生物大规模灭绝，此时地球生态系统崩溃，地球生命面临灭绝的厄运。

由于大气层的保护作用，只有撞击能量足够大的小天体才能穿越大气层，在地面上形成撞击灾害。对于非铁质流星体而言，它们能到达低层大气的最低撞击能量约为 10Mt，相当于直径 50m、初速度 20km/s 石质小行星所具有的撞击能量，这一撞击能量被定义为大气截断当量。低于大气截断当量的小天体撞击，对地球环境影响甚微，不在灾害研究之列。

（1）局地撞击灾害。局地撞击灾害是指当撞击能量超过大气截断当量，小天体以超过10km/s的速度进入对流层，接近或达到地面，并将剩余的动能突然释放的灾害。如果撞击发生在陆地上，爆炸波是它造成的主要灾害，爆炸波破坏区域的面积大致与爆炸当量的2/3次方成正比。在陆地上造成局地灾害的小天体撞击能量一般在10~2000Mt，它们的破坏面积不超过地球表面积的0.001%。除了爆炸波外，热辐射和由辐射热点燃的大火也是重要的灾害形式。因为爆炸产生的亚微米尘埃数量不多，撞击尘云只限于撞击地点附近，故不足以对气候变化有明显的影响。如果撞击发生在海洋上，撞击灾害主要表现为海啸，海啸的破坏半径大致与撞击能量的1/2次方成正比，它的破坏面积要比同等能量的陆地撞击大得多。

（2）区域撞击灾害。区域撞击灾害的能量范围在2000~10^5Mt，撞击能量的增加不仅使爆炸波的破坏半径增加，更重要的是区域灾害的影响远远超出了爆炸波所达到的范围。对于发生在陆地上的小天体撞击，爆炸产生的亚微尘埃数量的增加，能够在平流层形成足够厚的撞击尘云，会造成大范围的气候异常，从而使全球气候的年际变化有所改变。区域海洋撞击虽然不会形成撞击尘云，但是它的破坏半径远远超过爆炸波的破坏半径，特别当撞击能量大于10^4Mt时，无论撞击发生在哪个大洋的哪个地方，海啸都将席卷大洋两侧的海岸。根据数值模拟计算，一个1000Mt的小天体撞击产生的深水波，也能在1000km以外的海岸上形成5m高的海啸。因而，在区域灾害的撞击能量范围内，海洋撞击灾害显然具有超洲际、跨大陆的区域性尺度，况且沿海多为经济发达、人口稠密的地区，海洋撞击造成的损失会远远超过陆地撞击。

（3）全球撞击灾害。小天体撞击能量存在一个所谓“全球撞击灾害阈值”。高于这个阈值，小天体撞击灾害的影响就从区域尺度向全球尺度转化，爆炸波的破坏面积达到近10^6km^2，海啸甚至能够达到半球的尺度。尽管爆炸波和海啸不具有全球尺度，但是它们的间接灾害影响可扩展到全球范围。此时除了撞击尘云外，还增加了撞击喷出物。随着撞击能量的增加，越来越多的撞击喷出物被抛进太空，然后又重返大气层，在重新进入大气层后它们的热辐射能可点燃地面大火。由于它们是沿亚轨道重返大气层的，因而它们可以远离撞击点，把大火从一个大陆烧到另一个大陆。

在全球撞击灾害中，撞击尘云已经能够遮天蔽日，影响全球气候。除了爆炸波为撞击尘云输送了更多数量的亚微米尘埃，撞击喷出物在重返大气层后由于烧蚀和碰撞而产生的亚微米尘埃也成为撞击尘云的另一个重要来源。当撞击能量超过10^5Mt时，光深（辐射强度在物质层中按指数律衰减，而这个衰减指数就被定义为吸收物质的光深）≥2，地面光照不足，地面平均温度降低近10℃，全球进入阴暗寒冷的“撞击冬天”。当撞击能量超过10^6Mt时，光深约为10，地面光线减弱到了植物不能进行光合作用的程度，全球农作物减产甚至绝收。

（4）地球生物大规模灭绝。当小天体撞击能量超过10^7Mt时，全球撞击灾害就会演变成一场地球生物大规模灭绝的灾难。一方面，亚微米尘埃数量剧增，充满了整个平流层，整个地球都陷于黑暗，地面的光线低于人类视觉极限，地面平均温度降至0℃以下；并且黑暗和严寒还要持续更长的时间，导致人类食物短缺，动物觅食困难，地球生命都面临灭绝的厄运。另一方面，当撞击能量超过10^7Mt时，撞击喷出物不仅能到达地球上任何地方，而且还能在所到之处点燃大火，使得地球的每一块土地都在燃烧。

小天体撞击灾害的能量见表8-2。

表 8-2　小天体撞击灾害的能量

事　件	撞击能量/MJ	直径/m
大气截断当量	<10	<50
局地撞击灾害	10~2000	50~300
区域陆地撞击灾害	2000~10^5	300~1000
区域海洋撞击灾害	2000~10^5	300~1000
全球撞击灾害	10^5~10^7	1000~5000
地球生物大规模灭绝	>10^7	>5000

2. 空间天气灾害

空间天气灾害是指由于空间天气因素造成天基或地基技术系统功能下降或者报废、宇航员等人员健康受到损害，从而导致国民经济蒙受损失、国家安全受到威胁的灾害。空间天气灾害在航天、航空、通信、导航、勘探、国防等行业或层面上都可能发生。2017 年 10 月 7 日修订的《气象灾害防御条例》第三十三条规定：各级气象主管机构应当做好太阳风暴、地球空间暴等空间天气灾害的监测、预报和预警工作。根据该规定可知，空间天气灾害主要包括太阳风暴和地球空间暴。

（1）太阳风暴。太阳风暴是指太阳上的剧烈爆发活动及其在日地空间引发的一系列强烈扰动。太阳爆发活动是太阳大气中发生的持续时间短暂、规模巨大的能量释放现象，主要通过增强的电磁辐射、高能带电粒子流和等离子体云等三种形式释放。太阳爆发活动喷射的物质和能量到达近地空间后，可引起地球磁层、电离层、中高层大气等地球空间环境强烈扰动，从而影响人类活动。太阳风暴作为一种空间天气灾害事件，也可大致分为三级，分别以红色、橙色和黄色对应强、中等和弱太阳风暴警报（见表 8-3）。

表 8-3　太阳风暴等级划分

<table>
<tr><th>太阳风暴等级</th><th>事件类型</th><th>指标范围</th><th>可能的影响和危害</th></tr>
<tr><td rowspan="3">强太阳风暴
（红色警报）</td><td>强 X 射线耀斑</td><td>射线流量≥10^{-3}</td><td>通信：向阳面大部分地区的短波无线电通信中断 1~2 小时，信号消失；低频导航信号中断 1~2h，对向阳面卫星导航产生小的干扰</td></tr>
<tr><td>强质子事件</td><td>质子通量≥10^3</td><td>卫星：卫星电子器件程序混乱，成像系统噪声增加，太阳能电池效率降低，甚至更严重；
通信：通过极区的短波无线电通信受到影响，导航出现误差；
其他：宇航员辐射危害增加，极区高空飞机乘客可受到辐射伤害</td></tr>
<tr><td>强地磁暴</td><td>地磁指数 K_P=9</td><td>卫星：可能发生严重的表面充电；难以定向和跟踪；
通信：许多区域短波通信中断 1~2d，低频导航系统可能失灵几小时；
电力：电网系统发生电压控制问题，保护系统也会出现问题，变压器可能受到伤害</td></tr>
</table>

续表 8-3

太阳风暴等级	事件类型	指标范围	可能的影响和危害
中等太阳风暴（橙色警报）	中等 X 射线耀斑	10^{-3}>射线流量≥10^{-4}	通信：短波无线电通信大面积受到影响，向阳面信号损失约 1h，低频无线电导航信号强度衰减约 1h
	中等质子事件	10^{3}>质子通量≥10^{2}	卫星：电子器件可能出现逻辑错误； 通信：通过极区的短波无线电传播有一些影响，在极盖位置的导航受到影响
	中等地磁暴	$9>K_P\geq7$	卫星：可能发生表面充电，跟踪出现问题，需要对卫星的定向进行矫正； 通信：卫星导航、低频无线电导航和短波无线电传播可能会断断续续，也会出现问题
弱太阳风暴（黄色警报）	弱 X 射线耀斑	10^{-4}>射线流量≥10^{-5}	通信：向阳面短波信号强度衰减较小，低频导航信号强度短时衰减
	弱质子事件	10^{2}>质子通量≥10	通信：对极区短波无线电通信有一些影响
	弱地磁暴	$7>K_P\geq5$	卫星：卫星操作可能有小的影响，或需要有地面发出指令对卫星的定向进行矫正，大气阻力增加影响轨道预报； 电力：电力系统可能出现电压不稳

注：射线流量单位：瓦/平方米；质子通量单位：个/(平方厘米·秒·球面度)。

太阳风暴的主要表现形式为耀斑、日冕物质抛射和太阳质子事件。

1）耀斑是发生在太阳大气局部区域的一种最剧烈的爆发现象，在短时间内释放大量能量，引起局部区域瞬时加热，向外发射各种电磁辐射，并伴随粒子辐射突然增强。耀斑的持续时间在几分钟到几十分钟内，在这短暂的时间里却能释放出 10^{20} ~ 10^{25} 焦耳的巨大能量，这大约相当于上百亿颗巨型氢弹同时爆炸释放的能量。对于耀斑的警报级别划定，通常以地球同步轨道卫星观测到的太阳 X 射线流量来表征（见表 8-4）。

表 8-4 耀斑警报级别

警报级别	指标范围	可能的影响和危害
红色警报	射线流量≥10^{-3}	通信：向阳面大部分地区的短波无线电通信中断 1~2h，信号消失；低频导航信号中断 1~2h，对向阳面卫星导航产生小的干扰
橙色警报	10^{-3}>射线流量≥10^{-4}	通信：短波无线电通信大面积受到影响，向阳面信号损失约 1h，低频无线电导航信号强度衰减约 1h
黄色警报	10^{-4}>射线流量≥10^{-5}	通信：向阳面短波信号强度衰减较小，低频导航信号强度短时衰减

2）日冕物质抛射是太阳系内规模最大、程度最剧烈的能量释放过程。一次爆发可释放多达 10^{32} 尔格的能量和 10^{16}g 的太阳等离子体到行星际空间，并且伴随 10keV ~ 1GeV 的高能粒子流。日冕物质抛射爆发时，抛出大量的等离子体以及固结其中的磁场结构（磁通量）。而大量物质和巨大能量将在太阳大气以及行星际空间产生激波，引发近地空间的地

磁暴、电离层暴和极光等。

3）太阳风暴发生时会释放出大量高能量的带电粒子，它们最快十几分钟就可以到达地球，使地球周围的高能带电粒子数量增加数千倍，甚至上万倍，由于质子占了总粒子数的90%以上，因此把这种事件称为太阳质子事件。国际上广泛采用的标准是美国空间天气预报中心（SWPC）制定的，即将地球同步轨道GOES卫星探测到的能量大于10MeV的质子通量超过10个/（平方厘米·秒·球面度）的高能粒子增强事件称为太阳质子事件。对于太阳质子事件警报级别的划定，通常以地球同步轨道卫星观测到的太阳质子事件的峰值通量来表征（见表8-5）。

表8-5 太阳质子事件警报级别

警报级别	指标范围	可能的影响和危害
红色警报	质子通量≥10^3	卫星：卫星电子器件程序混乱，成像系统噪声增加，太阳能电池效率降低，甚至更严重。 通信：通过极区的短波无线电通信受到影响，导航出现误差。 其他：宇航员辐射危害增加，极区高空飞机乘客可受到辐射伤害
橙色警报	10^3>质子通量≥10^2	卫星：电子器件可能出现逻辑错误。 通信：通过极区的短波无线电传播有一些影响，在极盖位置的导航受到影响
黄色警报	10^2>质子通量≥10	通信：对极区短波无线电通信有一些影响

注：质子通量单位：个/（平方厘米·秒·球面度）。

（2）地球空间暴。地球空间暴是指地球空间在太阳活动的影响下，经常处于剧烈的扰动状态，科学家将这些扰动统称为“地球空间暴”。它们是最主要的空间天气灾害，也是产生航天器故障、威胁航天员安全、导致通信中断和影响导航与定位精度的主要原因。地球空间暴的主要表现形式为地磁暴、电离层暴、热层暴等。

1）地磁暴是指地球磁场受太阳活动影响而产生剧烈扰动过程。磁暴是全球性的，而且几乎是同时的。磁暴越强，地磁扰动越剧烈，其危害越大。对于地磁暴警报级别的划定，通常以K_P指数表征。K_P指数是由全球地磁台网中13个地磁台站的K指数计算得到的，用于表示全球地磁活动性，每3小时1个值，取值范围从0到9，共分28级。地磁$K_P=9$为强地磁暴，发红色警报；地磁$K_P>7$为中等地磁暴，发橙色警报；地磁$K_P>5$为弱地磁暴，发黄色警报（见表8-6）。在一个太阳活动周中，弱地磁暴发生次数约2000次，中等地磁暴约300次，而强地磁暴仅为几次。

表8-6 地磁暴警报级别

警报级别	指标范围	可能的影响和危害
红色警报	地磁指数$K_P=9$	卫星：可能发生严重的表面充电；难以定向和跟踪。 通信：许多区域短波通信中断1~2d，低频导航系统可能失灵几小时。 电力：电网系统发生电压控制问题，保护系统也会出现问题，变压器可能受到危害

续表 8-6

警报级别	指标范围	可能的影响和危害
橙色警报	$9>K_P\geqslant 7$	卫星：可能发生表面充电，跟踪出现问题，需要对卫星的定向进行矫正。 通信：卫星导航、低频无线电导航和短波无线电传播可能会断断续续出现问题。 电力：电网系统出现比较普遍的电压控制问题，某些保护系统也会出现问题
黄色警报	$7>K_P\geqslant 5$	卫星：卫星操作可能有小的影响，或需要有地面发出指令对卫星的定向进行矫正，大气阻力增加影响轨道预报。 电力：电力系统可能出现电压不稳

2）电离层暴是指在磁暴期间电离层受到强烈扰动而变得极端不均匀，电子密度显著增加或减少（通常为减少），情况可持续 2~3d 或更久。常常伴随着磁暴和极光现象的发生，能严重影响甚至截断依赖电离层传播的短波通信、导航定位等。

3）热层暴是指磁暴引起的热层扰动。在热层暴期间，大气温度和密度显著增加，大气环流发生变化。

二、天文灾害成因及特征

（一）天文灾害成因

（1）人类赖以生存的地球表层是由大气、水体、岩石、土壤、生物、人类相互联系、相互制约所形成的开放系统，称为地球表层系统。地球表层系统与环境之间物质交换的数量与系统内的物质总量相比是很少的。自地球形成以来，除了偶尔的流星、陨石、宇宙尘埃的进入和系统内空气分子、某些大气化学物质及少量水分的逸散之外，没有大量的物质通过上边界输入或输出地球表层系统。

地球之所以成为人类适宜居住的行星，首先得益于地球所处的天文环境，特别是地球与宇宙的物质与能量交换，维持了地球系统的运行。如果宇宙环境对地球能量和物质的输入发生变化，改变了地球能量和物质运行的结构，则会在局部或全球范围内导致地球环境的灾变，从而危及人类的生存，这就形成了所谓的天文灾害。可见，天文灾害是地球宇宙环境的变化所导致的宇宙与地球之间物质和能量的输入发生变化的一种必然结果。

（2）空间天气状态的变化可以分为周期性变化和非周期性变化、平静变化和剧烈变化。空间天气在瞬间或者短时间内远远偏离正常状态的强烈扰动被称为空间暴，按照空间暴产生的区域主要分为原初暴发（即太阳风暴）和次生暴发（即地球空间暴），它们可直接导致空间天气灾害。它们是最主要的灾害性空间天气现象，也是产生航天器故障、导致通信中断和影响导航与定位精度的主要原因。

（二）天文灾害特征

天文灾害与其他自然灾害相比，具有以下突出特点。

1. 具有周期性和随机性

天体运行及变化具有一定的周期性，天文灾害及由天文现象引起的各种地球系统灾害也具有时间的周期性。例如，太阳黑子、耀斑、高能粒子流等太阳活动现象的强弱变化有 11 年、88 年等不同周期，日月潮汐现象具有日变化、月变化及年变化的周期，流星雨现象由于其母体彗星的运行也有一定的周期。由于太阳在银河系运行引起的太阳辐射变化及其他灾害具有 2.5 亿年的周期，同时影响天体运动和变化的各种因素十分复杂，各种天文灾害的发生强度、发生时间及发生区域又具有一定的随机性。

2. 全球性与区域性并存

天文灾害影响人类的太空探测及人类在地球上的活动，有的天文灾害具有全球性影响，有的则只对局部地区造成危害。例如小规模的陨星撞击现象只对局部区域产生危害甚至无危害，但直径在 5km 以上的小行星或彗星的撞击则会造成全球性的灾难。

3. 能量巨大，防御困难

太阳爆发可以瞬间释放出巨大的电磁能量，随后的高能粒子和喷发物质是导致恶劣空间天气状况的主要因素。极端情况下，日冕物质抛射出的物质比平时增加 2000 倍以上，达几十万亿吨；总能量比平时增加 1000 倍以上，达几十亿焦耳；太阳风中的高能质子通量高于 10 万个/(平方厘米·秒·立体角)，比普通事件增加 10000 倍；在地球附近的太阳风速度比平静时期增加 3 倍以上，可达 2000km/s；密度比平常增加 100 倍以上，达 $2000g/cm^3$。由于影响地球的宇宙环境广袤无际，而人类对宇宙的观测范围还很小，天文灾害从孕灾到成灾时间短，致使天文灾害的防御十分困难，因此，需要大力发展科学技术防御天文灾害事件的发生。

4. 后果严重，不容忽视

空间天气灾害导致后果的严重性随着社会现代化程度的增加而增加。虽然空间天气变化作为太阳活动的自然后果是一直存在的，但它对人类的影响只有在人类进入空间时代之后才开始系统显现出来。随着社会经济的发展和科学技术的进步，人们生产生活的许多方面对高技术系统的依赖程度不断提高，越来越多的电话、电视、无线通信业务、金融交易、信用卡系统、卫星导航等强烈依赖于卫星高技术系统，而这些技术系统在空间天气灾害面前显得非常脆弱，空间天气对人类活动的影响越来越大，最后形成一种新型的非传统自然灾害——空间天气灾害，开始严重影响生产生活和国家安全。

三、天文灾害分布及影响

（一）天文灾害分布

1. 空间天气灾害的空间分布特征

在主要的天文灾害中，小天体撞击灾害空间分布特征不明显。空间天气灾害事件主要有 5 种：太阳质子事件、太阳耀斑事件、高能粒子暴、地磁暴、电离层扰动。前两种属于太阳风暴，后三种属于地球空间暴。太阳质子事件、地磁暴和太阳耀斑事件是 3 个“全局”的灾害性空间天气，对航天器、通信与导航技术系统和地面技术系统都会产生灾害性影响。电离层扰动和高能电子暴是两种“局部”的灾害性空间天气，只对特定的技术系统产生影响。

2. 空间天气灾害的时间分布特征

空间天气灾害的发生频率与太阳活动密切相关。太阳活动存在明显的周期，称为太阳活动周，即太阳表面的黑子数呈现出的平均 11.2 年的周期，它表征了太阳活动水平的周期性高低变化。太阳黑子数极少的年份被称为太阳活动低（极小）年，太阳黑子极多的年份被称为太阳活动高（极大）年。以耀斑表征太阳风暴，以磁暴表征地球空间暴，根据历史数据统计，这两类灾害发生的概率见表 8-7 和表 8-8。

表 8-7 耀斑发生概率

耀 斑 级 别		发生频率（次/太阳周）
强耀斑	X20	<1
	X10	8
	X1	175
中等耀斑	M5	350
	M1	2000

注：每太阳周持续时间约 11 年。

表 8-8 磁暴发生概率

D_{st}指数（nT）		发生频率（次/太阳周）
特大磁暴	$D_{st}\leqslant-200$	89
大磁暴	$-200<D_{st}\leqslant-100$	873
中等磁暴	$-100<D_{st}\leqslant-50$	5565
小磁暴	$-50<D_{st}\leqslant-30$	12370

注：$D_{st}=-100nT$，大致相当于地球赤道表面磁场减小约 1/300。

（二）天文灾害影响

1. 对飞行器的影响

空间碎片和微流星局部击穿飞行器的外壁或击穿太阳能电池板，可降低电能供应。日冕爆发产生的高能粒子及电磁辐射会急速升高地球上层的大气温度，使大气密度增加数倍，从而使部分卫星在运动时遇到强阻力，改变轨道而坠落。高能带电粒子以巨大的辐射剂量损伤各种材料，造成结构材料的性能恶化，特别是暴露于飞行器表面的太阳能电池，威胁在空间活动的宇航员的生命安全。它还能穿入卫星内部，导致单粒子效应，引起程序混乱，产生虚假、错误指令或锁定存储器。高能等离子体可使飞行器充电到几千伏以上，干扰以致彻底破坏飞行器的工作，造成电介质放电击穿，并使飞行器表面吸附推进剂而遭到污染。低能等离子体在表面沉积，可污染光学镜头并改变其光学性能，空间环境的中性原子氧会对飞行器材料造成表面腐蚀。地球高层大气密度的改变能改变卫星的轨道、缩短卫星的寿命、影响导弹的命中精度。如我国的地球同步轨道通信卫星的故障中，空间环境诱发的故障占总故障的 40%左右。例如 1990 年 11 月我国“风云一号”气象卫星就可能因高能带电粒子的轰击，使卫星姿态无法控制而失败。2000 年 7 月 14 日发生的一次太阳耀斑和日冕物质抛射，使欧美合作的 SOHO 太阳科学卫星的探测器减寿 1 年。

2. 对导航定位的影响

地球的磁力线从地磁两极（与南北两极并不重合）发出和进入，在高空中地球的磁力线因为受到太阳风（高能高速的带电粒子流）的影响而向后弯曲，使得地磁场在朝太阳方向的前沿产生一个半球形的包层，并向太阳方向延伸，当太阳活动剧烈时，地球磁场在突然增强的太阳作用下，会发生变形，严重时会在向阳一侧将地磁场压缩到 5～7 个地球半径之内。使得地球表面磁场产生强烈扰动，出现所谓“磁暴”现象，导致磁针无法正确指示方向。

无线电导航定位技术包括地面无线电导航、卫星导航和无线电测控技术。地面无线电导航系统如美国的罗兰 C、欧米加，俄罗斯的阿尔法和我国的长河二号等；卫星导航如美国的子午仪、GPS，俄罗斯的 GLONASS 等；无线电测控技术如卫星测控技术、无人驾驶飞机的测控技术等。无线电导航原理都是通过计算发射点和接收点的传播相位延时来计算空间距离，电离层扰动时相位变化、传播路径变化、折射率变化等，影响授时和时间同步系统，进而致使测距不准。

3. 对短波通信的影响

全球 3/4 的通信联系是通过卫星进行的，所有波段通信都受到空间天气影响。当太阳活动强烈、高能的带电粒子流到达地球附近会与大气分子急剧碰撞，扰动距地 80～500km 高空的若干电离层，使之失去反射无线电波的功能，影响地球上的短波通信、卫星通信、短波广播，并且使电视台和广播电台的信号传播受到干扰甚至中断。

4. 对地球气候的影响

关于太阳活动与地球气候变化的关系，目前尚未形成统一认识。支持太阳活动对天气和气候有影响的学者，认为直接或间接描述太阳能输出的参量（如太阳黑子数、行星际磁场指向，地磁扰动指数等）与地球天气及气候的测量数据（如温度、气压降水、雷暴频率等）存在统计相关关系。反对者则怀疑这些结果，认为这些数据是局部的，而不是全球性的；同时认为资料涉及的时间太短，没有经过必要的统计显著性检验。

种种迹象表明，太阳活动与地球气候变化具有一定的关联性。太阳活动急剧时，紫外线变强，上层大气中化学反应更加活性化，进而使微粒子增多，而微粒子是成云致雨的凝结核。因此太阳活动对降水量有一定的影响，表现为太阳黑子数变化的周期与年降水量多少的变化周期基本相吻合，大约为 11 年。地球上洪水灾害发生率、平均气温变化等也有 11 年的类似太阳活动周期的变化。高纬地区的雷雨活动也和太阳磁扇形边界扫过地球有关。

另外，太阳活动造成太阳辐射量变化。从 20 世纪 70 年代以来，太阳常数是波动变化的，变化的幅度为 0.2%～0.5%。从理论上分析，如果太阳常数增加 2%，地球表面气温平均会上升 3℃；若减少 2%，地表气温平均会下降 4.2℃。当太阳活动强时会出现低温，极地盛行气旋活动等天气，使整个北半球气温下降。

5. 对社会经济的影响

天文灾害给人类造成巨大的经济损失。除了破坏空间飞行器外，更是通过对地面系统的扰动直接影响人类的生活，电离层暴导致无线电通信中断；地磁活动可以在输油管、通信电缆和输电线路中引起相当大的感应电流，加速油管的腐蚀，干扰监测系统，并可能在输电系统中造成严重的事故；磁法勘探寻找地矿等科学研究活动也会受磁暴等天气灾害严重干扰，甚至使工作无法进行。1989 年的大磁爆破坏了加拿大和美国的电力系统，损失竟然分别达到 5 亿美元和 2500 万美元。

6. 对国家安全的影响

从现代国防的角度说，空间是一种无国界的第四疆域，外层空间是维护国家安全必争的制高点。航天武器、高精密打击武器、军事系统、天基系统等都处在平流层以上的空间，空间环境是空间对抗和信息对抗的主战场，空间环境信息的获取和应用能力直接影响未来战争的进程和结局。从科索沃战争和海湾战争中可以发现战争不再需要面对面，在空间技术支持下的高科技才是决定胜负的关键。因此，空间天气是有着重要军事应用前景的研究领域。1991 年以美国为首的多国部队开始向伊拉克发起代号为“沙漠风暴”的军事打击，其间 40%的武器未击中目标，空间天气是重要原因。

7. 对人体健康的影响

当太阳活动强烈爆发时，在宇宙飞船舱外活动的宇航员，太阳的高能粒子和射线会危及他们的生命。在太阳风暴吹过地球期间，意外事故如火灾、交通事故、恶性犯罪事件等相应增多，心脏病、脑血管疾病的发病率会增加 15%左右，科学家推测可能由于地磁场变化使人脑的神经活动紊乱所致。

四、天文灾害风险评估

人类对于太阳活动的认识水平还很低，目前对太阳活动的预报只能依赖统计预报方法。通常，可以比较准确地预报太阳活动有无发生，但精确预报太阳活动发生的时刻较难；预报太阳活动是否对地球环境产生影响较易，精确预报某地某时刻产生何种影响很难。为了提高预报服务质量，需要庞大的空间和地面太阳监测网。

五、天文灾害防治措施

（一）政府综合灾害防御措施

（1）加强空间天气地基和天基监测能力建设。地基建设要在已经建立的空间天气地基监测站的基础上，尽快填补地基观测空白区域和要素，形成初步满足空间天气灾害监测预警需求的地基监测网；天基观测要在加强已有卫星的空间天气监测数据应用的同时部署关键空间监测预警卫星。天基与地基互补，形成天地一体化的先进空间天气监测体系，为进行空间天气灾害的有效监测预警提供能力保障。

（2）切实做好空间天气灾害预警预报服务工作。加强科学研究以及科研成果向应用能力的转化，提高空间天气预报水平。进一步深化空间天气灾害对用户影响的分析与评估，针对航天航空、无线电通信、卫星导航与定位、长距离电网、公共卫生、天气与气候、军事等用户的实际情况，形成系统的应急预案，细化应对方案。加快应急能力建设，更好地为广大社会公众提供优质的服务产品。

（3）开展系统的空间天气科普宣传。目前，由于空间天气的认知程度极低，导致在我国同时出现两种相反的极端反应：一方面相关敏感部门对空间天气灾害危害性的认识严重不足，另一方面媒体和公众容易错误地将空间天气灾害和关于宇宙灾害的传言结合起来而导致过度反应。因此，系统地对国民和相关专业人员普及空间天气知识，使我国成为具备空间天气知识的国家，不仅是抵制伪科学、提高国民素质的必要手段，也是我国能有效应对空间天气灾害、降低灾害损失、避免导致重大社会事故的必要举措。

（二）空间天气灾害减缓措施

（1）电离层的扰动可使高频无线电信号发生显著衰减，甚至中断。因此，在灾害性空间天气发生时，通信系统可通过调整通信频率来避免通信的中断，甚至考虑替代通信手段。

（2）电磁导航与定位系统的精度会受到空间天气灾害的影响，把实时空间天气数据加入导航与定位系统的计算中，可有效减少导航与定位的误差。当发生重大空间天气灾害时，需考虑替代导航与定位手段。

（3）航天器发射的时间窗口应选择在空间天气较为平静的时期，以确保航天器的发射成功。在空间天气灾害发生时，应采取相应措施，如关闭相应仪器等，低轨道卫星还应注意调整轨道和姿态。

（4）避免在灾害性空间天气频繁的期间进行载人航天活动，宇航员尽量躲在舱内以避免空间天气对健康的影响，如需出舱，必须根据实时监测的空间天气数据来选择出舱时间。在空间天气灾害发生时，飞机应避免极区飞行。

（5）地质勘探活动的时间选择应根据需要和空间天气状况来进行，同时需注意通信和导航定位的保障。

（6）长距离管网系统应密切关注地磁场的变化，电力系统可通过电压修正和减小负荷等措施来减小危害，而长距离输油管道可通过施加反响电压等措施降低管道侵蚀。

（7）在灾害性空间天气发生时，应尽量停止信鸽的野外驯放和各类信鸽比赛，以减少信鸽不能归巢所带来的损失。

六、天文灾害典型事件

（1）历史上曾经发生过一次有记录以来最大的一次太阳风暴，也叫卡林顿事件。1859年9月1日早晨，卡林顿观测太阳黑子时，发现太阳北侧的一个大黑子群内突然出现了两道极其明亮的白光，在一大群黑子附近正在形成一对明亮的月牙形的东西。就在卡林顿第一次观测到太阳耀斑爆发后的几分钟内，英国格林尼治天文台和基乌天文台都测量到了地磁场强度的剧烈变动。在17个半小时以后，地磁仪的指针因超强的地磁强度而跳出了刻度范围。与此同时，各地电报局电报机的操作员报告说他们的机器在闪火花，甚至电线也被熔化了。卡林顿几乎肯定地认为这些事件都与他发现的耀斑爆发有关。卡林顿事件发生时住在低纬度的人们观测到了北极光，而且这个记录一直保持到现在。极光能够伸展到的最低纬度与一次磁暴的强度直接有关。卡林顿事件是一次超强事件。类似的超强事件在历史上曾经出现过多次，例如1989年3月的太阳风暴曾经造成加拿大魁北克省整个配电网故障，2003年10月30日特大的太阳风暴曾使两颗卫星失灵，造成全世界通信和电网中断。然而，研究人员认为卡林顿事件的强度超过了上述两次事件，是有记录以来地球所经历过的最强的太阳风暴。

（2）1989年3月6~19日，太阳风暴致使美国GOES-7卫星的太阳能电池损失了一半的能源，从而卫星寿命减少一半；日本通信卫星CS-3B异常，搭载在飞船的备用指挥电路损坏；NASA卫星SMM在整个磁扰期间轨道下降了3km，寿命缩短，最终提前坠毁。美国和澳大利亚无数民用或者军用无线电通信中断，轮船、飞机的导航系统失灵。最严重的是，3月13日的大磁暴造成了加拿大魁北克省在不到90s内整个电网完全崩溃，停电时间长达9h以上，损失达几千万甚至数亿美元，北美其他电力系统和瑞典、日本部分电力系统也遭到破坏。

（3）2003年10~11月的“万圣节风暴”致使欧美的GOES、ACE、SOHO、WIND等重要科学研究卫星受到不同程度损害，日本“回声”卫星失控；Kodama卫星进入安全模式，直到11月7日才恢复正常工作；Chandra卫星以及SIRTF卫星观测中断；Polar卫星TIDE仪器自动重启，高压电源被损坏，24h后才恢复正常；NASA的火星探测卫星Odyssey飞船上的MARIE观测设备被粒子辐射彻底毁坏；国际空间站的宇航员被迫启动辐射防护舱；美国、德国等航空部门调整了其部分航线。该事件还使我国的“神舟”五号飞船留轨舱运行高度明显降低，不得不采取措施提升飞船轨道。

（4）美国巴林杰陨石坑是世界上第一个确认的陨石坑，在科学界也可以说它是一个相当容易确认的陨石坑，其中原因与它所在的特殊区域沙漠不无关系，巴林杰陨石坑位于美国的亚利桑那州的沙漠中。它的直径达1.2km，深180m，其形状与周围地形严重不相称。更难能可贵的是，在巴林杰陨石坑的周围不但发现了大量的铁陨石碎片，还发现了相当少见的石英高压相矿物：斯石英和柯石英，这是巴林杰陨石坑身份最有力证明。科学家估计，约5万年前坠落在于此处的陨石直径约50m，重30万吨，以6.5×10^4km/h的高速冲向地面，撞击相当于约2000万吨标准炸药的威力，形成的陨石坑直径达1.2km。

（5）1908年6月30日清晨，一颗陨石化为一个巨大的火球进入地球大气层，在大气层快速减缓时的应力和热作用下，在西伯利亚一个偏僻地区发生爆炸。它扫平了大约2000km^{2}的森林，烧毁了大量树木，引起的大气冲击波绕地球好几圈。这一事件被称为通古斯爆炸。当时俄国和欧洲的许多地震台，有的远在5000km以外，都记录到了这次大爆炸产生的地震波。这是一颗由冰和尘埃组成的彗星，它长约100m，重100万吨，飞行速度30km/s，撞击产生的能量是广岛原子弹的1000倍，幸而它落在了荒无人烟的地区，如果晚到8h，它就可能把伦敦城变成一片瓦砾场。

（6）吉林陨石是指1976年3月8日15时，随着一阵震耳欲聋的轰鸣，空前的陨石雨降临吉林，吉林陨石雨由此成为奇观。吉林陨石降落在吉林市和永吉县及蛟河市近郊方圆500km^{2}的平原地域内。当时共收集到较大陨石138块，总重2616kg，现被吉林市博物馆收集展出。其中最大的3块陨石分别被命名为吉林一号、二号和三号陨石。吉林一号重1770kg，是世界最大的石陨石，这块陨石冲击地面造成蘑菇云状烟尘，并且砸穿冻土层，形成一个6.5m深、直径2m的坑。一号陨石溅起的碎土块最远达150m，造成的震动相当于1.7级地震。

据天文学家们推算，吉林陨石这位“宇宙使者、天外来客”本是47亿年前形成的。它的运行轨迹应该是在火星与木星之间，在大约800万年前的一次剧烈的天体碰撞中瓦解了，于是诞生了吉林陨石母体。除了它的重量为世界之最以外，同时它还创造了另外一个世界之最和一个奇迹，就是它是世界上最大的一场陨石雨。雨区降落的范围非常广，分布在东西长72km，南北宽8.5km，总面积近500km^{2}的土地上。在这个区域内居住着上万户人家，而且是在白天，竟然没有造成一人一畜的伤亡、一个建筑物的损坏，实在称得上是奇迹了。吉林陨石雨具有降落范围广、数量多、重量大的特点。

参 考 文 献

［1］ AGS. Practice Note Guidelines for Landslide Risk Management 2007 ［J］. Australian Geomechanics, 2007, 42（1）: 64-114.
［2］ 卜风贤. 灾害分类体系研究［J］. 灾害学, 1996, 11（1）: 6-10.
［3］ Blaikie P M. At risk: natural hazards, people's vulnerability, and disasters ［M］. London: Routledge, 1994.
［4］ Brown C A, Graham W J. Assessing the threat to life from dam failure ［J］. Water Resources Bulletin, 1988, 24（6）: 1303-1309.
［5］ 陈颙, 史培军. 自然灾害［M］. 北京: 北京师范大学出版社, 2007.
［6］ 陈宁生. 泥石流勘察技术［M］. 北京: 科学出版社, 2011.
［7］ 陈成名. 西南山区城镇地质灾害易损性评价理论与实践——以汶川县为例［D］. 成都: 成都理工大学, 2010.
［8］ 程莉. 大坝风险综合研究［D］. 大连: 大连理工大学, 2013.
［9］ 崔鹏, 庄建琦, 陈兴长, 等. 汶川地震区震后泥石流活动特征与防治措施［J］. 四川大学学报（工程科学版）, 2010, 42（5）: 10-19.
［10］ Chiang D Y, Lai W Y. Structural damage detection using the simulated evolution method ［J］. AIAA Journal, 1999, 37（10）: 1331-1333.
［11］ Chou J H, Ghaboussi J. Genetic algorithm in structural damage detection ［J］. Computers and Structures, 2001, 79（14）: 1335-1353.
［12］ Downton M W, Pielke R A. How accurate are disaster loss data? The case of U. S. flood damage ［J］. Natural Hazards, 2005, 35（2）: 211-228.
［13］ Dekay M L, McClellandl G H. Predicting loss of life in cases of dam failure and flash flood ［J］. Risk Analysis, 1993, 13（2）: 193-205.
［14］ 杜榕桓, 段金凡. 中国泥石流形成环境剖析［J］. 云南地理环境研究, 1990, 2（2）: 8-18.
［15］ 杜榕桓, 李鸿琏, 唐邦兴, 等. 三十年来的中国泥石流研究［J］. 自然灾害学报, 1995, 4（1）: 64-73.
［16］ 丁一汇, 朱定真, 石曙卫, 等. 中国自然灾害要览［M］. 北京: 北京大学出版社, 2013.
［17］ Ergonul S. A probabilistic approach for earthquake loss estimation ［J］. Structural Safety, 2005, 27（4）: 309-321.
［18］ 符文熹, 聂德新, 任光明, 等. 中国泥石流发育分布特征研究［J］. 中国地质灾害与防治学报, 1997, 8（4）: 40-44.
［19］ 付在毅, 许学工. 区域生态风险评价［J］. 地球科学进展, 2001, 16（2）: 267-271.
［20］ 国家科委国家计委国家经贸委自然灾害综合研究组. 中国自然灾害综合研究的进展［M］. 北京: 气象出版社, 2009.
［21］ 国家海洋局. 赤潮灾害应急预案［EB/OL］.［2010-04-02］. http: //www. soa. gov. cn.
［22］ 高波, 邵爱杰. 我国近海赤潮灾害发生特征、机理及防治措施研究［J］. 海洋预报, 2011, 28（2）: 69-77.
［23］ 高买燕. 突发性崩塌灾害风险评估方法研究［D］. 重庆: 重庆交通大学, 2012.
［24］ 葛全胜, 邹铭, 郑景云, 等. 中国自然灾害风险综合评估初步研究［M］. 北京: 科学出版社, 2008.
［25］ Graham W J. A procedure for estimating loss of life caused by dam failure ［R］. Denver: Dam Safety Office, U. S. Department of Interior Bureau of Reclamation, 1999.

[26] 黄崇福．自然灾害风险分析与管理［M］．北京：科学出版社，2012.
[27] 黄崇福．风险分析基本方法探讨［J］．自然灾害学报，2011，20（5）：1-10.
[28] 黄崇福，刘安林，王野．灾害风险基本定义的探讨［J］．自然灾害学报，2010，19（6）：8-16.
[29] 黄崇福．自然灾害风险分析的基本原理［J］．自然灾害学报，1999，8（2）：21-29.
[30] 黄崇福．自然灾害风险评价理论与实践［M］．北京：科学出版社，2005.
[31] 黄崇福．综合风险管理的梯形架构［J］．自然灾害学报，2005，14（6）：8-14.
[32] 黄蕙，温家洪，司瑞洁，等．自然灾害风险评估国际计划述评 I——指标体系［J］．灾害学，2008，23（2）：112-116.
[33] 胡爱军，李宁，李春华，等．从系统动力学的视角看风险的本质与分类［J］．自然灾害学报，2008，17（1）：39-43.
[34] 胡德秀，周孝德，杨杰．基于不确定性分析的溃坝失事生命损失风险概率估算方法［J］．西安理工大学学报，2008，24（2）：133-138.
[35] 扈海波，王迎春，熊亚军．基于层次分析模型的北京雷电灾害风险评估［J］．自然灾害学报，2010，19（1）：104-110.
[36] 胡厚田．崩塌分类的初步探讨［J］．铁道学报，1985（2）：90-100.
[37] 韩延本，赵娟，李志安．天文灾害学刍议（Ⅰ）——天文灾害学研究的意义及其进展［J］．自然灾害学报，2001，10（4）：137-141.
[38] 韩渊丰，张治勋，赵汝植．中国灾害地理［M］．西安：陕西师范大学出版社，1993.
[39] International Organization for Standardization（ISO）. Risk management - Principles and guidelines［S］. Geneva，Switzerland：ISO Working Group on Risk Management，2009.
[40] International Strategy for Disaster Reduction. 2009 UNISDR Terminology on Disaster Risk Reduction［EB/OL］.［2009-06-01］. http：//www. unisdr. org/publications.
[41] International Strategy for Disaster Reduction. Living with risk：A global review of disaster reduction intiatives［EB/OL］.［2009-06-01］. http：//www. unisdr. org.
[42] IRGC. White paper on Risk Governance：Towards an integrative approach［EB/OL］.［2009-12-14］. www. irgc. org.
[43] Jonkman S N，van Gelder P H A J M，Vrijling J K. An overview of quantitative risk measures for loss of life and economic damage［J］. Journal of Hazardous Materials，2003，99（1）：1-30.
[44] Jonkman S N，Vrijling J K，Vrouwenvelder A C W M. Methods for the estimation of loss of life due to floods：a literature review and a proposal for a new method［J］. Natural Hazards，2008，46（3）：353-389.
[45] 姜树海，范子武，吴时强．洪灾风险评估和防洪安全决策［M］．北京：中国水利水电出版社，2005.
[46] 姜树海，范子武．大坝的允许风险及其运用研究［J］．水利水运工程学报，2003，24（3）：7-12.
[47] 金菊良，魏一鸣，付强．改进的层次分析法及其在自然灾害风险识别中的应用［J］．自然灾害学报，2002，11（2）：20-24.
[48] 金有杰．基于 GIS 的潍坊市暴雨洪涝灾害损失评估方法研究［D］．南京：南京信息工程大学，2013.
[49] Kaplan S，Garrick B J. On the quantitative definition of risk［J］. Risk Analysis，1981，1（1）：11-27.
[50] 李宁，李春华，张鹏，等．综合风险分类体系建立的基本思路和框架［J］．自然灾害学报，2008，17（1）：7-32.
[51] 李宁，张鹏，胡爱军，等．从风险认知到风险数量化分类［J］．地球科学进展，2009，24（1）：42-48.

[52] 李琼．洪水灾害风险分析与评价方法的研究及改进［D］．武汉：华中科技大学，2012.
[53] 李升．大坝安全风险管理关键技术研究及其系统开发［D］．天津：天津大学，2011.
[54] 林爱珺，吴转转．风险沟通研究述评［J］．现代传播（中国传媒大学学报），2011，176（3）：36-41.
[55] 李永善．灾害系统与灾害学探讨［J］．灾害学，1986，1（1）：7-11.
[56] 刘希林，尚志海．中国自然灾害风险综合分类体系构建［J］．自然灾害学报，2013，23（6）：1-7.
[57] 刘希林，尚志海．自然灾害风险主要分析方法及其适用性述评［J］．地理科学进展，2014，33（11）：1486-1497.
[58] 刘希林，尚志海．泥石流灾害综合风险分析方法及其应用［J］．地理与地理信息科学，2012，28（5）：86-89.
[59] 刘希林，余承君，尚志海．中国泥石流滑坡灾害风险制图与空间格局研究［J］．应用基础与工程科学学报，2011，19（5）：721-731.
[60] 刘希林．区域泥石流风险评价研究［J］．自然灾害学报，2000，9（1）：54-61.
[61] 刘希林，莫多闻．泥石流风险及沟谷泥石流风险度评价［J］．工程地质报，2002，10（3）：266-273.
[62] 刘希林，莫多闻．泥石流风险评价［M］．成都：四川科学技术出版社，2003.
[63] 刘敏，权瑞松，许世远．城市暴雨内涝灾害风险评估：理论、方法与实践［M］．北京：科学出版社，2012.
[64] 刘云香，何如意，张东，等．广东省地质灾害短时临近气象风险预警业务的技术［J］．广东气象，2015，37（5）：68-71.
[65] 梁茂春．灾害社会学［M］．广州：暨南大学出版社，2012.
[66] 梁必骐．广东的自然灾害［M］．广州：广东人民出版社，1993.
[67] 洛昊，马明辉，梁斌，等．中国近海赤潮基本特征与减灾措施［J］．海洋通报，2013，32（5）：596-600.
[68] 骆银辉，胡斌，朱荣华，等．崩塌的形成机理与防治方法［J］．西部探矿工程，2008，（12）：1-3.
[69] 李媛，曲雪妍，杨旭东，等．中国地质灾害时空分布规律及防范重点［J］．中国地质灾害与防治学报，2013，24（4）：71-78.
[70] 李媛，孟晖，董颖，等．中国地质灾害类型及其特征——基于全国县市地质灾害调查成果分析［J］．中国地质灾害与防治学报，2004，15（2）：32-37.
[71] 李卫海．广东省突发地质灾害防治与应急管理措施研究［D］．兰州：兰州大学，2014.
[72] 李会中，杨志双，王团乐，等．滑坡识别与案例剖析［M］．武汉：武汉理工大学出版社，2011.
[73] 李一平．湖南省农作物生物灾害发生特点、成因及措施［J］．中国农学通报，2004（6）：68-271.
[74] 刘毅，吴绍洪，徐中春，等．自然灾害风险评估与分级方法论探研——以山西省地震灾害风险为例［J］．地理研究，2011，30（2）：195-208.
[75] 李阔，李国胜．风暴潮风险研究进展［J］．自然灾害学报，2011，20（6）：104-111.
[76] 刘耀龙．多尺度自然灾害情景风险评估与区划——以浙江省温州市为例［D］．上海：华东师范大学，2011.
[77] 刘毅，黄建毅，马丽．基于 DEA 模型的我国自然灾害区域脆弱性评价［J］．地理研究，2010，29（7）：153-162.
[78] 娄伟平，陈海燕，郑峰，等．基于主成分神经网络的台风灾害经济损失评估［J］．地理研究，2009，28（5）：243-254.
[79] 毛德华，温家洪，潘安定．灾害学［M］．北京：科学出版社，2011.
[80] 马玉宏，赵桂峰．地震灾害风险分析及管理［M］．北京：科学出版社，2008.
[81] 毛熙彦，蒙吉军，康玉芳．信息扩散模型在自然灾害综合风险评估中的应用与扩展［J］．北京大学学报（自然科学版），2012，48（3）：513-518.

[82] Morgan M G, Florig H K, Dekay M L, et al. Categorizing risk for risk ranking [J]. Risk Analysis, 2000, 20 (1): 49-58.
[83] 马宗晋. 中国重大自然灾害及减灾措施：总论 [M]. 北京：科学出版社，1994.
[84] 牛燕宁，宋术双. 工程地质学 [M]. 北京：北京化学工业出版社，2016.
[85] 倪长健，王杰. 再论自然灾害风险的定义 [J]. 灾害学，2012，27 (3)：1-5.
[86] 欧阳芳，戈峰，徐卫华，等. 中国生物灾害评估 [M]. 北京：科学出版社，2017.
[87] 潘懋，李铁峰. 灾害地质学 [M]. 北京：北京大学出版社，2002.
[88] 彭广，刘立成，刘敏，等. 洪涝 [M]. 北京：气象出版社，2003.
[89] 齐信，唐川，陈州丰，等. 地质灾害风险评价研究 [J]. 自然灾害学报，2012，21 (5)：33-40.
[90] 钱乐祥. 灾害系统分类初探 [J]. 自然灾害学报，1994，3 (3)：98-102.
[91] 权瑞松. 典型沿海城市暴雨内涝灾害风险评估研究 [D]. 上海：华东师范大学，2012.
[92] Remondo J, Bonachea J, Cendrero A. Quantitative landslide risk assessment and mapping on the basis of recent occurrences [J]. Geomorphology, 2008, 94 (3-4): 496-507.
[93] 尚志海，刘希林. 试论环境灾害的基本概念与主要类型 [J]. 灾害学，2009，24 (3)：11-15.
[94] 尚志海，刘希林. 自然灾害风险管理关键问题探讨 [J]. 灾害学，2014，29 (2)：159-164.
[95] 尚志海，刘希林. 可接受风险与灾害研究 [J]. 地理科学进展，2010，29 (1)：23-30.
[96] 尚志海，刘希林. 泥石流灾害生命损失风险评价初步研究 [J]. 安全与环境学报，2010，10 (4)：184-188.
[97] 尚志海，刘希林. 基于 LQI 的泥石流灾害生命风险价值评估 [J]. 热带地理，2010，30 (3)：289-293.
[98] 尚志海，刘希林. 自然灾害生态环境风险及其评价——以汶川地震极重灾区次生泥石流灾害为例 [J]. 中国安全科学学报，2010，20 (9)：3-8.
[99] 尚志海，刘希林. 国外可接受风险标准研究综述 [J]. 世界地理研究，2010，19 (3)：72-80.
[100] 尚志海. 泥石流灾害综合风险货币化评估及可接受风险研究 [D]. 广州：中山大学，2012.
[101] 尚志海. 基于人地关系的自然灾害风险形成机制分析 [J]. 灾害学，2018，33 (2)：5-9.
[102] 尚志海. 基于心理距离的灾害可接受风险研究 [J]. 灾害学，2018，33 (3)：12-16.
[103] 石勇. 灾害情境下城市脆弱性评估研究——以上海市为例 [D]. 上海：华东师范大学，2010.
[104] 史培军. 再论灾害研究的理论与实践 [J]. 自然灾害学报，1996，5 (4)：6-17.
[105] 史培军. 三论灾害研究的理论与实践 [J]. 自然灾害学报，2002，11 (3)：1-9.
[106] 史培军. 四论灾害系统研究的理论与实践 [J]. 自然灾害学报，2005，14 (6)：1-7.
[107] 史培军. 五论灾害系统研究的理论与实践 [J]. 自然灾害学报，2009，18 (5)：1-9.
[108] 史培军，吕丽莉，汪明，等. 灾害系统：灾害群、灾害链、灾害遭遇 [J]. 自然灾害学报，2014，23 (6)：1-12.
[109] 史培军，王季薇，张钢锋，等. 透视中国自然灾害区域分异规律与区划研究 [J]. 地理研究，2017，36 (8)：1401-1414.
[110] 史培军，李宁，叶谦，等. 全球环境变化与综合灾害风险防范研究 [J]. 地球科学进展，2009，24 (4)：428-435.
[111] 时勘. 灾难心理学 [M]. 北京：科学出版社，2010.
[112] 石菊松，吴树仁，张永双，等. 应对全球变化的中国地质灾害综合减灾战略研究 [J]. 地质论评，2012，58 (2)：309-318.
[113] 石先武，谭骏，国志兴，等. 风暴潮灾害风险评估研究综述 [J]. 地球科学进展，2013，28 (8)：866-874.
[114] 孙铮. 城市自然灾害定量评估方法及应用 [D]. 青岛：中国海洋大学，2008.

[115] 唐彦东，于汐．灾害经济学［M］．北京：清华大学出版社，2016.

[116] 唐川，朱大奎．基于 GIS 技术的泥石流风险评价研究［J］．地理科学，2002，22（3）：300-304.

[117] 唐波，刘希林，尚志海．城市灾害易损性及其评价指标［J］．灾害学，2012，27（4）：6-11.

[118] 陶家元．中国泥石流灾害的地理分布［J］．高等函授学报（自然科学版），1995（4）：6-7.

[119] 王绍玉，金书森．将灾害风险威胁转化为可持续发展的机遇——2010 年达沃斯国际灾害风险大会［J］．城市与减灾，2010，(4)：46-47.

[120] 王涛等，吴树仁，石菊松．国际滑坡风险评估与管理指南研究综述［J］．地质通报，2008，28（8）：1006-1019.

[121] 王恭先．滑坡防治方案的选择与优化［J］．岩石力学与工程学报，2006（S2）：3867-3873.

[122] 王彦海，江巍．泥石流的危害与综合防治［J］．灾害与防治工程，2006（1）：60-64.

[123] 王龙波．基于 ArcIMS 的有害生物灾害评估系统研究与实现［J］．安徽农学通报，2007（10）：126-127.

[124] 王劲松，焦维新．空间天气灾害［M］．北京：气象出版社，2009.

[125] 王静爱．中国地理教程［M］．北京：高等教育出版社，2007.

[126] 王静爱，史培军，王平，等．中国自然灾害时空格局［M］．北京：科学出版社，2006.

[127] 王静爱，周洪建，袁艺，等．区域灾害系统与台风灾害链风险防范模式——以广东省为例［M］．北京：中国环境科学出版社，2013.

[128] 温克刚．中国气象灾害大典（广东卷）［M］．北京：气象出版社，2006.

[129] 王加义，陈家金，晶林，等．基于信息扩散理论的福建省农业水灾风险评估［J］．自然资源学报，2012，27（9）：1497-1506.

[130] 王天化．水库大坝安全应急管理区域风险分析及损失评估方法研究［D］．武汉：长江科学院，2010.

[131] 王文圣，金菊良，李跃清．基于集对分析的自然灾害风险度综合评价研究［J］．四川大学学报（工程科学版），2009，41（6）：6-12.

[132] 王志军，顾冲时，娄一青．基于支持向量机的溃坝生命损失评估模型及应用［J］．水力发电，2008，34（1）：67-70.

[133] 温家洪，Jianping Yan，尹占娥，等．中国地震灾害风险管理［J］．地理科学进展，2010，29（7）：771-777.

[134] 温家洪，黄蕙，陈珂，等．基于社区的台风灾害概率风险评估——以上海市杨浦区富禄里居委地区为例［J］．地理科学，2012，32（3）：348-355.

[135] Wang H W，Kuo P H，Shiau J T. Assessment of climate change impacts on flooding vulnerability for lowland management in southwestern Taiwan［J］．Natural Hazards，2013，68（2）：1001-1019.

[136] 徐敬海，聂高众，李志强，等．基于灾度的亚洲巨灾划分标准研究［J］．自然灾害学报，2012，21（3）：64-69.

[137] 许武成．灾害地理学［M］．北京：科学出版社，2015.

[138] 谢丽，张振克．近 20 年中国沿海风暴潮强度、时空分布与灾害损失［J］．海洋通报，2010，29（6）：691-696.

[139] 薛凯喜，胡艳香，邹玉亮，等．近十年中国地质灾害时空发育规律分析［J］．中国地质灾害与防治学报，2016，27（3）：91-97.

[140] 许文波，张国平，郑进军．基于遥感和 GIS 的泥石流灾害危险性研究［M］．北京：科学出版社，2016.

[141] 向喜琼，黄润秋．地质灾害风险评价与风险管理［J］．地质灾害与环境保护，2000，11（1）：38-41.

[142] 肖义．水库大坝防洪安全标准及风险研究［D］．武汉：武汉大学，2004.
[143] 谢全敏，夏元友．滑坡灾害评价及其治理优化决策新方法［M］．武汉：武汉理工大学出版社，2008.
[144] 许学工，颜磊，徐丽芬，等．中国自然灾害生态风险评价［J］．北京大学学报（自然科学版），2011，47（5）：901-908.
[145] 杨达源，闾国年．自然灾害学［M］．北京：测绘出版社，1993.
[146] 姚庆海，李宁，刘玉峰，等．综合风险防范：标准、模型与应用［M］．北京：科学出版社，2011.
[147] 殷杰，尹占娥，许世远，等．灾害风险理论与风险管理方法研究［J］．灾害学，2009，24（2）：7-11.
[148] 殷坤龙，张桂荣，陈丽霞，等．滑坡灾害风险分析［M］．北京：科学出版社，2010.
[149] 余东华，吴超羽，吕炳全，等．广东沿海地区风暴潮灾害及其防御［J］．浙江海洋学院学报（自然科学版），2009，28（4）：441-449.
[150] 延军平．灾害地理学［M］．西安：陕西师范大学出版社，1990.
[151] 延军平．试论自然灾害的区域分布规律［J］．灾害学，1990（1）：88-91.
[152] 杨达源，闾国年．自然灾害学［M］．北京：测绘出版社，1993.
[153] 杨世刚，赵桂香，潘森，等．我国雷电灾害时空分布特征及预警［J］．自然灾害学报，2010，19（61）：3-159.
[154] 尹占娥．城市自然灾害风险评估与实证研究［D］．上海：华东师范大学，2009.
[155] 原国家科委国家计委国家经贸委自然灾害综合研究组．中国自然灾害综合研究的进展［M］．北京：气象出版社，2009.
[156] Yang D Y，Lu G N. Natural Disasters［M］. Beijing：Surveying and Mapping Press，1993.
[157] Zhong C X，Shao H W，Er F D，et al. Quantitative Assessment of Seismic Mortality Risks in China［J］. Journal of Resources and Ecology，2011，2（1）：83-90.
[158] 张卫星，史培军，周洪建．巨灾定义与划分标准研究［J］．灾害学，2013，28（1）：15-22.
[159] 赵捷，朱丽．灾害地理学［M］．郑州：黄河水利出版社，2013.
[160] 赵阿兴，马宗晋．自然灾害损失评估指标体系的研究［J］．自然灾害学报，1993，2（3）：1-6.
[161] 曾维华，程声通．环境灾害学引论［M］．北京：中国环境科学出版社，2000.
[162] 张丽萍，张妙仙．环境灾害学［M］．北京：科学出版社，2008.
[163] 章诗芳，王玉芬，贾蓓，等．中国2005—2016年地质灾害的时空变化及影响因素分析［J］．地球信息科学，2017，19（12）：1568-1574.
[164] 张春山，张业成，胡景江，等．中国地质灾害时空分布特征与形成条件［J］．第四纪研究，2000，20（6）：559-566.
[165] 张春山，杨为民，吴树仁．山崩地裂——认识滑坡、崩塌与泥石流［M］．北京：科学普及出版社，2012.
[166] 赵玲，赵东至，张昕阳，等．我国有害赤潮的灾害分级与时空分布［J］．海洋环境科学，2003，22（2）：15-19.
[167] 张继权，李宁．主要气象灾害风险评价与管理的数量化方法及其应用［M］．北京：北京师范大学出版社，2007.
[168] 张明媛，袁永博，周晶．城市自然灾害风险分析新方法［J］．大连理工大学学报，2010，50（5）：706-711.
[169] 张俊香，李平日，黄光庆，等．基于信息扩散理论的中国沿海特大台风暴潮灾害风险分析［J］．热带地理，2007，27（1）：11-14.

[170] 张忠苗．工程地质学［M］．重庆：重庆大学出版社，2011.
[171] 赵庆良．沿海山地丘陵型城市洪灾风险评估与区划研究——以温州市龙湾区为例［D］．上海：华东师范大学，2009.
[172] 赵思健，黄崇福，郭树军．情景驱动的区域自然灾害风险分析［J］．自然灾害学报，2012，21（1）：9-17.
[173] 周成虎，万庆，黄诗峰，等．基于 GIS 的洪水灾害风险区划研究［J］．地理学报，2000，55（1）：15-24.
[174] 周克发，李雷，盛金保．我国溃坝生命损失评价模型初步研究［J］．安全与环境学报，2007，7（3）：145-149.
[175] 邹毅，匡耀求，黄宁生，等．基于 DEA 方法的地质灾害风险管理研究——以广州萝岗区崩塌灾害为例［J］．热带地理，2011，31（2）：159-163.
[176] 张江伟，李小军，迟明杰，等．滑坡灾害的成因机制及其特征分析［J］．自然灾害学报，2015，24（6）：42-49.
[177] 张昌昭．广东水旱风灾害［M］．广州：暨南大学出版社，1997.
[178] 郑彬，林爱兰．广东省干旱趋势变化和空间分布特征［J］．地理科学，2011，31（6）：715-720.
[179] 张兰生，史培军，王静爱，等．中国自然灾害区划［J］．北京师范大学学报（自然科学版），1995，（3）：415-421.
[180] 朱忠礼，刘希林，尚志海．四川省北川县赵家沟地震次生泥石流形成条件分析［J］．中国地质灾害与防治学报，2010，21（4）：57-62.